聚氯乙烯特种树脂

Special Polyvinyl Chloride Resin

宋晓玲 黄 东 主编

化学工业出版社

·北京·

内容简介

本书主要对氯醋共聚树脂、氯乙烯-丙烯酸酯共聚树脂、高聚合度聚氯乙烯树脂、消光聚氯乙烯树脂、氯化聚氯乙烯树脂、PVC/无机纳米粒子复合树脂、高抗冲 PVC 树脂、聚氯乙烯掺混树脂、高耐热 PVC 树脂、无皮和少皮聚氯乙烯树脂、透明 PVC 专用树脂、低聚合度 PVC 树脂等特种聚氯乙烯树脂的研发、生产、加工、应用等进行详细论述。

本书可供从事聚氯乙烯树脂研发、生产、加工应用的技术人员及一线生产人员借鉴和参考，也可供高等学校相关专业教师与学生参阅。

图书在版编目（CIP）数据

聚氯乙烯特种树脂 / 宋晓玲，黄东主编. —北京：化学工业出版社，2022.9（2022.10重印）
ISBN 978-7-122-41573-8

Ⅰ. ①聚… Ⅱ. ①宋… ②黄… Ⅲ. ①聚氯乙烯糊树脂 Ⅳ. ①TQ325.3

中国版本图书馆 CIP 数据核字（2022）第 095012 号

责任编辑：赵卫娟　　　　　　　　　　　文字编辑：邢苗苗　刘　璐
责任校对：李雨晴　　　　　　　　　　　装饰设计：王晓宇

出版发行：化学工业出版社（北京市东城区青年湖南街 13 号　邮政编码 100011）
印　　装：北京捷迅佳彩印刷有限公司
710mm×1000mm　1/16　印张 18¼　字数 331 千字　2022 年 10 月北京第 1 版第 2 次印刷

购书咨询：010-64518888　　　　　　　　售后服务：010-64518899
网　　址：http://www.cip.com.cn
凡购买本书，如有缺损质量问题，本社销售中心负责调换。

定　价：128.00 元　　　　　　　　　　　　　　　　　版权所有　违者必究

编委会名单

主　　任　宋晓玲

副 主 任　周　军　黄　东

主　　编　宋晓玲　黄　东

副 主 编　王明亮　王祖芳　沈姗姗

参编人员（按姓氏笔画排序）

万亚格　王天龙　王志荣　王明亮　王祖芳

尹建平　刘　朝　孙玉军　沈姗姗　宋晓玲

周　军　赵　莉　徐文佳　黄　东　熊新阳

前　言

聚氯乙烯树脂是五大通用塑料品种之一，具有优良的耐化学腐蚀性、电绝缘性、阻燃性，质轻、强度高且易加工、成本低等特点，因而其制品广泛应用于工业、农业、建筑、交通及国防等领域。目前全球总产能已超过 5800 万吨/年，截至 2020 年底，我国聚氯乙烯树脂总产能为 2664 万吨/年，约占全球总产能的 45.79%，已成为世界上聚氯乙烯树脂产能和产量最高的国家。虽然近年来我国聚氯乙烯树脂迎来了高质量的发展，但综合水平与国外先进技术相比还有较大差距，存在品种单一、同质化严重、产能过剩的问题。为此，我国需要根据国内外市场和资源实际情况，加强产业链相关企业间的合作，联合上下游企业组成战略联盟，加强技术创新和科技进步，共同开发长久稳定的聚氯乙烯特种树脂和专用料，促进聚氯乙烯工业的健康发展，建立系列化、专业化、针对性强的专用料牌号，促进聚氯乙烯树脂由通用型向专用型的转化，实现由聚氯乙烯生产大国向聚氯乙烯生产强国跨越。

新疆天业（集团）有限公司依托富裕的电石、煤、电、原盐资源，形成了 140 万吨/年的聚氯乙烯树脂产能，其中包含 20 万吨/年的特种树脂，现已成为我国主要的特种树脂生产基地，研发出的 25 种聚氯乙烯特种树脂产品，已进入医疗器械、透明片材等高端市场，引领我国电石法聚氯乙烯行业由大做强。

本书以新疆天业（集团）有限公司多年来在聚氯乙烯特种树脂研发及工业化示范生产情况为基本素材，总结汇聚了本单位科研人员在聚氯乙烯特种树脂研发、生产方面的多年实践经验，并参阅了大量研究文献及相关专著的基础上完成的。全书共十三章，内容涵盖了国内外聚氯乙烯树脂行业发展现状、存在问题、特种树脂的发展方向以及氯醋共聚树脂、氯乙烯-丙烯酸酯共聚树脂、高聚合度聚氯乙烯树脂、消光聚氯乙烯树脂、氯化聚氯乙烯树脂、PVC/无机纳米粒子复合树脂、高抗冲 PVC 树脂、聚氯乙烯掺混树脂、高耐热 PVC 树脂、无皮和少皮聚氯乙烯树脂、透明 PVC 专用树脂、低聚合度 PVC 树脂共十二类聚氯乙烯特种树脂的研发、生产、加工、应用等。

本书理论联系实际，力求做到先进性、实用性、新颖性和可操作性，可为从事聚氯乙烯树脂研发、生产、加工、应用的技术人员及一线生产人员所借鉴和参考，也可供高等学校相关专业教师与学生参阅。希望本书的出版能给读者带来聚氯乙烯特种树脂研发的新思路、新方法和新理念，为我国聚氯乙烯树脂向系列化、高端化、差异化持续发展提供智力支持，也希望各聚氯乙烯生产企业结合本单位的实际情况，在聚氯乙烯特种树脂研发方面有所创新和突破。

谨向对本书编写工作直接或间接提供过帮助的单位和个人表示感谢。由于时间仓促和编者水平有限，疏漏之处在所难免，恳请广大读者批评指正。

编者

2022 年 5 月

目 录

第1章
概述

第2章
氯醋共聚树脂

第 3 章
氯乙烯-丙烯酸酯共聚树脂　　　75

第 6 章
氯化聚氯乙烯树脂　　　　　　　　　　　　　　　128

第 7 章
PVC/无机纳米粒子复合树脂 151

第 8 章
高抗冲聚氯乙烯树脂　　　　　　173

第 9 章
掺混树脂　　　　　　189

第 10 章
高耐热 PVC 树脂　　210

第 11 章
无皮和少皮聚氯乙烯树脂　　　224

第 12 章
透明 PVC 专用树脂　　　238

第 13 章
低聚合度 PVC 树脂

第1章 概述

1.1 聚氯乙烯树脂行业现状 [1]

1.1.1 全球聚氯乙烯行业现状

2020 年全球聚氯乙烯（PVC）总产能在 5817 万吨左右，主要生产地集中在亚洲、美洲和欧洲地区；预计到 2025 年，全球 PVC 总产能将达到 6194 万吨。其中 PVC 的需求主要来源于以下三个区域：东北亚（主要是中国）、北美（主要是美国）以及欧洲西部，这三个区域的需求量占全球 PVC 需求量的 70%。

2020 年全球 PVC 贸易总量超过 990 万吨，自 2013 年以来年均增长 3.1%。最大的净出口地区依次为东北亚、北美和西欧。PVC 的主要进口地区是印度、中东、东南亚、非洲和东北亚。未来 5 年全球 PVC 贸易将保持每年约 1.5% 的增长率，到 2024 年底，贸易量将达到 1070 万吨以上。2020 年全球 PVC 行业产能分布见表 1-1。

表 1-1　2020 年全球 PVC 行业产能分布

地区	PVC 产能/（万吨/年）	产能占比/%
东北亚	3209	55.2
北美	949	16.3
欧洲	711	12.2
东南亚	234	4.0
南美	185	3.2
南亚次大陆	191	3.3
独联体及波罗的海	139	2.4

续表

地区	PVC产能/(万吨/年)	产能占比/%
中东	126	2.2
非洲	73	1.3
合计	5817	100

美国得益于成熟的页岩气开发优势，PVC成本较低，对世界各个市场形成一定冲击，是PVC主要出口国之一。而亚洲以日本、韩国和中国台湾为主要出口地区，供给印度、东南亚、中东、非洲等新兴市场。

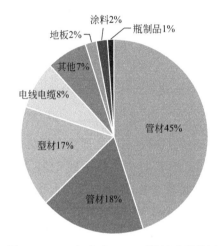

图1-1 2020年全球PVC下游消费结构图

2020年PVC全球消费总量达4700万吨。全球PVC下游消费领域集中在管材、薄膜、型材、电线电缆、地板等，与建筑行业的关系密切。近年来，由于美国页岩气革命的快速发展，2018～2022年新增乙烯规模将达1200万吨/年以上，美国大量乙烯基产品出口将会改变世界乙烯基产品供给格局。世界乙烯进入供给宽松期，海外乙烯法聚氯乙烯将对中国聚氯乙烯行业造成一定影响。与此同时，印度以及越南、印度尼西亚、马来西亚、泰国等东南亚国家对氯碱产品保持强劲需求，年均增长率在5%～9%。新兴市场整体发展较好，对聚氯乙烯及其他氯碱产品需求保持稳定增长。2020年全球PVC下游消费结构见图1-1。

1.1.2 中国聚氯乙烯行业现状

2020年是国家"十三五"规划的收官之年，其间在国家供给侧结构性改革政策引导和行业努力下，PVC产能无序扩张得到有效控制，产能增速持续放缓。截至2020年底，我国聚氯乙烯生产企业减至70家，总产能2664万吨/年。市场供需基本达到平衡，产品结构得到不断优化，企业效益明显改善。

目前我国聚氯乙烯基本达到供需平衡，市场处于相对正常的竞争状态，但产能过剩的趋势仍然存在。供应方面，未来五年我国聚氯乙烯规划新增产能在500万吨/年以上，尽管不能全部达产，但产能仍将保持正增长态势。需求方面，在国家对调控房地产市场政策导向下，与聚氯乙烯直接相关的建筑门窗材料和管材增长速度预期有所减缓。同时,在中东乙烯以及美国页岩气等乙烯基原材料价格下降预期影响下,我国聚氯乙烯出口市场难以出现根本性逆转。因此,未来依旧存在需求增速滞后于产能增长的可能。

2020 年初国内新冠肺炎疫情暴发,之后的全球疫情对国际经济产生了深远影响,后疫情时期全球经济发展充满众多不确定性,国际经济政治形势错综复杂,地缘政治风险加大,全球贸易壁垒处于历史高位。疫情冲击叠加贸易保护主义,将进一步诱发或加剧贸易摩擦,危及全球产业链、供应链稳定。若全球贸易摩擦继续升级,将直接影响我国氯碱主要产品如 PVC 等的出口和部分原料的进口。

1.1.2.1　中国聚氯乙烯供给变化

中国氯碱网最新产能调查数据显示,2020 年底,中国聚氯乙烯现有产能为 2664 万吨/年(其中包含聚氯乙烯糊树脂 127 万吨/年),年内新增加产能 201 万吨,退出规模为 55 万吨/年。继 2014～2016 年和 2018 年产能净减少之后,2019 年底开始净增长。预计 2021～2022 年中国将有 474 万吨/年的新增聚氯乙烯项目投产(含糊树脂),其中乙烯法扩能为 233 万吨/年,约占扩能总量的 49%。2009—2020 年中国 PVC 产能见表 1-2。

表 1-2　2009—2020 年中国 PVC 产能

项目	2009 年	2010 年	2011 年	2012 年	2013 年	2014 年	2015 年	2016 年	2017 年	2018 年	2019 年	2020 年
产能/ (万吨/年)	1781	2043	2163	2341	2476	2389	2348	2326	2406	2404	2518	2664
净增/ (万吨/年)	200	262	120	178	135	−87	−41	−22	80	−2	114	146
增幅/ %	12.7	14.7	5.9	8.2	5.8	−3.5	−1.7	−0.9	3.4	−0.08	4.7	5.8

2003 年以来,随着经济的快速发展,我国逐步成为世界工厂,由此带来对基础化工原材料的巨大需求,推动着国内氯碱工业的快速发展。同时,我国城市化进程加快,带动着城市建设、建材、汽车、电子等行业的高速发展,对 PVC 需求量迅速增长。另外,国家推进西部开发战略,西部地区凭借资源优势大力发展氯碱工业,其产业规模迅速扩张。2008 年下半年,世界金融危机暴发,国内经济进入平稳增长的"新常态"。同时国家加大了房地产行业的宏观调控力度,国内 PVC 及其他氯产品市场需求萎缩,价格下滑,使行业扩能热潮减退,产能增速减缓,行业转入优化结构调整的阶段。

2012—2015 年期间,氯碱全行业连续亏损,亏损面超过 50%。在结构调整的综合压力下，行业新建及扩建项目趋于理性，同时按照市场规律进行优胜劣汰，落后产能的退出速度加快，PVC产能的净增长呈现快速下降的态势。2016年以来，随着"去过剩产能"和环保督察力度的进一步加强，一批竞争力较差的产能退出，国内PVC产能继续保持低速增长，供给侧改革作用初步显现。同时，建材等主要下游应用行业有所复苏，下游需求的良好支撑进一步推动了市场供求关系的改善。其间各项成本要素出现上升，推动了国内多数大宗商品市场价格上行，企业盈利能力也自2016年开始明显好转，开工率逐渐达到较为良好的水平，2019年全行业开工率提升至80%，为近几年新高。2020年受突如其来的新冠肺炎疫情影响，PVC企业虽然快速有序地复工复产，但产量和需求增长均受到一定抑制，再加上年内新增约200万吨的项目投产运行，行业整体开工率较上年有所下调，平均为78%。

1.1.2.2 中国聚氯乙烯行业分布特点分析

整体而言，中国PVC行业布局正朝着日趋合理的方向发展。对于整体氯碱产业，中东部地区电石法聚氯乙烯产能逐渐退出的同时，逐步形成与化工新材料、氟化工、精细化工和农药等行业结合的发展模式，并日趋成熟；西部地区依托资源优势逐步建设大型化、一体化"煤电盐化"循环经济项目，形成了有很强竞争力的几大氯碱产业集群。从地区分布上看，现有70家PVC生产企业分布在21个省、自治区及直辖市，平均规模为38万吨。由于各区域的经济水平、资源禀赋和市场情况存在很大的差异，各地PVC产业发展并不均衡，局部地区企业数量众多、产能密集。

当前，西北地区依托丰富的资源能源优势，是业内公认的电石法PVC的低成本地区，在中国PVC产业格局中占据绝对的领先地位。当前除青海盐湖集团具有一套30万吨/年的煤制烯烃工艺为原料来源的乙烯法PVC生产装置外，其余全部为电石法生产工艺。华北、华东地区则呈现电石法和乙烯法并存的状态，而且得益于乙烯来源的多样化，未来2~3年内河北、山东、江苏、浙江地区的乙烯法工艺的扩能会更加集中。2020年中国PVC产能及糊树脂产能地区分布见表1-3。

表1-3 2020年中国PVC产能及糊树脂产能地理分布 单位：万吨/年

地区	PVC产能			糊树脂产能		小计
	电石法	乙烯法	天然气法	电石法	乙烯法	
内蒙古	460			32.5		492.5
新疆	404			19		423

地区	PVC 产能			糊树脂产能		小计
	电石法	乙烯法	天然气法	电石法	乙烯法	
山东	169	185		4	7	365
青海	100	30	22	3.5		155.5
陕西	155					155
天津	10	110				120
河南	115					115
山西	115					115
宁夏	90			4		94
浙江		80			7	87
江苏		73			10	83
安徽	70			13		83
四川	82					82
河北	40	23		7		70
甘肃	56					56
云南	52					52
黑龙江	25					25
湖北	25					25
辽宁	4			20		24
广东		22				22
湖南	20					20
合计	1992	523	22	103	24	2664

业内分析，未来具有强大竞争实力的氯碱企业会继续进行跨地区、跨行业、跨所有制改革重组，促进上下游产业一体化发展。优势企业在资本市场通过收购、兼并、重组、联营等多种形式实现产业链的延伸以及区位间的互补，企业兼并重组的市场化运作仍会继续，未来我国 PVC 行业的集中度仍会有进一步提高的空间。

1.1.2.3 中国聚氯乙烯行业需求分析

(1) 2007—2020 年中国聚氯乙烯下游需求变化

2007—2020 年中国 PVC 表观消费量见表 1-4。

表 1-4　2007—2020 年中国 PVC 表观消费量

年份	产量/万吨	进口/万吨	出口/万吨	表观消费	
				消费量/万吨	增长率/%
2007	972	110	71	1011	13.2
2008	882	80	60	902	−10.8
2009	916	163	24	1055	17.0
2010	1130	120	22	1228	16.4
2011	1295	105	37	1363	11.0
2012	1318	94	39	1373	0.7
2013	1530	76	66	1540	12.2
2014	1630	68	111	1587	3.1
2015	1609	71	77	1603	1.0
2016	1669	65	104	1630	1.7
2017	1790	77	96	1771	8.7
2018	1874	74	59	1889	6.7
2019	2011	67	51	2027	7.3
2020	2074	95	63	2106	3.9

　　PVC 下游对接塑料加工行业，涉及众多塑料加工行业中的产品，以型材、管材占比最大。根据统计，2020 年中国 PVC 表观消费量达到 2106 万吨，同比上年增长 3.9%。面对国内外经济社会环境变化和新冠肺炎疫情的冲击，我国将充分发挥国内超大规模市场优势和需求潜力，逐步形成以国内大循环为主体、国内国际双循环相互促进的新发展格局。将坚持把扩大内需作为对冲疫情影响的重要着力点，积极促进消费回补和潜力释放，加快培育新的消费增长点。

　　(2) 聚氯乙烯下游制品发展概况

　　2019 年全球塑料消费量达到了约 6 亿吨，除全球新冠肺炎疫情特殊原因外，预计全球塑料消耗量将以每年 6%～8% 的速度增长。受突如其来的全球疫情影响，塑料消费比之前预估减少，但中长期消费仍会增长。

　　全球塑料消费以包装、建材、汽车、电子电器、农用和日用为主，占比分别为 35%、28%、10%、7%、7% 和 4%。欧洲塑料消费量占全球塑料总消费量的 22%，北美自由贸易区占 20%，亚洲占 43%。除中国外，美国、德国、意大利、日本是四大主要塑料生产消费国，在生产技术、加工设备以及品种上都处于一定领先地位。其中，美国的通用塑料产量、塑料制品产量和塑料包装制品产量都居世界前列，交通、医疗、包装以及航天工业是美国塑料行业的四大支柱，塑料工业已成为美国第三大制造业；欧洲是除亚洲外全球塑料需求增长较快的另一地区。

我国聚氯乙烯的消费潜力一方面集中在拓宽传统的管材、型材应用领域，另一方面集中在创新发展新兴的应用领域，如 PVC 地板、O-PVC 管材、PVC 医用制品、PVC 车用制品等。

传统的 PVC 管材原本在国内推广较早，是使用量较大的塑料材质管材，但近两年由于部分 PVC 管材企业在生产操作上不规范、产品质量参差不齐等原因，产量占比下降。聚乙烯（PE）和聚丙烯（PP）等作为新型的塑料管材，近两年在塑料管道中占比有所提升。其中，PE 管道是目前市政给水系统的优选塑料管道之一，受益于城镇化进程，大口径 PE 管应用场景增多；PP 管道以三型聚丙烯（PPR）管道为主，主要用于家庭精装修中冷热水管及采暖，受益于消费升级，用量也有所增长。多年来低品位的 PVC 门窗扰乱塑料型材市场，高端消费产品和常规产品受其牵连，销量和售价都受到严重影响。2015 年开始，国内塑料型材在重要城市、重点工程、高品位高质量的高端消费需求市场上被铝合金型材替代明显，应用比例逐年下降，导致塑料型材行业总体产量出现连续萎缩。

未来，在聚氯乙烯管材和异型材行业，探索培育以 PVC 混配料为核心的消费市场，促进提升聚氯乙烯制品质量；在管材加工应用领域，积极推动高抗冲 PVC、O-PVC 和大口径聚氯乙烯管材的研发与推广，结合国家地方"海绵城市"和城镇化建设需求，以企业为核心，开展聚氯乙烯管道应用示范城市建设；在异型材加工应用领域，积极宣传推动"以塑代铝"，加大聚氯乙烯塑料门窗的推广应用力度。

2020 年中国 PVC 下游消费结构见图 1-2。

1.1.2.4 中国聚氯乙烯行业未来发展

（1）复杂国际能源格局下的中国聚氯乙烯发展问题

页岩气革命使得北美乙烷供应发生巨大变化，产量快速增长，价格大幅下降。页岩气革命正在影响全球能源格局，打破传统的能源体系。以乙烷为原料的乙烯生产呈现出较为强劲的成本竞争力，引发了北美新一轮裂解装置的投资热潮。自 2016 年下半年以来新建项目逐步投产，目前正进入产能释放高峰期。

据测算，以美国页岩气开发为基础的天然气制备乙烯进而生产聚氯乙烯，相比正常情况下的原油路线以及我国电石法工艺路线的聚氯乙烯产品，可节省近一半的成本，市场竞争优势突出。2019—2022 年，美国将是新增乙烯产能最多的国家，乙烯和乙烯衍生物出口预计将从当前的 500 万吨增长到十年后的 1500 万吨。明显的成本优势更加有利于美国氯碱产业在全球市场的竞争和布局，这也必

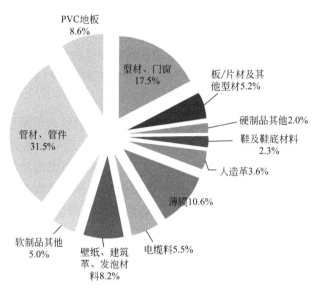

图 1-2　2020 年中国 PVC 下游消费结构图

将对中国氯碱产品参与国际竞争形成巨大的挑战。

除同类 PVC 的竞争外，乙烯衍生的聚乙烯（PE）也会直接冲击东北亚地区的市场，在 PE 竞争日趋激烈的同时，对 PVC 和 PE 相互交叉的下游制品应用领域，在一定程度上更需发挥 PVC "质优价廉" 的高性价比优势才能稳固并扩大市场份额。

未来随着国内乙烯来源的多元化发展成熟，乙烯法 PVC 的乙烯原料获取渠道会更多。但目前国内氯碱化工与甲醇制烯烃、煤制烯烃成功结合的案例并不多，未来现代煤化工与氯碱化工相结合的联合生产基地的形成仍需要政策等多方面的支持。

（2）我国聚氯乙烯特种/专用树脂产量小，通用型产量大问题

依据聚合度等多方面差异，一般情况下，聚氯乙烯可分为通用型树脂（SG1～SG8 八种型号）和特种/专用树脂。

目前我国通用 PVC 系列中，5 型料占比约 77%，较前两年约 80% 的份额有所下降；7 型、8 型料产量增加较快，并且 8 型料以电石法企业产出为主，7 型料则是乙烯法企业产出较多。分析认为出现这一特点的原因为 7 型料在板片材、地板覆膜尤其是医用方面对透明度的要求较高，乙烯法 PVC 在这一特性上更优于电石料，也是乙烯法 PVC 具有竞争优势和特色的品种之一。

除通用牌号外，目前我国聚氯乙烯特种和专用牌号少；下游制品加工业中低档产品多，高档产品少。并且聚氯乙烯特种树脂产量较小，市场开发难度较大，

市场仍处于培育阶段。近两年我国 PVC 特种树脂的研发和生产，整体而言没有大的突破。虽然生产企业较前两年有所增加，但实际形成产量的品种依然集中为糊树脂、高低聚合度、消光、氯醋、氯醚、氯化聚氯乙烯（CPVC）等六大类。各企业对于医用树脂方面的开发力度在加大，集中为高聚合和药包片材类树脂，除乙烯法工厂外，最近两年电石法工厂也加大了这方面的研究，也有一定数量的产品产出。

目前我国 PVC 特种树脂产量占比较小，市场开发难度大。近两年不少企业在提高普通型号树脂（3 型、5 型、7 型、8 型通用树脂）质量方面做了不少工作，但对特种树脂的开发推进有限。当前 PVC 生产以大型聚合釜居多，而特种树脂的生产一般更适合偏小的聚合釜，不少特种树脂生产企业往往会出现"一年产一回，一回销售一年"的情况。同时，在生产过程中，PVC 生产企业如何合理设置产品生产线，避免因切换牌号影响产品质量的情况也十分重要。

（3）聚氯乙烯树脂和下游加工业协同发展的问题

目前下游塑料加工企业在使用不同品牌的聚氯乙烯树脂时，会因塑化不良而生产出一定的不合格品，而用于生产的聚氯乙烯树脂基本均为优等品。由于聚氯乙烯树脂热稳定性、耐热性相对较差，增塑作用不稳定、抗冲击性能不理想等原因，必须通过改性才能更好地进行加工应用。为了提高聚氯乙烯的热稳定性、韧性和抗冲击性等，通常需要加入热稳定剂、增韧剂、增强剂（玻璃纤维、石棉纤维等）等以改变聚氯乙烯的性能，使其得到更好的应用。

目前，国内生产专用料一般是将聚氯乙烯树脂与各种助剂进行机械混合，先热混使助剂能更好更快地与聚氯乙烯充分混合，然后进行冷混，经过这一混炼过程后开始生产聚氯乙烯制品。但这样做没有有效地利用助剂的作用，生产出来的聚氯乙烯制品质量不高。据报道，混炼以后由于分子之间的阻力等原因，助剂需要一定的陈化时间，7~14 天才能充分地与聚氯乙烯混合均匀，达到最好的应用效果。目前我国高端制品专用料大都从国外引进，而我国聚氯乙烯生产厂家中具有专用料配方研究能力的企业只有少数的几家。国内研发能力较弱，尤其是在通用树脂应用良好的情况下，国内对新品种聚氯乙烯专用料的开发研究近几年没有大的突破。因此也导致了无论何种类型的聚氯乙烯制品都采用通用型树脂，极少采用专门针对聚氯乙烯制品而生产的聚氯乙烯树脂型号，这也是通用型聚氯乙烯制品质量不高，加工水平有限的原因之一。

另外，目前聚氯乙烯专用料主要执行企业标准，下游专用塑料加工企业在使用不同厂家的专用料时，会因某一项指标的差异对塑料制品的质量造成影响。统一专用料标准则会更好地规范下游加工企业的生产制造，有利于促进聚氯乙烯树脂和聚氯乙烯塑料制品质量的共同提高。

（4）拓宽传统应用领域，创新发展新兴应用领域的问题

从氯碱行业的氯下游消费构成看，聚氯乙烯是氯平衡产品中少有的大吨位基础化工品。我国聚氯乙烯的消费潜力一方面集中在拓宽传统的管材、型材应用领域，另一方面集中在创新发展新兴的应用领域。

巩固并拓展传统聚氯乙烯加工应用领域是保证行业实现高效率平衡的基础。

1.2 聚氯乙烯树脂存在的问题及改性的意义

在科技发展日益快速和高分子材料应用范围逐步扩大的社会环境下，对各种材料的要求越来越高，并且要求塑料制品能满足分工越来越精确、明晰的行业需求。但是研制全新单体来聚合生产塑料制品，不仅需要解决从研究到投入生产所容易产生的一系列问题，而且对现有技术水平和经济水平的要求也很高，更是受到了现实环境的制约。但如果能在已有的技术水平基础上，通过一系列操作，改变现有塑料制品的性能，弥补其在所需方面上的部分不足，就能将塑料制品的应用范围扩大，或者就能获得符合实际要求的性能精细化的塑料制品。这样，不仅降低了生产成本，而且还能优化现有塑料制品性能，可谓一举多得。

作为具有较高性价比的通用工程塑料，与其他材料相比，PVC 熔点低，相关制品力学性能、绝缘性能、透明性、加工性都更为优越。PVC 更可以根据特定的生产要求和性能要求，通过加入不同的改性剂，来制得其他性能良好的工程复合材料。但是它也有欠缺和短处：PVC 制品缺口抗冲击强度差，性脆易断；耐热性差，易发黄；加工流变行为不佳；热分解温度低造成其极易分解，致使其成型温度范围小。这些缺点对 PVC 制品的生产加工造成了不利影响，也限制了PVC 制品的应用范围。

氯乙烯单体聚合生成热塑性材料聚氯乙烯。聚氯乙烯本体呈微黄色、有光泽的半透明状态。其透明度优于聚乙烯和聚丙烯，但比聚苯乙烯差。根据添加的助剂种类和用量的不同，聚氯乙烯的硬度也会产生不同的变化，所以有软聚氯乙烯和硬聚氯乙烯之分：软聚氯乙烯制品柔软，手感发黏；而硬聚氯乙烯的硬度要高于低密度聚乙烯，低于聚丙烯，并且会在曲折处出现白化现象。

聚氯乙烯对光、热的稳定性较差。在有氧存在的条件下，遇到自然光照时，聚氯乙烯在紫外线作用下会发生光氧化分解，自身的柔性降低直至材料发脆，最终失效。温度达到 80℃，聚氯乙烯开始软化。而当温度达到 130℃时，高温就会导致聚氯乙烯的分解。而纯的聚氯乙烯，其热分解温度仅仅为 100℃，超过130℃时，会加快分解。受热分解时，聚氯乙烯会释放出能让本体变色的氯化氢气体。伴随着颜色由白色、浅黄色、红色至褐色，最后成为黑色的过程，聚氯乙

烯也会最终失去其使用价值。

PVC 自身具有优异的力学性能，并且也具备相较于其他高分子材料更为优良的耐腐蚀性和阻燃性，这是它应用于工程领域的基础。但 PVC 材料脆性大、抗冲击能力差、不耐高温、耐极性温度差等缺点又限制了它在各个领域的应用。所以必须要对 PVC 材料进行改性，根据工程要求来相应地增加其强度或者加大其韧性。研究不同的改性剂对 PVC 材料不同的作用，为其改性提供理论依据。

PVC 作为一种极性非结晶性高聚物，其本身的热稳定性差，故而对它进行直接加工处理并不容易。纯的 PVC 并不能直接使用，也必须要经过改性混配，添加相关助剂和填料才可以使用。在实际应用中，因为要求的不同，添加的助剂和填料的种类和数量也是不相同的，这就决定了所制备的 PVC 材料性能是不一样的。

1.3　国内外聚氯乙烯特种树脂发展现状与趋势

1.3.1　特种 PVC 树脂简介

PVC 树脂一般分为通用型和特种/专用型，通用型树脂就是通常所说的国家标准 SG1～SG8 型树脂，特种/专用型树脂就是被认为具有特殊使用功能的 PVC 树脂（包括特种 PVC 和专用 PVC）。国际上，通常所说的通用（普通）PVC 树脂包括两大类：①采用悬浮法或本体法生产的聚合度为 700～1700 的疏松型氯乙烯均聚物；②采用乳液法（或微悬浮法）生产的氯乙烯均聚物。而具有特殊使用功能的 PVC 树脂称为特种 PVC 树脂，通常包括以下几类。

① 只以氯乙烯为原料，通过不同的成粒过程或不同的聚合条件制备的特种 PVC 树脂，包括超高分子量 PVC 树脂、超低分子量 PVC 树脂、球形 PVC 树脂、掺混 PVC 树脂、无皮或少皮 PVC 树脂、粉末涂层用 PVC 树脂、超高吸收度 PVC 树脂等。

② 由多种单体聚合而成的 PVC 共聚树脂，包括氯乙烯-醋酸乙烯酯共聚树脂、氯乙烯-偏二氯乙烯共聚树脂、氯乙烯-丙烯腈共聚树脂、氯乙烯-丙烯酸酯共聚树脂、氯乙烯-乙烯基醚共聚树脂等。

③ 通过接枝改性制备的 PVC 接枝树脂，如乙烯-醋酸乙烯酯-氯乙烯接枝共聚树脂、ACR-氯乙烯接枝共聚树脂。

④ 对 PVC 树脂的侧基或端基进行化学改性制备的特种 PVC 树脂，如氯化 PVC 树脂、氟化 PVC 树脂、氨化 PVC 树脂等。

1.3.2 国外特种树脂发展情况

随着市场上对 PVC 产品质量要求的不断提高，PVC 市场的竞争也越来越激烈。国外一些大公司通过 PVC 树脂在性能规格、成型工艺、制品种类和应用类别等方面的差异化，向市场推出一系列具有各自特点的产品，从而形成自己的市场优势。因此，国外市场上 PVC 树脂牌号系列化、专业化非常强，产品已经从通用型转变到特种/专用型。特种 PVC 和专用 PVC 产品品种比较多，消费领域比较广泛，目前全球特种 PVC 树脂的牌号有 3000 多种，2014 年全球特种 PVC 树脂的产能大概是 570 万吨，约占 PVC 总产能的 9.4%。国外大型 PVC 生产企业中有 2/3 专门生产特种 PVC 树脂，其产量占 PVC 总产量的 10%~12%[2]，2019 年全球 PVC 产能为 5800 万吨，特种 PVC 树脂需求量按 10%~12% 算，需求产能为 580 万~696 万吨。

国外 PVC 商品牌号已达 2000 多个，其中西欧 800 多个，日本 600 多个（仅日本信越公司就有 350 多个），美国 Geon 公司有将近 300 个，德国赫斯特公司有 127 个。日本信越公司的 PVC 树脂规格齐全，特种树脂所占比例高达 88%，以品种的系列化为特点；美国 Geon 公司则以注塑、改性、发泡、增强、阻燃等特种 PVC 树脂为企业产品的特点[3]。

美国的 PVC 树脂牌号系列化、专业化、差异化发展非常快。如软制品用 PVC 树脂通过加工方式、产品密度、拉伸强度、特征应用等形成差异化；硬制品用 PVC 树脂通过加工方式、填料、产品密度、拉伸强度、断裂伸长率、弯曲模量、缺口冲击强度、负荷变形温度、阻燃性、特征应用等形成差异化；使树脂型号细化、专业化。美国发展最快的是工程化 PVC 混合料，为改进 PVC 助剂的迁移问题，开发反应型 PVC 混合料，其制品的专用领域仍集中在最大的建筑市场（如仿木材的型材、交联 PVC 发泡材料、水性 PVC 涂料、高强度 PVC 地板块）。除此之外，在超韧性 PVC 合金、耐水荧光 PVC 黏结带、耐风化汽车车体防锈涂料等高性能专用料领域也发展迅速。

西欧地区生产和使用 PVC 历史较早，可提供从最硬到最软的 PVC 制品，如德国 Polymer-Chemie 公司向市场推出由硬 PVC、增塑 PVC 组成的系列导电混合料，可用于抗静电要求高的制品部件，该产品具有连续导电性。

日本作为世界主要的 PVC 生产国，近年来在 PVC 专用树脂生产方面开发了多项新技术、新产品。日本积水化学公司开发了高抗冲、高透明的氯化氯乙烯-丙烯酸酯接枝共聚物，还开发了丙烯酸酯改性的 PVC 专用树脂，该树脂为高聚合度 PVC 型材专用树脂；日本三菱树脂公司生产的 PVC 薄膜专用树脂为 PVC 水性乳液，具有更好的加工性；日本三菱化成公司利用悬浮聚合体系，采用升温聚合法生产了更易加工的高聚合度 PVC 树脂。

韩国的 PVC 市场对外依存度较高，PVC 生产成本较高。为提高国际竞争力，韩国 PVC 企业不断加强新产品的研发，产品型号不断细化。韩国 LG 化学公司的主要产品包括以乙烯为主的石化基础原料，以 PVC、聚乙烯、丙烯腈-丁二烯-苯乙烯共聚物为中心的合成树脂，以地板装饰材料、窗户材料为中心的产业与建筑材料，产品用途从地板、壁纸到玩具、医用手套等[4]。

1.3.3 国内特种树脂发展情况

1.3.3.1 特种树脂发展现状

我国 PVC 树脂百余个品种中均聚树脂约 71 种、专用树脂约 11 种、共聚树脂 5 种，多为通用型；PVC 生产企业 70 家，但其中生产特种树脂的企业特别少。2014 年特种树脂产能 181 万吨/年，占 PVC 总产能的 7% 左右，其中糊树脂产能为 138 万吨/年，其他特种树脂产能 43 万吨/年。仅 2019 年 PVC 产能 2518 万吨/年（包括糊树脂 119 万吨/年），按 10% 计算，国内特种树脂需求量为 251.2 万吨。近年很多企业在特种树脂的研发上加大了投入，并取得了一定进展，经过多年的探索研发，实现了从紧密型树脂向疏松型树脂的转化，先后开发了高型号 SG7、TH-400、高聚合度 TH-4000 系列、TH-2500、特种掺混树脂、高抗冲 PVC 树脂、消光树脂、球形树脂、氯丙共聚树脂、氯醋共聚树脂等新产品。

中国 PVC 特种树脂主要研究院校有浙江大学、河北工业大学、贵州大学、四川大学等。中国特种树脂生产企业主要有上海氯碱化工股份有限公司、新疆天业（集团）有限公司、新疆中泰（集团）有限责任公司、陕西北元化工集团股份有限公司、天津渤天化工有限公司、杭州电化集团有限公司、河北盛华化工有限公司、江苏华士集团公司、无锡洪汇新材料科技股份有限公司以及沈阳化工股份有限公司等[5]。具体情况见表 1-5。

表 1-5 国内 PVC 专用树脂主要生产企业及研究院校

企业或院校	PVC 专用树脂产品
生产企业	
上海氯碱化工股份有限公司	氯醋树脂、CPVC 树脂、消光 PVC 树脂、高表观密度 PVC 树脂、糊树脂
新疆天业（集团）有限公司	PVC 糊树脂、CPVC 树脂、消光 PVC 树脂、高聚合度 PVC 树脂、氯化专用 PVC 树脂、氯醋树脂、氯丙共聚树脂、高抗冲树脂、PVC/无机纳米粒子复合树脂等
新疆中泰（集团）有限责任公司	PVC 糊树脂、CPVC 树脂

续表

企业或院校	PVC专用树脂产品
陕西北元化工集团股份有限公司	超低聚合度树脂、超高聚合度树脂、高聚合度树脂、变温树脂、消光树脂等
天津渤天化工有限公司	糊树脂、消光树脂、掺混树脂、高聚合度树脂、丙烯酸酯改性PVC树脂、纳米改性PVC树脂
沈阳化工股份有限公司	糊树脂、氯醋共聚树脂
内蒙古晨宏力化工集团有限责任公司	糊树脂、三元氯醋共聚树脂、CPVC树脂
杭州电化集团有限公司	消光树脂、CPVC树脂、氯醚树脂
河北盛华化工有限公司	丙烯酸酯改性PVC树脂
江苏华士集团公司	氯醋共聚树脂
无锡洪汇新材料科技股份有限公司	氯醋共聚树脂
沈阳化工股份有限公司	氯醋糊树脂
江苏利思德化工有限公司	氯醚树脂
江阴汇通化工有限公司	氯醚树脂
云南博骏化工有限公司	特种PVC树脂粉、高聚合度PVC树脂、消光树脂粉、掺混树脂、超低聚合度树脂粉
泰州市正大化工有限公司	氯醋共聚树脂、羧基改性氯醋共聚树脂、高聚合度聚氯乙烯树脂、消光聚氯乙烯树脂
中国石化齐鲁石化公司	特种专用PVC树脂：S700、S800、S1000、S1300、QS800F、QS1000F、QS1050P
宜宾天原集团股份有限公司	SG5(高吸油)、SG7(片材专用)、特种消光树脂、特种高聚合度树脂、特种高抗冲树脂
四川省金路树脂有限公司	特种树脂JLTS-1、JLTS-2、JLTS-3、JLTS-4、JLTS-5，掺混树脂JLCH-65、JLCH-70、SG1~8
研究院校	
浙江大学	氯醋共聚树脂、氯醚树脂、氯丙共聚树脂、腈氯纶树脂、交联PVC、乙烯-醋酸乙烯酯(EVA)与聚氯乙烯(PVC)的接枝共聚物、氯化聚乙烯(CPE)与PVC的接枝共聚物、丙烯酸酯类共聚物(ACR)与PVC的接枝共聚物(ACR-g-PVC)
河北工业大学	丙烯酸酯改性PVC树脂
贵州大学	纳米$CaCO_3$改性PVC树脂
四川大学	氯醋共聚树脂，PVC/蒙脱土复合树脂，PVC/无机纳米粒子复合树脂

国内研究和生产特种树脂的机构较少，与国内经济发展需求不相适应。全行业需进一步加大投入，以提升特种树脂生产技术和丰富产品结构为目标，实现特种树脂工艺技术不断创新，为 PVC 企业发展提供新的动力。

1.3.3.2　特种树脂发展模式[6]

（1）直接引进技术

目前国内特种树脂的市场已日趋成熟，在通用树脂过剩的情况下，大力发展特种树脂是非常必要的。由于国外技术垄断，直接引进国外新技术快速改变国内特种树脂现状不太现实。即使有机会引进，高额的技术转让费也让大部分企业望而却步，所以，有实力的企业应引进成熟技术，并加大同科研院所和大专院校的技术合作，开发出各种以特种树脂为基料的高端特种树脂，以满足市场需求。此外，也可以将消化吸收后的产品技术以技术入股的方式组织相关研究机构和企业一起参与高端产品的开发。

（2）自主研发

任何行业的技术进步都有一个过程，引进技术就是为了学习国外的先进技术，弥补行业发展的时间差异。而为了进一步打破高端产品的市场垄断，加强市场竞争力，国内氯碱企业最终应该回到自主研发的道路上。PVC 企业要想凭自身实力开发高端特种树脂产品，不仅承担的风险太大，而且人才储备也跟不上。笔者建议国家或者行业协会为企业自主研发特种树脂提供进一步的政策和资金支持，并统一引导全行业的生产企业积极加入到各类特种树脂产品的研发项目中，避免企业无序竞争。在特种树脂自主研发过程中，各研究机构和企业采用组团攻关的模式进行新产品研发，即由 1～2 家大企业组织相关的研究机构和企业共同出资进行攻关，完成研发、小试、中试以及工业化过程，定期进行技术分享并共同享有专利权。相信经过全行业的努力，特种树脂的生产和加工技术可以发展到一个新的高度。

1.3.3.3　特种 PVC 树脂发展滞后的原因

十多年来，我国 PVC 行业发展迅猛，我国已经发展成为 PVC 生产大国，但距 PVC 产业强国还有很长一段距离。我国 PVC 树脂品种还没有达到系列化、专业化的水平，树脂牌号没有像产能一样形成规模，至今一直以生产通用型树脂为主，而许多 PVC 下游加工企业所需的特种 PVC 树脂则主要依赖进口。近年国内许多大型 PVC 生产企业在特种树脂的研发上加大了投入，虽然我国在消化吸收引进技术方面也做了一定工作，但是由于研究经费、研究手段和人员素质方面的不足，我国特种 PVC 树脂的研发与国外先进水平还有不小差距，专业化生产特种 PVC 树脂的企业还是空白。我国特种 PVC 树脂发展滞后主要有以下 4 个原因。

① 国内企业忽视了特种 PVC 树脂的开发。由于我国的 PVC 产业正处于快速增长时期，生产企业过度注重扩大产能而忽视特种树脂的开发，PVC 生产企业大量生产通用型 PVC 树脂，不能为下游加工企业提供个性化服务，也不能满足下游加工企业多元化的发展需求；同时，我国 PVC 生产企业中具有特种 PVC 配方研究能力的企业屈指可数，研发能力弱，这也是特种 PVC 树脂发展滞后的原因。

② 国内 PVC 制品市场不规范，许多 PVC 加工企业为了追求利益最大化，在通用型 PVC 树脂性能基本满足要求的情况下，大量使用通用型树脂生产各种塑料制品，从而导致生产出来的塑料制品质量上不具有竞争力，在应用领域的深度和广度上都受到了限制，最终导致了国内特种 PVC 树脂市场需求低迷，研究开发停滞不前。

③ 与通用型 PVC 树脂相比，特种 PVC 树脂的需求具有针对性，应用范围相对较小，需求量也相应较少，同时推广成本较高。这也是目前我国特种 PVC 树脂发展滞后的重要原因。

④ PVC 产业上下游缺乏信息交流也是特种 PVC 树脂发展的制约因素。特种 PVC 树脂的研发必然要产生经济效益才能够实现其价值，研发的同时需要找到合适的市场需求。国内 PVC 生产企业不能有效收集市场需求信息，研究开发的新产品没有应用领域，其结果会严重影响企业自主科技创新的积极性，阻碍我国特种 PVC 树脂的研究工作。

1.3.3.4　我国特种 PVC 树脂发展前景广阔

当前，我国发展较好的 PVC 制品是汽车工业零部件、大口径管材、电器仪表、家用耐热制品、纤维增强制品以及用于包装的硬片、膜制品等，在其发展进程中大都采用通用型 PVC 树脂。鉴于 PVC 应用领域的不断扩大，高性能 PVC 树脂的需求量将日渐增加。同时，各种复合增塑剂、复合阻燃剂、耐热改性剂、冲击改性剂的发展，将为特种 PVC 树脂打开更大的市场。另外，我国 PVC 产业在经历了快速增长期后，产能扩张带来的供大于求的市场状况也对 PVC 生产企业的产品结构提出了新的要求，丰富的 PVC 树脂品种和多元化、针对性强的产品能够帮助企业缓解产能扩张带来的市场压力。近年来，国内大型 PVC 生产企业不断加大特种 PVC 树脂领域的研发投资，此举将改变 PVC 生产企业大量生产通用型树脂，而特种 PVC 树脂过分依赖进口的尴尬局面，通用型 PVC 树脂将逐步被适用于专属领域的各种国产特种 PVC 树脂所取代。

面对国内特种 PVC 树脂广阔的发展前景，许多大型 PVC 生产企业纷纷研究开发自己的特色产品，以增强企业的市场竞争力。上海氯碱化工股份有限公司投产 1 万吨/年 CPVC 项目，改变了我国 CPVC 树脂生产装置规模过小、产品质量低、生产技术落后、原料过度依赖进口的局面。河北盛华化工有限公司开发了疏松型 PVC、食品级 PVC、医用级 PVC 树脂。中国石油化工股份有限公司齐鲁分公司调整 PVC 品种结构，先后开发了用于薄膜和硬质管材的 QS1000F 及 QS1050P，用于包装片材、磁卡等领域的 QS800F，以及具有塑化快、加工流动性好、制品表面光洁等特点的 QS650 型 PVC 树脂，避免了 PVC 树脂市场的激烈竞争。昊华宇航化工有限责任公司先后研发了 YH1700、YH2000、YH2500 等牌号的特种 PVC 树脂，其中 YH2500 型特种树脂主要用于生产特种电缆、管件、汽车塑料配件等。2019 年 12 月 3 日，天业集团全资子公司——新疆兵团现代绿色氯碱化工工程研究中心（有限公司）研发出的气固相法氯化聚氯乙烯树脂荣获"石油和化工行业绿色产品"认定，其研发生产的"挤出型""注塑型"两种型号的氯化聚氯乙烯树脂获得绿色产品认证，目前已形成 2 万吨的产能。

1.3.3.5　加快国内 PVC 产业结构转变，走 PVC 产业强国道路

在开发新品种、拓宽 PVC 应用领域方面，国内 PVC 企业应积极借鉴国外的先进技术，逐步建立一套独有的系列化、专业化、针对性强的特种 PVC 树脂的型号系统，推动我国 PVC 制品质量和应用领域在深度与广度上提升一个大台阶。国内企业在 PVC 新品种及特种 PVC 树脂生产技术的研发过程中，应该建立一个特种 PVC 树脂技术研发联合体，加强上下游信息交流，使 PVC 生产企业明确下游加工企业的需求，对 PVC 树脂的型号、品种细化进行针对性的研究，使特种树脂的研发工作具有方向性和指导性；同时，行业协会也应该发挥积极作用，为上下游企业搭建平台，建立畅通有效的沟通渠道，促进企业的交流，加强企业间技术信息、市场信息的互通；国家也应该适当给予产业政策方面的支持，通过宏观调控加快产业调整，以推动 PVC 行业的结构升级，丰富 PVC 市场，保障市场有序、稳定地运行。只有这样，PVC 生产企业才能获得具有潜力的市场，PVC 行业才能够走上更加健康的发展道路，从而真正实现成为 PVC 产业强国的梦想。

1.3.3.6　特种树脂发展方向

（1）进一步实现特种树脂多元化

以 PVC 用树脂为例，PVC 可以延伸发展很多以 PVC 为基料的特种树脂，比如 PVC 糊树脂、高抗冲 PVC 树脂、超高聚合度 PVC 树脂（超高分子量 PVC 树脂）、超低聚合度 PVC 树脂（吸油性树脂）、高表观密度 PVC 树脂（大口径管材用）、消光树脂、弹性体专用 PVC 树脂、CPVC 树脂等。在实现氯醋共聚树脂、氯丙共聚树脂、氯偏树脂、氯醚树脂等大宗特种树脂技术突破后，多元化发

展方向可以使 PVC 企业迎来新的发展机会。

（2）特种树脂向高端专用树脂发展

在特种树脂多元化后，各企业可以根据市场需要发展专用树脂，专用树脂可分为卫生级 PVC 专用树脂、医用级 PVC 专用树脂、球形 PVC 树脂、粉末涂层用 PVC 树脂、无包封皮层 PVC 树脂、高体积电阻率 PVC 树脂、阻燃抑烟 PVC 树脂、PVC 发泡树脂、超高吸水 PVC 专用树脂、玻璃纤维增强 PVC 树脂、硬质 PVC 低发泡型材、工程化 PVC 及抗菌专用混合料等。发展专用树脂可以满足经济发展过程中各领域的需求，以维持企业的市场占有率。

（3）树脂产业到高端材料加工一体化

树脂基复合材料是以有机聚合物为基体的纤维增强材料，通常使用玻璃纤维、碳纤维、玄武岩纤维或者芳纶等纤维增强体。树脂基复合材料在航空、汽车、海洋工业中有广泛的应用。

通过发展含氯复合树脂生产加工技术来实现复合材料的性能提升，逐步取代目前应用在高端航空、汽车、航海等领域里的材料。研究一种以含氯热塑性树脂为基体的增强材料是打开含氯树脂市场的一个关键发展方向，因为含氯热塑性树脂不仅产量大，而且价格便宜，一旦用作复合材料的树脂基料，不仅可增加含氯树脂的产品竞争力，而且可为含氯树脂拓展更广阔的市场奠定基础。

（4）环保领域

在近几十年的经济发展中，工业领域的贡献功不可没，但对环境也造成了极大的影响。在发展特种树脂的过程中，随着特种树脂产品的多元化和专有化，产品结构变得丰富，产品也越来越多。今后企业除了要解决生产和加工过程的环保问题外，更应该加强特种树脂产品毒理学和对生态环境的影响研究，从多方面减少对环境的不利影响，为人类赢得生存空间，实现行业的可持续发展。

综上所述，特种树脂可以给 PVC 企业带来新的发展动力，也是 PVC 企业发展的必然趋势。希望广大企业联合起来，在引进技术的同时，大力开展自主研发工作，以产品多元化和专用化为目标，发展 PVC 专用材料和复合材料，为行业发展提供新的动力。广大 PVC 企业应走向差异化发展道路，开发更多的高附加值特种树脂，实现 PVC 产品结构的优化调整。

第2章 氯醋共聚树脂

2.1 氯醋共聚树脂概述

氯乙烯-醋酸乙烯酯（VC-VAc）共聚树脂（以下简称"氯醋共聚树脂"）由氯乙烯单体和醋酸乙烯酯单体在引发剂的作用下共聚而得，反应方程式如下：

$$m\text{CH}_2=\text{CH} + n\text{CH}_2=\text{CH} \longrightarrow \text{+CH}_2-\text{CH+}_m\text{+CH}_2-\text{CH+}_n$$

氯醋共聚树脂是一种无味、无毒、无臭的氯乙烯共聚物，在常温下化学稳定性好，能耐酸、碱、醇、脂肪烃等化学品的侵蚀，具有良好的柔软性、韧性和热塑性，易粘接于金属等材料表面，对水蒸气的透过率和吸水率低，可溶于酮类或酯类[7]。醋酸乙烯酯具有内增塑作用，氯醋共聚树脂的塑化温度和熔体黏度低，可以克服 PVC 树脂加工流动性差的缺点。

氯醋共聚树脂是最早工业化、产量最大、应用最广、生产技术最成熟的氯乙烯类共聚树脂，占氯乙烯共聚树脂总产量的 $80\% \sim 90\%$[8]，在 PVC 工业生产中占据非常重要的地位。

按化学组成分类，氯醋共聚树脂可分为二元氯醋共聚树脂、三元氯醋共聚树脂以及多元氯醋共聚树脂。在氯醋共聚树脂的生产过程中，主要通过控制共聚物的分子量及醋酸乙烯酯的含量，使树脂达到不同的性能，从而满足不同应用领域的需求。目前商品化氯醋共聚树脂的醋酸乙烯酯质量分数为 $3\% \sim 40\%$，一般为 $3\% \sim 15\%$，只有少数厂家生产醋酸乙烯酯质量分数为 $20\% \sim 40\%$ 的氯醋共聚树脂。

按生产方法分类，氯醋共聚树脂可以采用悬浮法、乳液法（或微悬浮法）和溶液法制备。悬浮法氯醋共聚树脂最适合采用挤出、压延等加工方法，用于生产要求加工性能好的制品（如地板、唱片、透明包装材料、硬质板材、管材、玩具、扑克、信用卡基料等），也可以作为硬质 PVC 制品的改性剂[9]。乳液法（或微悬浮法）氯醋共聚树脂可以采用各种糊树脂加工方法进行加工，塑化温度低于普通 PVC 糊树脂，用于人造革底糊和边糊、热敏织物涂层、搪塑鞋跟料等。此外，悬浮法、乳液法（微悬浮法）和溶液法氯醋共聚树脂也可以以溶液形式生产涂料、油墨、胶黏剂。氯醋共聚树脂引入含羟基或羧基的第三单体，可以增加涂层的黏结强度，并赋予氯醋共聚树脂与其他涂层聚合物（如聚氨酯、环氧树脂等）的反应和相容性。

2.2 氯醋共聚树脂的共聚合

2.2.1 共聚合基本原理

氯乙烯和醋酸乙烯酯的共聚反应属于无恒比点的共聚，共聚单体中氯乙烯的竞聚率 $r_1 = 1.68$（$r_1 > 1$），醋酸乙烯酯的竞聚率 $r_2 = 0.23$（$r_2 < 1$）。共聚物的组成曲线见图 2-1，为不与对角线相交的、处于对角线上方的上凸形曲线，横坐标 f_1 表示单体 M_1 在某一瞬间占两种单体总量的摩尔分数，纵坐标 F_1 表示结构单元 M_1 在某一瞬间占共聚物中结构单元总量的摩尔分数。从共聚物组成曲线上，可获得任一瞬间单体组成所对应的瞬间共聚物组成。由于末端为氯乙烯单元的大分子自由基继续键接氯乙烯的速率大于键接醋酸乙烯酯的速率，而末端为醋酸乙烯酯单元的大分子自由基键接醋酸乙烯酯的速率小于键接氯乙烯的速率，随着共聚反应的进行，f_1 越来越小，未反应单体组成不断变化，共聚物瞬间组成和平均组成均随之变化，因此形成的共聚物实际是由不同组成的氯乙烯-醋酸乙烯酯无规共聚物组成的共混物。为了制备组成均匀的氯醋共聚树脂，需要在转化率或单体加料方式上进行控制。

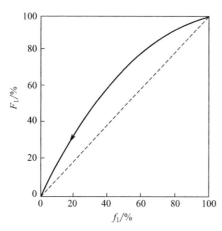

图 2-1 氯乙烯-醋酸乙烯酯共聚组成曲线
（$r_1 > 1$，$r_2 < 1$）

2.2.2　共聚物的共聚组成方程式

1944 年，Alfrey[10]、Mayo[11]、Wall[12] 等几乎同时提出共聚组成方程式，此方程式将共聚物的组成表示成未反应单体比例的函数，其微分方程如下：

$$\frac{\mathrm{d}M_1}{\mathrm{d}M_2} = \frac{M_1}{M_2} \times \frac{r_1 M_1 + M_2}{r_2 M_2 + M_1} \tag{2-1}$$

式中　M_1，M_2——某瞬间未反应的两种单体的物质的量浓度；

　　　r_1，r_2——两种单体的竞聚率；

　　　$\dfrac{\mathrm{d}M_1}{\mathrm{d}M_2}$——该瞬间所形成的共聚物中两种单体的摩尔比。

该共聚组成方程式的建立是共聚合理论发展进程中的重大事件，从理论上解释了共聚物的组成通常不同于形成该共聚物的单体的组成。

为了方便计算，Skeist[13] 将共聚组成方程式(2-1) 改写成式(2-2)：

$$F_1 = (r_1 f_1^2 + f_1 f_2)/(r_1 f_1^2 + 2 f_1 f_2 + r_2 f_2^2) \tag{2-2}$$

式中　f_1，f_2——某瞬间未反应单体混合物中单体 1 及单体 2 的摩尔分数，

　　　$f_1 + f_2 = 1$；

　　　F_1——该瞬间所形成的共聚物中单体 1 的摩尔分数。

Mayo 及 Lewis[11] 导出了共聚组成方程的积分式：

$$\lg \frac{M_2}{M_2^0} = \frac{r_2}{1-r_2} \lg \frac{M_1 M_2^0}{M_2 M_1^0} - \frac{1-r_1 r_2}{(1-r_1)(1-r_2)} \lg \frac{(r_1-1)\dfrac{M_1}{M_2} - r_2 + 1}{(r_1-1)\dfrac{M_1^0}{M_2^0} - r_2 + 1} \tag{2-3}$$

或写成

$$r_2 = \frac{\lg \dfrac{M_2^0}{M_2} - \dfrac{1}{p} \lg \dfrac{1-p\dfrac{M_1}{M_2}}{1-p\dfrac{M_1^0}{M_2^0}}}{\lg \dfrac{M_1^0}{M_1} + \lg \dfrac{1-p\dfrac{M_1}{M_2}}{1-p\dfrac{M_1^0}{M_2^0}}} \tag{2-4}$$

式中　p——$p = \dfrac{1-r_1}{1-r_2}$；

M_1^0，M_2^0——两种单体起始时物质的量浓度；

M_1，M_2——某瞬间未反应单体的物质的量浓度。

以共聚组成方程的微分式与积分式为基础，可以计算共聚合时未反应单体组成与所生成的共聚物组成的关系、转化率对于共聚物瞬间或平均组成的影响、共聚物组成分布等。

值得注意的是，在均聚时摩尔转化率和质量转化率是相同的，但在共聚合时，质量转化率不等于摩尔转化率（由于单体竞聚率和单体分子量不同），它们两者的关系随着转化率的变化而变化。但目前所采用的从共聚方程式（2-1）衍生出来的计算式都是以物质的量浓度或摩尔分数作为浓度单位，而工业上共聚物组成多以质量分数表示。童衍传[14] 于 1964 年发表了基于质量的共聚方程式，在工业应用中更具有实际意义，具体如下：

设 W_1、W_2 为某瞬间未反应单体 1 及单体 2 的质量，$\overline{M_1}$，$\overline{M_2}$ 为单体 1 及单体 2 的分子量，r_1、r_2 为单体 1 及单体 2 的竞聚率，则共聚方程式（2-1）可写作：

$$\frac{\mathrm{d}\left(\dfrac{W_1}{\overline{M_1}}\right)}{\mathrm{d}\left(\dfrac{W_2}{\overline{M_2}}\right)} = \frac{\dfrac{W_1}{\overline{M_1}}}{\dfrac{W_2}{\overline{M_2}}} \times \frac{r_1\left(\dfrac{W_1}{\overline{M_1}}\right) + \dfrac{W_2}{\overline{M_2}}}{r_2\left(\dfrac{W_2}{\overline{M_2}}\right) + \dfrac{W_1}{\overline{M_1}}} \tag{2-5}$$

从式（2-5）可以得出：

$$\frac{\mathrm{d}W_1}{\mathrm{d}W_2} = \frac{W_1}{W_2} \times \frac{r_1 K W_1 + W_2}{r_2 W_2 + K W_1} \tag{2-6}$$

式中，$K = \dfrac{\overline{M_2}}{\overline{M_1}}$。

式（2-6）相当于共聚方程式（2-1），它可以写作：

$$\frac{\mathrm{d}W_1}{\mathrm{d}W_2} = \frac{r_1 K \dfrac{W_1}{W_2} + 1}{r_2 \dfrac{W_2}{W_1} + K} \tag{2-7}$$

从式（2-7）可以得出：

$$\overline{W_1} = \frac{\mathrm{d}W_1}{\mathrm{d}W_1 + \mathrm{d}W_2} = \frac{r_1 K \dfrac{W_1}{W_2} + 1}{1 + K + r_1 K \dfrac{W_1}{W_2} + r_2 \dfrac{W_2}{W_1}} \tag{2-8}$$

式中，$\overline{W_1}$ 为某瞬间所形成的共聚物中单体 1 的质量分数。

式（2-8）相当于式（2-2），利用式（2-8）可以直接计算在已知单体质量时所形成的共聚物的瞬间质量组成。

以合成氯醋共聚树脂为例，氯乙烯单体为单体 1，醋酸乙烯酯单体为单体 2，

$r_1=1.68$、$r_2=0.23$，$K=\dfrac{\overline{M_2}}{\overline{M_1}}=86.09/62.5=1.3774$。根据未反应单体的质量比，代入式(2-8)，即可计算出不同的$\overline{W_1}$，具体结果见表 2-1 所示。

表 2-1　不同单体质量比所得氯乙烯-醋酸乙烯酯共聚物的瞬间组成

$W_1/\%$	$W_2/\%$	$w_1\left(w_1=\dfrac{W_1}{W_1+W_2}\right)/\%$	$\overline{W_1}/\%$
5	95	5	16.33
10	90	10	26.72
20	80	20	40.73
30	70	30	50.99
40	60	40	59.62
50	50	50	67.34
60	40	60	74.50
70	30	70	81.26
80	20	80	87.73
90	10	90	93.96
95	5	95	97.00
99	1	99	99.40

注：w_1—未反应单体混合物中单体 1 的质量分数；$\overline{W_1}$—某瞬间所形成的共聚物中单体 1 的质量分数。

从式(2-8)可以得出：

$$\frac{W_1}{W_2}=\frac{[(K+1)\overline{W_1}-1]+\sqrt{[(K+1)\overline{W_1}-1]^2+4r_1r_2K\overline{W_1}\,\overline{W_2}}}{2r_1K\overline{W_2}} \quad (2\text{-}9)$$

式(2-9)可以用于计算欲得出给定的共聚物组成时，未反应单体所应具有的质量比。如欲合成 VC/VAc 质量比为 80/20 的共聚物时，以$\overline{W_1}=0.8$、$\overline{W_2}=0.2$ 代入式(2-9)，求得$\dfrac{W_1}{W_2}=2.135$，则 $w_1=\dfrac{W_1}{W_1+W_2}=\dfrac{2.135}{3.135}=0.6810$，$w_1$ 为未反应单体混合物中单体 1 的质量分数，即单体质量比 VC/VAc 质量比为 68.1/31.9 时，得出共聚物的瞬间质量组成为 80∶20。

根据氯醋共聚物的瞬间质量组成，通过式(2-9)求得投料时两种单体的质量分数，如表 2-2 所示。

式(2-7)～式(2-9)都只能说明瞬间的情况。

表 2-2　氯醋共聚物的瞬间质量组成与未反应单体质量组成的关系

$\overline{W_1}$（某瞬间所形成的共聚物中单体 1 的质量分数）	$\overline{W_2}$（某瞬间所形成的共聚物中单体 2 的质量分数）	$\dfrac{W_1}{W_2}$（未反应单体混合物中两种单体的质量比）	$w_1=\dfrac{W_1}{W_1+W_2}$（未反应单体混合物中单体 1 的质量分数）	$w_2=\dfrac{W_2}{W_1+W_2}$（未反应单体混合物中单体 2 的质量分数）
0.50	0.50	0.4072	0.2894	0.7106
0.60	0.40	0.6800	0.4048	0.5952
0.70	0.30	1.1572	0.5364	0.4636
0.75	0.25	1.5464	0.6073	0.3927
0.80	0.20	2.1350	0.6810	0.3190
0.85	0.25	3.1213	0.7574	0.2426
0.90	0.10	5.1004	0.8361	0.1639
0.95	0.05	11.0483	0.9170	0.0830

从式(2-3)、式(2-4) 可以衍生出质量共聚组成方程的积分式。从式(2-3) 可以得出 ［也可以直接从式(2-6) 积分得出］：

$$\lg\frac{W_2}{W_2^0}=\frac{r_2}{1-r_2}\lg\frac{W_1W_2^0}{W_2W_1^0}+\frac{1-r_1r_2}{(r_1-1)(1-r_2)}\lg\frac{\dfrac{W_1}{W_2}+\dfrac{1-r_2}{K(r_1-1)}}{\dfrac{W_1^0}{W_2^0}+\dfrac{1-r_2}{K(r_1-1)}} \quad (2\text{-}10)$$

式中　K——两种单体分子量之比，$K=\dfrac{\overline{M_2}}{\overline{M_1}}$；

W_1^0，W_2^0——两种单体的起始质量；

W_1，W_2——某瞬间未反应的两种单体的质量。

从式(2-4) 可以得出 ［也可以从式(2-10) 经过重排得出］：

$$r_2=\frac{\lg\dfrac{W_2^0}{W_2}-\dfrac{K}{P}\lg\dfrac{1-P\dfrac{W_1}{W_2}}{1-P\dfrac{W_1^0}{W_2^0}}}{\lg\dfrac{W_1^0}{W_1}+\lg\dfrac{1-P\dfrac{W_1}{W_2}}{1-P\dfrac{W_1^0}{W_2^0}}} \quad (2\text{-}11)$$

$$P=K(1-r_1)/(1-r_2)$$

2.2.3　化学组成均匀共聚物的合成

由于单体竞聚率不同，随着共聚合的进行，转化率增大，未反应的单体的比例不断发生改变，所形成的共聚物的组成也不断发生改变。在已知竞聚率的情况下，求算不同转化率时共聚物的组成（瞬间的或平均的）有重要的实际意义。针对转化率与共聚物组成的计算，有直接试差法、曲线求解法、近似计算法、图解积分法等，但这几种方法有的过于复杂烦琐，而有的将问题过于简单化，导致结果不准确，童衍传[14] 以质量共聚组成方程为基础，推导出了一个准确而又方便的转化率与共聚物组成的计算式。

$$\lg \frac{W}{W_0} = \frac{r_2}{1-r_2} \lg \frac{w_1}{w_1^0} + \frac{r_1}{1-r_1} \lg \frac{1-w_1}{1-w_1^0} + \frac{1-r_1 r_2}{(r_1-1)(1-r_2)} \lg \frac{w_1-S}{w_1^0-S}$$

$$(2\text{-}12)$$

式(2-12) 也可以写作：

$$\frac{W}{W_0} = \left[\frac{w_1}{w_1^0}\right]^m \times \left[\frac{1-w_1}{1-w_1^0}\right]^n \times \left[\frac{w_1-S}{w_1^0-S}\right]^g \qquad (2\text{-}13)$$

$$m = \frac{r_2}{1-r_2}, \ n = \frac{r_1}{1-r_1}, \ g = \frac{1-r_1 r_2}{(r_1-1)(1-r_2)}, \ S = \frac{1-r_2}{1-r_2-K(r_1-1)}$$

式中　$W_0 = W_1^0 + W_2^0$——转化率为零时，即加料时单体的总质量；

$\quad\quad\ W = W_1 + W_2$——某瞬间（即某转化率时）未反应单体的质量；

$\quad\quad\ \dfrac{W}{W_0}$——某瞬间未反应的单体总质量占加料时单体初始质量的

比例；

$\quad\quad\ w_1^0$——转化率为零时（即加料时）单体混合物中单体 1 的质量分数。

$\quad\quad\ w_1$——与 w 相当的该瞬间，未反应单体混合物中单体 1 的质量分数。

对任何一个给定的二元共聚系统来说，r_1、r_2，K 都是已知数，故式(2-13)中的 m、n、g、S 都是定数，可以事先求得。w_1^0 是某个规定的起始浓度，则仅有一个变量（即 w_1）。以不同的 w_1 代入式(2-13) 求出不同的 $\dfrac{W}{W_0}$ 值，也就是求出不同转化率 $C_W \left(\text{即 } C_W = 1 - \dfrac{W}{W_0}\right)$。$\overline{W}_1$ 可以由 w_1 求得 ［按式(2-11) 计算］，而 $\overline{W}_{1\text{平均}}$ 可以按式(2-14) 计算：

$$\overline{W}_{1\text{平均}} = \frac{w_1^0 - w_1(1-C_W)}{C_W} \qquad (2\text{-}14)$$

式中，C_W 以质量分数表示，即 $0 < C_W \leqslant 1$。

以合成氯醋共聚树脂为例，单体 1 为 VC，则 $r_1 = 1.68$，$\overline{M_1} = 62.50$；单体

2 为 VAc，$r_2 = 0.23$，$\overline{M_2} = 86.09$；$K = \dfrac{\overline{M_2}}{\overline{M_1}} = 1.3774$，则式（2-13）中，$m =$

0.29870，$n = -2.47059$，$g = 1.17189$，$S = -4.62096$。根据不同的 w_1^0，可以使用式（2-12）或式（2-13）计算出不同转化率时氯醋共聚树脂的瞬间组成及其此时的平均组成。

图 2-2 为投料单体中 VAc 质量分数为 15% 时，根据以上竞聚率计算得到的氯醋共聚树脂中组成随转化率的变化。该图表明，当最终聚合转化率为 90% 时，共聚物中平均 VAc 含量为 12%，共聚物中 VAc 含量在 8%～24% 范围内波动，组成不均一。

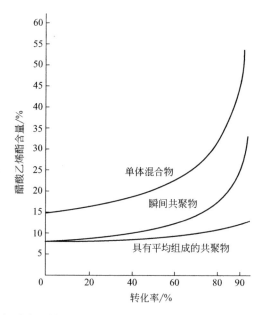

图 2-2　氯醋共聚树脂共聚过程中单体和共聚物组成随转化率的变化

对于氯醋共聚树脂的许多用途来说，均一的化学组成具有重要的实际意义。如氯醋共聚树脂在有机溶剂中溶解时，化学组成不均匀的氯醋共聚树脂会导致溶液呈现混浊或缺乏透明性，溶剂实质上是起着共聚物分级剂的作用，把共聚物分为不同化学组成的级分[15,16]。

合成化学组成均匀的共聚物基本上有两种方法。

（1）控制适宜的转化率

不要追求过高的转化率，一般转化率控制在一定的范围，其共聚物瞬间组成

的波动不会太大。但是较低的转化率意味着聚合釜生产能力的下降和需回收未反应单体量的增加，会增加生产成本。

（2）中途添加较活泼的单体，保持未反应单体组成恒定

共聚合反应是连续进行的，为合成化学组成更为均匀的共聚物，必须相应地用连续添加活泼单体的手段以保持整个聚合反应过程中未反应共聚单体组成的恒定。

1957 年 Hanna（哈纳）提出了合成化学组成均匀共聚物的活泼单体添加的快速计算式，他引入了一个简便的参数——转化率（C_w），哈纳方程式如式(2-15)所示：

$$W_a = \frac{W_t C_w}{G - C_w} \tag{2-15}$$

式(2-15)中

$$G = \frac{100\left(k + \dfrac{1}{R}\right)}{k - 1} \tag{2-16}$$

$$k = \frac{r_1 R \overline{M_2} + \overline{M_1}}{R M_2 + r_2 \overline{M_1}} \tag{2-17}$$

$$R = \frac{w_1}{w_2} = \frac{W_1}{W_2} \tag{2-18}$$

$$\frac{dw_1}{dw_2} = k \frac{w_1}{w_2} \tag{2-19}$$

式（2-15）～(2-19)中　W_a——达到转化率（C_w,%）时，活泼单体已累计加入的质量；

W_t——共聚开始时加入全部物料的总质量；

C_w——聚合转化率（代入公式时不必带%）；

G——特定常数；

w_1，w_2——单体 1 及单体 2 在不同瞬间的质量分数；

W_1，W_2——单体 1 及单体 2 在开始加料时的质量；

r_1，r_2——单体 1，单体 2 的竞聚率；

$\overline{M_1}$,$\overline{M_2}$——单体 1 及单体 2 的分子量；

R——欲保持的恒定单体比；

$\dfrac{dw_1}{dw_2}$——w_1，w_2 瞬间所形成的共聚物的瞬间组成。

哈纳方程式表征了 W_a 与 C_w 的关系，两者是一种"相当"的关系，而不是一种"先后"的关系，它们是每时每刻相互依存的，但它并没有交代添加速率。W_a 与 C_w 是一种"静态"的关系，说明只要添加活泼单体的速率掌握正确，W_a

与 C_w 的关系就应该如此，或必然如此。

在实际生产应用中，如何掌握活泼单体的添加速率，可依靠灵敏快速的仪表在线测定转化率或未反应单体的比例，自动控制活泼单体的连续加入速度。

2.3 国内外氯醋共聚树脂的发展现状

氯醋共聚树脂最初是为改善 PVC 加工性能而发展起来的，1928 年由德国 I. G. Farben AO（法本）公司和美国 Union Carbide（联合碳化合物）公司最早研发生产，1933 年有文献介绍其用途，1942 年德国巴斯夫公司开始生产氯醋共聚树脂，之后在各国开始推广应用。1962 年曾占氯乙烯类树脂生产总量的四分之一，在 1974 年达到顶峰时期，各大 PVC 树脂生产公司基本都有氯醋共聚树脂生产，仅美国就年产悬浮法氯醋共聚树脂 20 多万吨，而德国 Buna 公司是最早申请相关专利的。1975～1983 年，Schirge Harard 等领导的科研组对氯醋乳液及微悬浮工艺的合成条件进行了研究。1988 年，苏联 KAPMA Ⅲ OBA 研究了微乳化工艺中乳化剂用量、单体与水相比、单体转化率等多种因素对共聚糊树脂性能的影响。由于氯醋共聚树脂具有 PVC 所不能替代的某些特性，其已成为工业化生产最重要的氯乙烯共聚树脂。

悬浮法氯醋共聚树脂的主要国外生产公司有：日本信越化学、法国 Arkema、比利时 Solvay、德国 Wacker 化学公司等。乳液（微悬浮）法氯醋共聚树脂生产公司有 B. F. Goodrich 公司、Oxychem 公司、Arkema 公司、Wacker 公司、钟渊化学、韩国 LG 公司和韩华公司等。

而国内 PVC 工业发展较晚，在 1962 年，天津化工研究所和北京化工研究院等相继开始研究悬浮法氯醋共聚树脂，1965 年才实现中试生产。氯醋糊树脂研究起步于 20 世纪 90 年代，沈阳化工股份有限公司、上海天原化工厂、湖北省化学研究所和南通树脂厂先后进行氯醋糊树脂小试研究并取得成功，实施了批量工业化生产。1993 年南通树脂厂成功研制涂料用氯乙烯-醋酸乙烯酯-马来酸酐共聚树脂。沈阳化工股份有限公司研究所成功研发微悬浮法氯醋糊树脂，成为国内首个成功自主研发氯醋糊树脂的企业。目前，沈阳化工股份有限公司的氯醋糊树脂产品已经系列化，成功开发了汽车塑溶胶专用氯醋糊树脂、油墨专用氯醋糊树脂、地毯粘接专用氯醋糊树脂、涂布专用氯醋糊树脂等，填补了国内氯醋糊树脂生产的空白，可以替代目前广泛使用的德国 Vinnolit 公司 E5/65C、法国 Arkema 公司 PA1384 等同类产品，产品销售情况与经济效益良好。国内氯醋共聚树脂生产厂家主要采用乙烯法路线，生产成本高，利润低，导致氯醋共聚树脂的市场缺口大，现在相当一部分的氯醋共聚树脂还需从国外进口。

近年来，我国由于盲目扩充通用型 PVC 树脂的产能，导致供过于求，并存在产品结构单一，专用树脂、特种树脂品牌少的问题，企业面临着严峻的考验。为了提高市场竞争力，各企业加快了树脂的专用化、特种化。国内现有的氯醋共聚树脂生产厂家有：无锡洪汇新材料科技股份有限公司、歙县新丰化工有限公司、江苏蝙蝠塑料集团有限公司（江阴大华化工有限公司）、沈阳化工股份有限公司、内蒙古晨宏力化工集团有限责任公司等。近年来，随着研究的不断深入，国内氯醋共聚树脂的种类在逐步增多，产量也逐渐增大，氯醋共聚树脂呈现产品多元化、聚合釜大型化的趋势。针对氯醋共聚树脂的改性，开发了三元氯醋及多元氯醋共聚树脂，并已经商品化，得到广大客户的厚爱。目前，三元氯醋共聚树脂主要有含羧基三元氯醋共聚树脂如氯乙烯-醋酸乙烯酯-马来酸、氯乙烯-醋酸乙烯酯-马来酸酐共聚树脂等，含羟基三元氯醋共聚树脂有氯乙烯-醋酸乙烯酯-乙烯醇、氯乙烯-醋酸乙烯酯-羟丙基烷基酯共聚树脂，以及氯乙烯-醋酸乙烯酯-丙烯酸酯共聚树脂等，市场上主要是悬浮法、乳液法和微悬浮法产品，应用于涂料、油墨和黏结剂。三元氯醋共聚树脂的研究开发，扩大了氯醋共聚树脂的应用领域，同时随着产品质量的提高，可以替代部分进口产品。

2.4 氯醋共聚树脂制备方法

2.4.1 二元氯醋共聚树脂制备方法

二元氯醋共聚树脂的制备方法主要有 4 种，分别为悬浮聚合法、乳液聚合法、微悬浮聚合法、溶液聚合法。

2.4.1.1 悬浮聚合法

（1）工艺流程、配方和工艺条件

氯醋共聚树脂悬浮聚合的工艺原理、方法，选用的引发剂、分散剂等助剂与均聚 PVC 悬浮聚合相同。具体工艺流程：将计量好的去离子水及复合分散剂、引发剂、辅助助剂等加入聚合釜内，开启搅拌，将醋酸乙烯酯单体和部分氯乙烯单体加入，常温搅拌后，升温至设定反应温度进行聚合反应；开启氯乙烯单体计量泵，向聚合釜中连续加入氯乙烯单体，采用压力连锁控制其加入速度，保证反应体系压力稳定，达到目标加入量时则停止加入；当反应压力降低一定幅度后，加入终止剂，搅拌均匀后出料至沉析槽，然后经汽提塔将氯醋共聚树脂中的未反应氯乙烯、醋酸乙烯酯单体脱析至合格指标。浆料经悬浮液高位槽进入离心机脱水分离成含水量小于 25% 的湿物料，再由绞龙送到气流干燥管内，经从底部来的 100～170℃ 的热风吹送进行气流干燥，干燥至水分含量在 3%～5% 时，离开气流干燥管，经旋分分离器气-固分离后，进入旋流床底部进行降速段干燥，使含水量降至 0.4% 以下。干燥后物料经旋风分离器、振动筛筛分后，进入成品包装或混料仓内散装出售。具体工艺流程如图 2-3 所示。

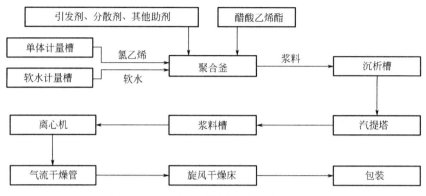

图 2-3 悬浮法氯醋树脂生产工艺流程图

采用悬浮法制备氯醋共聚树脂，其聚合反应温度与通用型 PVC 树脂一致，通常在 40~65℃之间。根据聚合温度选择具有合适活性的偶氮类或过氧化物类引发剂。分散剂通常选用聚乙烯醇类、纤维素类或两者的复合物。当生产低聚合度氯醋共聚树脂时，可以加入适量的巯基乙醇或三氯乙烯等链转移剂。因氯醋共聚树脂的性能特性，与 PVC 均聚树脂相比，悬浮法制备醋酸乙烯酯含量越高、分子量越低的氯醋共聚树脂，难度越大。

用于加工密纹唱片的氯醋共聚树脂（醋酸乙烯酯质量分数为 16.5%），其聚合配方如表 2-3 所示。在 7m³ 或 30m³ 聚合釜上采用悬浮法制备醋酸乙烯酯质量分数为 12%~15%，黏数为 55~100mL/g 的二元氯醋共聚树脂，其典型聚合配方如表 2-4 所示。

表 2-3 用于加工密纹唱片的氯醋共聚树脂聚合配方

名称	用量/份	名称	用量/份
氯乙烯	83.5	分散剂(明胶)	0.31
醋酸乙烯酯	16.5	引发剂(ABIN)	0.064
去离子水	150	有机锡	0.1

表 2-4 悬浮法制备二元氯醋共聚树脂的典型配方

项目	配方一	配方二	配方三	配方四
釜容量/m³	7	7	7	30
去离子水(相对总单体)/份	110~120	110~125	110~125	150~160
中途注水/份	16.5	16.5	16.5	50

续表

项目	配方一	配方二	配方三	配方四
氯乙烯(初始)/份	60	66	54	68
氯乙烯(连续加入)/份	40	34	46	32
醋酸乙烯酯(相对 VC)/份	17~18	21~22	21~23	17~18
分散剂干基(相对总单体)/($\times 10^{-6}$)	950~1300	1100~1200	1050~1150	1000
复合引发剂干基(相对总单体)/($\times 10^{-6}$)	900~1000	1000~1100	800~1000	600~700
其他助剂	适量	适量	适量	适量
终止剂	适量	适量	适量	适量
反应温度/℃	61.5~63.5	63.5	47-49	59.5

悬浮法制备氯醋共聚树脂的工艺条件如下。

聚合温度：40~65℃；

聚合压力：0.4~1.2MPa；

汽提温度：60~85℃；

干燥温度：入口温度＞100℃；

出口温度：≤60℃。

（2）生产关键技术

根据醋酸乙烯酯的加入量和聚合温度的不同，可以生产出不同黏数、不同醋酸乙烯酯含量的氯醋共聚树脂。目前，氯醋共聚树脂主要采用此方法生产，其关键技术主要有以下 4 点。

① 确保氯醋共聚树脂组成均一

氯醋共聚树脂引入了第二单体醋酸乙烯酯，共聚物中醋酸乙烯酯的质量分数将影响加工等性能。在氯乙烯-醋酸乙烯酯共聚体系中，两种单体的竞聚率相差较大，表 2-5 中列举了两种单体在不同温度下的竞聚率。由于氯乙烯的竞聚率（r_1）比醋酸乙烯酯的竞聚率（r_2）大，即共聚时氯乙烯聚合速率大于醋酸乙烯酯。若采用一次性加料工艺，制备的氯醋共聚树脂中醋酸乙烯酯将分布不均匀，产品质量不稳定，造成产品应用范围窄，很难在高档产品上应用。为了得到醋酸乙烯酯分布均匀的氯醋共聚树脂，可以采用控制合适的转化率和连续滴加或分批次补加氯乙烯单体这两种方法。采用连续加料工艺，在反应过程中连续补加活泼的氯乙烯单体，控制聚合过程中反应压力平稳，从而保证聚合体系中氯乙烯和醋酸乙烯酯的平衡[17,18]。采用此方法制备的氯醋共聚树脂化学组成均匀，溶解性能和加工性能得到提高，并可以减少醋酸乙烯酯的用量，提高醋酸乙烯酯的转化率。

表 2-5　不同温度下氯乙烯和醋酸乙烯酯的竞聚率

聚合温度/℃	竞聚率	
	氯乙烯(r_1)	醋酸乙烯酯(r_2)
32	3.74	0.03
40	1.35	0.65
60	1.68	0.23
68	2.10	0.30

② 共聚树脂颗粒特性

影响氯醋共聚树脂颗粒特性的主要因素是醋酸乙烯酯含量、聚合釜搅拌和分散剂体系等。氯醋共聚树脂的颗粒特性直接影响制品质量，不同用途对颗粒特性的要求也不完全一样。如制备塑料地板和唱片等制品要求氯醋共聚树脂具有较高的表观密度和较低的孔隙率；用于生产油墨、涂料的氯醋共聚树脂则要求具有疏松结构和较高的孔隙率。颗粒特性不好会导致树脂难溶，成品放置时间长时会出现增稠现象而影响使用。醋酸乙烯酯的引入，降低了共聚物的玻璃化转变温度，提高了聚合物与单体的相容性，共聚树脂颗粒内部的初级粒子聚集程度加剧，通常氯醋共聚树脂颗粒疏松程度小于 PVC 树脂，内部孔隙率小，在醋酸乙烯酯含量高时，甚至形成密实颗粒。在搅拌条件固定的前提下，主要通过选择合适的分散剂体系来进行控制。生产氯醋共聚树脂既可使用单一分散剂，也可使用复合分散剂，其中使用复合分散剂生产的氯醋共聚树脂粒径分布集中、树脂形态规整；使用单一分散剂羟丙基甲基纤维素（HPMC）及以 HPMC 为主的复合分散剂生产的氯醋共聚树脂溶解性能和树脂溶液的透明度更优。分散剂的用量也需要合理控制，用量太多，导致树脂粒子的皮膜厚度厚，对后续补加氯乙烯单体进入颗粒内部参与共聚不利，还会导致过量的分散剂在树脂溶液中形成悬浮物状，影响氯醋共聚树脂溶液的透明度；分散剂用量太少，分散单体油滴效果差，粒径过粗，易发生暴聚、结块等情况。

③ 粘釜严重

由于聚合体系中加入的醋酸乙烯酯具有增塑作用和与金属的较强亲和作用，反应釜内的物料容易出现聚结和抱团现象，使生产过程中粘釜严重，特别是生产低黏数、高含量氯醋共聚树脂时，粘釜更加严重，因此对防粘釜技术提出了更高要求。降低粘釜的方法有：提高釜壁亲水性，采用强碱洗技术；采用专用设备对聚合釜自动喷涂；使用高效的防粘釜剂。

④ 汽提困难

氯醋共聚树脂因含有具有增塑作用的醋酸乙烯酯，其玻璃化转变温度较均聚

PVC 树脂低，并且其黏数越低和醋酸乙烯酯含量越高则玻璃化转变温度降低得更加明显。采用普通脱析工艺，软化的氯醋共聚树脂易黏结在塔盘和喷头上，使汽提塔控制不稳定，操作难度高，影响树脂质量。因此，应根据生产的氯醋共聚树脂的分子量和醋酸乙烯酯的含量，适当降低汽提和干燥温度，并辅助采用热水加热浆料、负压汽提等技术以提高脱析速度，减少氯醋共聚树脂中醋酸乙烯酯和氯乙烯的残留量，提高氯醋共聚树脂的质量[19]。除此以外，回收单体中存在醋酸乙烯酯及聚合废水中溶解有醋酸乙烯酯，也增加了回收单体和聚合废水处理的难度。

2.4.1.2 乳液聚合法和微悬浮聚合法

国外氯醋共聚糊树脂的开发始于 20 世纪 70 年代，现在有十几家公司已实现工业化生产，采用的工艺路线有一步微悬浮法、间歇乳液法、间歇种子乳液法、连续乳液法、混合法等[20]。目前制备氯醋共聚糊树脂主要采用微悬浮聚合法和乳液聚合法[21]。由于乳液聚合与微悬浮聚合机理完全不同，采用这两种方法合成的共聚树脂结构与性能及其在加工领域中的应用也有所区别。微悬浮聚合工艺特点是通过均化泵将所有反应物料分散成一定粒径的液滴，聚合得到具有一定平均粒径和粒径分布的颗粒，粒径通常呈单峰宽分布，从而保证树脂具有良好的成糊性能。微悬浮聚合法制备的氯醋共聚糊树脂可以采用旋转、浸渍、浇铸和刮涂等成型方法，加工便利，制品形式多样，因而微悬浮共聚是合成氯醋共聚糊树脂的主要方法之一[22]。

（1）工艺流程、配方和工艺条件

氯醋共聚糊树脂生产工艺及设备与相应的氯乙烯均聚糊树脂生产相类似，只是增加了醋酸乙烯酯的贮存、加料、回收工艺及配套的设备。共聚合流程、配方和工艺条件简单介绍如下。

① 乳液共聚合

将去离子水、醋酸乙烯酯、乳化剂、引发剂和其他助剂加入反应釜，密封脱氧后加入氯乙烯单体，升温聚合，聚合结束后汽提脱除氯乙烯和醋酸乙烯酯单体，乳胶经干燥得到树脂。乳液共聚合通常采用单一阴离子乳化剂或阴离子/非离子复合乳化剂，常用的阴离子乳化剂有十二烷基硫酸钠、十二烷基苯磺酸钠、月桂酸钠等。乳液共聚合通常采用水溶性引发剂如过硫酸铵、过硫酸钾等。

乳液共聚合的工艺流程示意如图 2-4 所示。

乳液法制备氯醋共聚糊树脂的典型配方见表 2-6。

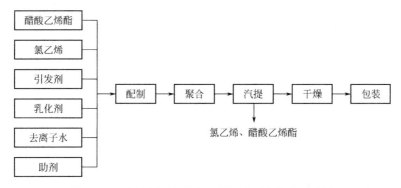

图 2-4　乳液法氯醋共聚糊树脂聚合工艺流程示意图

表 2-6　乳液法制备氯醋共聚糊树脂的配方

名称	质量/份	备注	名称	质量/份	备注
氯乙烯	90～95		引发剂	0.1～0.2	相对单体
醋酸乙烯酯	5～10		助剂	0.1～0.5	相对单体
去离子水	150		热稳定剂	0.1～0.2	相对单体
乳化剂	5～6	相对水			

② 微悬浮共聚

氯醋共聚糊树脂微悬浮共聚工艺又分为一步微悬浮法共聚和种子微悬浮法共聚。

a. 一步微悬浮法共聚

一步微悬浮法共聚是世界上统计的产量最大、应用厂家最多的一种用于生产氯醋共聚糊树脂的聚合工艺。该工艺与生产均聚 PVC 糊树脂类似，具有操作简单方便、设备和技术投资少、产量高等优点，易实现工业化生产。一步微悬浮法共聚工艺过程是将去离子水、氯乙烯单体、醋酸乙烯酯单体、乳化剂及油溶性引发剂加入预混釜内，在缓慢的搅拌作用下，通过均化泵将单体液滴均匀分散于水相内，循环均化一段时间后，分散成 1.0～2.0μm 的单体液滴，然后输送到聚合釜升温聚合，反应结束后其胶乳输送至干燥环节，回收的氯乙烯经吸附器后排空。干燥采用离心喷雾干燥工艺，胶乳经高速旋转喷雾头分散成雾状细滴进入热空气中，并使水分蒸发，热空气控制一定温度进入干燥器内，与胶乳并流。干燥后的物料经研磨粉碎、包装得到产品。微悬浮法聚合兼有悬浮法聚合和乳液法聚合的特征，既可以使用油溶性引发剂也可使用水溶性引发剂（工业上多采用油溶性引发剂）引发聚合，聚合反应在微液滴内部进行，即液滴成核。一步微悬浮法共聚工艺流程示意图如图 2-5 所示。

图 2-5 一步微悬浮法共聚工艺流程示意图

典型的一步微悬浮法共聚合制备氯醋共聚糊树脂配方如表 2-7 所示。

表 2-7 一步微悬浮法制备氯醋共聚糊树脂配方

名称	质量份	备注	名称	质量份	备注
氯乙烯	92~97	相对单体	乳化剂	1~3	相对单体
醋酸乙烯酯	3~8	相对单体	引发剂	0.01~0.05	相对单体
去离子水	100	相对单体	助剂	0.1~0.5	相对单体

b. 种子微悬浮法共聚

氯醋共聚糊树脂种子微悬浮法共聚工艺是法国 ATO 公司开发的，也是目前较先进的氯醋共聚糊树脂生产技术，采用该技术生产的氯醋共聚糊树脂的粒径既可以是单峰宽分布也可以是双峰宽分布，这样就拓宽了树脂的产品性能和应用领域。

该工艺技术分两步进行。

第一步：用一步微悬浮法聚合工艺制备氯醋共聚物种子胶乳，种子内含有通常量 20 倍的过量引发剂，供下一步共聚合用。颗粒直径约为 $0.5\mu m$，这可以通过加大乳化剂量和用均化设备来控制。种子胶乳不需干燥，在 30℃ 下可存放一个月。另外，采用低温聚合和加入减速剂的方法，防止产生暴聚。种子胶乳制备完成后用泵输送到种子储罐中保存，以备下一步聚合使用。

第二步：首先向聚合釜中加入规定量的种子胶乳，保证种子胶乳全在聚合釜的下层，然后加入氯乙烯、醋酸乙烯酯及少量的乳化剂，不再加引发剂，不用搅拌。在聚合过程中不断地向反应体系中加入活化剂，以利于引发剂的分解引发聚合反应。由于聚合釜上层的氯乙烯、醋酸乙烯酯单体中不含有引发剂，它们之间也就不会发生共聚反应，随着下层的反应胶乳体积收缩，上层的氯乙烯和醋酸乙烯酯会不断扩散到下层种子颗粒上，以保证下层体积不变。由于整个聚合体系中没有游离的引发剂，因此在反应中没有新的乳胶粒子生成。根据经验式(2-20)，可由种子加入量算出最终共聚物乳胶粒子的粒径。

$$\frac{D}{d} = \sqrt[3]{\frac{(M+m)}{m} \times t} \qquad (2\text{-}20)$$

式中 D——种子乳液聚合后的颗粒直径；

　　　　d——种子乳液胶粒直径；

　　　　M——加入单体质量；

　　　　m——种子质量；

　　　　t——单体转化率。

　　种子微悬浮法共聚与一步微悬浮法共聚相比具有以下特点：种子微悬浮法共聚只需要均化5％的醋酸乙烯酯，可以大大地减少能量消耗，而一步微悬浮法共聚需要全部均化；种子微悬浮法共聚能用种子的加入量调节氯醋共聚糊树脂初级粒子的粒径，一步微悬浮法共聚只能通过均化泵调节均化后液滴的粒径；种子微悬浮法共聚因为第二步不需要额外加入引发剂，所以反应中没有游离的引发剂，反应后粘釜很轻。一步微悬浮法共聚聚合釜内使用引发剂，因此反应后粘釜较严重；种子微悬浮法共聚的乳化剂用量较少，而一步微悬浮法共聚乳化剂用量稍多；种子微悬浮法共聚转化率高，放热平衡，但由于使用设备相对较多，所以投资较高，操作也较复杂。一步微悬浮法共聚投资低，操作简单。

　　微悬浮共聚合制备氯醋共聚糊树脂的工艺条件如下。

　　聚合温度：45～65℃；

　　聚合压力：0.4～0.8MPa；

　　汽提温度：60～80℃；

　　干燥温度：入口温度＞100℃；

　　出口温度：≤60℃。

　　为了制备组成均一的氯醋共聚物，也可采用控制转化率和中途添加VC单体的方法。

　　（2）生产关键技术

　　在氯醋共聚糊树脂的生产中，醋酸乙烯酯加入量、转化率、单体加入工艺等因素均影响醋酸乙烯酯的含量。合理控制物料配制工艺、醋酸乙烯酯加入量和均化时间是保证聚合反应正常的前提。均化效果的好坏直接影响树脂胶乳一次粒子的大小及其粒径分布，从而影响产品黏度，因此控制平均粒径及粒径分布是微悬浮法聚合的关键所在。在聚合反应中乳化体系的合理选择不仅是聚合反应能够平稳进行的重要因素，也是保证产品质量的关键因素。引发剂体系的选用和合理匹配是决定生产效率的主要因素。

2.4.1.3　溶液聚合法

　　美国联合碳化合物公司在1928年开始研究溶液聚合法生产氯醋共聚树脂，并且投入了生产[23]，氯醋共聚树脂的商品名为Vinylite，主要用于加工罐头的内层涂料和黏合剂。氯乙烯-醋酸乙烯酯溶液共聚是将氯乙烯、醋酸乙烯酯单体混合在溶剂中，采用引发剂如过氧化苯甲酰（BPO）引发，在一定的温度下使单体发生共聚，聚合产物形态为溶液或固体。溶液共聚可采用的溶剂有丙酮、环己酮、乙酸丁酯、乙酸乙酯、四氢呋喃等，单体和形成的共聚物均溶解在溶剂中。采用溶液法生产氯醋共聚树脂时，因在反应过程中有大量溶剂，所以绝对聚合压力较低，反应体系中无需加入分散剂或乳化剂等，树脂质量较好，具有优良的溶解性、黏结力、透明度，主要用于生产涂料和黏合剂，如船舶涂料、可剥涂料、磁带黏合剂和其他工业涂料等。目前，采用溶液法生产氯醋共聚树脂的厂家较少，主要是由于溶剂对单体有稀释效应，导致聚合反应速率和转化率较低；且通过沉淀作用分离该共聚物时须使用大量溶剂，需要回收溶剂及未反应单体，增加了装置与操作的复杂性，因此成本高、能耗高、难度大；另外溶剂有链转移效应，使树脂的分子量较低，为了使分子量不至于过低，须采用较低的聚合温度，因此聚合时间较长。溶液聚合法比较适合于三元或多元氯醋共聚树脂的生产[24]。唯一采用溶液法生产氯醋共聚树脂的美国 Dow 化学公司（收购联合碳化合物公司）已于 2009 年 7 月 1 日停止生产[25]。

2.4.2　多元氯醋共聚树脂制备方法

采用二元氯醋共聚树脂作为主要成膜物质的涂料，其性能在很多方面还不尽如人意，如漆膜对玻璃、木材、铁、铝等洁净光滑的表面自干附着力很差，只能作为剥离涂料使用。在单独使用氯乙烯二元共聚物作磁浆黏合剂时，粘牢度和磁带走行性差。为了提高分散性、定向成膜性及粘接强度，可以引入第三单体或多种单体进行共聚合，以提高其性能。含羧基三元氯醋共聚树脂对磁粉分散性好，对金属（特别是铝）附着力好，可作为特殊涂料基料使用，还可作为氨基树脂、环氧树脂的交联剂使用。

制备三元或多元氯醋共聚树脂可以采用醇解法或多种单体直接共聚的方法。

2.4.2.1　醇解法

醇解法的原理是以二元氯醋共聚树脂为原料，采用非均相醇解的方法制备含羟基或含羧基三元氯醋共聚树脂[26]。

（1）含羧基三元氯醋共聚树脂

陈汉佳等[26] 研究了以氯乙烯-醋酸乙烯酯共聚树脂为原料，经过醇解后与马来酸酐酯化接枝，合成了一系列不同酸值的含羧基的多元氯醋共聚树脂，确定了最佳酯化条件：温度 100℃，催化剂对甲苯磺酸用量为原料的 0.8%，原料和马来酸酐的质量比为 1∶1，反应时间为 9h，得到酸值为 14.39mgKOH/g 的氯醋多元共聚树脂。

（2）含羟基三元氯醋共聚树脂

含羟基的氯醋共聚树脂大部分采用醇解法制得，按反应工艺分，有溶液法和悬浮法；按醇解催化剂分，有碱法和酸法。溶液法产品的羟基含量高，颗粒分布均匀且颗粒疏松多孔，溶解性和成膜光泽性良好，但设备投入很大，费用昂贵，操作工艺复杂，溶剂的回收利用困难，生产效率低，很不经济，故一般多用悬浮法，可克服上述缺点，但因某些性能指标不如溶液法的产品，所以溶液法未被淘汰[27]。酸法对设备要求较高，反应周期也较长，但具有产品外观较好、反应液可循环使用等优点，所以也有厂家按此法生产[28]。碱法具有反应速度快、操作简单、反应液易回收利用等优点，是比较通用的方法，国内已有厂家按此法生产。碱法生产虽易使树脂脱氯化氢而造成树脂变色，但仍适宜做深色涂料和胶黏剂，由脱氯化氢造成的不饱和度赋予了树脂一定的热固性能，可与其他热固性树脂掺混使用，提高热稳定性和赋予成膜物不溶不熔特性[29]。另外，通过调节二元氯醋树脂的分子量和组分比例可生产各种分子量和组分比的三元树脂，扩展使用范围；改性后的树脂因分子中引入了活性羟基，可与其他含活性官能团的树脂或单体（如聚氨酯、丁二烯-丙烯腈共聚物、聚异氰酸酯、三聚氰胺等）封闭交联，用途更广。

李万捷等[30] 研究了以氯乙烯-醋酸乙烯酯共聚树脂为原料，氢氧化钠/甲醇为催化剂，对其进行醇解羟基化，经雾化、沉析等处理，制备成含有不同乙烯醇链段的三元含羟基氯醋共聚树脂微粉，赋予氯醋共聚树脂更好的物理与化学特性。

俞军等[31] 以氯乙烯-醋酸乙烯酯共聚物为原料，对醇解时间与酯基转化率的关系进行了研究，在氯醋共聚树脂、甲醇、氢氧化钠的质量比为1∶2∶0.01的比例下，50℃反应4.5h，可得到醇解率为90%的含羟基氯醋共聚树脂。

魏晓安等[32] 以氯醋共聚树脂为原料，通过碱法催化方式，在甲醇溶液中醇解改性制备了含羟基的三元树脂，羟值为63～76mgKOH/g。

彭兵[33] 以氯乙烯-醋酸乙烯酯悬浮聚合工艺为基础，在聚合反应过程中加入醇解剂和碱，实现了非均相体系中一步工艺完成树脂的合成及醇解过程，制备羟基改性氯醋共聚树脂；探索了醇解剂的选择、用量、反应时间、反应温度及加入方式等对醇解反应的影响，在聚合温度为62.0℃，醇解剂乙二醇与碱的用量为总单体质量的0.95%的条件下，得到羟基含量为2.15%的羟基改性氯醋共聚树脂。

2.4.2.2 直接共聚法

采用直接共聚的方法合成氯乙烯-醋酸乙烯酯-马来酸酐三元共聚树脂，马来酸酐的含量难以控制，含量过高或过低都会影响磁粉的分散性和磁层的耐磨性，而且得不到透明的溶液，影响表面涂层的光泽，通常只能作为胶黏剂使用。

（1）含羧基三元氯醋共聚树脂

氯乙烯-醋酸乙烯酯-马来酸共聚树脂开发较早，现已得到广泛应用，平均聚合度一般为 310～360，3 种组分的质量比为 86∶13∶1，共聚树脂黏度为 0.15～0.20mPa·s，用该共聚树脂制备的磁带具有较高的冲击强度，较好的耐水、耐候、耐热性能。该共聚树脂可采用溶液法、乳液法和悬浮法生产，目前最常采用悬浮法和乳液法生产。

马来酸（或马来酸酐）的含量是含羧基三元氯醋共聚树脂的一项重要质量指标，在共聚树脂中引入羧基（$-\overset{O}{\overset{\|}{C}}-OH$），从而提高树脂的黏结能力，但是马来酸含量太低或太高，都会降低磁粉的分散性和使磁层耐磨损性变差。因此，马来酸（或马来酸酐）含量能否达到指标要求，决定氯醋三元共聚树脂的质量。

在聚合反应中决定马来酸（或马来酸酐）含量的因素很多，但主要因素是马来酸酐、氯乙烯和醋酸乙烯酯的竞聚率的问题（见表 2-8）。

表 2-8　VC（M_1）与其他单体共聚时的竞聚率

共聚单体（M_2）	聚合温度/℃	竞聚率	
		r_1	r_2
醋酸乙烯酯	60	1.68	0.23
马来酸酐	75	0.296	0.008

马来酸酐与氯乙烯、醋酸乙烯酯的竞聚率差异很大。为了提高共聚树脂中马来酸酐的含量，吴建东等[34] 对聚合工艺进行了改进，并将原来出料压力由 0.35MPa 降为 0.2MPa，用新工艺生产的树脂的马来酸酐含量由原来的 0.3% 上升为 1.4% 左右，使用性能良好。

在使用溶液法生产氯乙烯-醋酸乙烯酯-马来酸共聚树脂时，将氯乙烯、醋酸乙烯酯、甲基乙烯基酮和过氧化苯甲酰引发剂加入高压釜中，升温到 55℃聚合，当氯乙烯和醋酸乙烯酯转化率达 10% 时再加入由马来酸酐、马来酸和甲基乙烯基酮所组成混合溶液的 1/6，当转化率达 60% 时，再分步加入剩余的 5/6，直到聚合转化率达 90%，冷却得到质量分数为 50% 的共聚树脂溶液[35]。

（2）含羟基三元氯醋共聚树脂

为提高磁带的耐热性能，并增强磁粉在黏合剂中的分散性，国外在氯醋共聚物中进一步引入丙烯酸羟丙基酯制成共聚树脂磁带黏合剂。该共聚树脂在 100℃

下加热 1h，释放出的氯化氢只有 0.02%（以聚合物质量计），在制作磁性介质时有较好的热稳定性和耐用性。该三元氯醋共聚树脂可用悬浮法生产，也可用溶液法生产。氯乙烯、醋酸乙烯酯和丙烯酸羟丙基酯的加料质量比为 68：36：16，聚合温度为 50℃，聚合压力为 0.5MPa，可得到耐热性好的氯乙烯-醋酸乙烯酯-丙烯酸羟丙基酯共聚物[35]。

（3）氯乙烯-醋酸乙烯酯-丙烯酸酯共聚树脂

氯乙烯-醋酸乙烯酯-丙烯酸酯共聚树脂可采用悬浮法、本体法、乳液法和溶液法生产，一般氯乙烯含量为 50%～80%，醋酸乙烯酯含量为 20%～40%，丙烯酸酯单体的含量为 1%～16%。丙烯酸酯单体可以是丙烯酸丁酯、丙烯酸乙酯、丙烯酸辛酯等，主要应用于涂料，能显著改进涂料的硬度、光泽度、保光性、柔韧性和耐候性。

为保持涂层的硬度，氯乙烯单体含量一般不少于 62%，醋酸乙烯酯含量最好为 20%，生产这种树脂时，反应温度为 50～60℃，悬浮和乳液聚合法的反应压力一般不超过 0.4MPa，溶液法不超过 0.5MPa[36]。

2.5 氯醋共聚树脂品种及主要质量指标

氯乙烯-醋酸乙烯酯共聚树脂属内增塑 PVC 树脂。工业产品中 VAc 含量一般为 2%～20%，分子量以比浓对数黏度表示为 0.45～0.80，也有 VAc 含量大于 20% 的产品。随着 VAc 含量的增加，共聚树脂的软化点下降，成型更加容易，适合生产硬质制品和高填料制品。VAc 含量为 5% 的氯醋共聚糊树脂可以采用增塑糊成型的方法。VAc 含量为 15% 的氯醋共聚树脂溶解性优良，适合配制涂料，与金属的粘接性优异。

由于醋酸乙烯酯在共聚物中具有内增塑作用，采用醋酸乙烯酯与氯乙烯共聚，可以降低共聚物的玻璃化转变温度、塑化温度和黏流温度，减小熔体强度，提高加工流动性，使聚合物的柔韧性增加，溶解性改善，易与其他树脂相容；同时，还不同程度地保留着 PVC 所具有的耐腐蚀、阻燃等特点。

2.5.1 国内外二元氯醋共聚树脂品种及主要质量指标

2.5.1.1 悬浮法氯醋共聚树脂品种及主要质量指标

悬浮法氯醋共聚树脂的质量指标是在悬浮 PVC 树脂基础上，再增加 VAc 含量指标。表 2-9～表 2-15 分别为信越化学公司、Wacker 公司、Dow 化学公司、Solvay 公司、韩华公司、Vinnolit 公司、台塑公司不同牌号二元氯醋共聚树脂的质量指标。

表 2-9　日本信越化学公司悬浮二元氯醋共聚树脂的品种及主要质量指标

型号	组成(质量分数)/%		聚合度	K 值	数均分子量/×10⁴	玻璃化转变温度/℃	黏度/(mPa·s)	特征	用途
	VC	VAc							
SOLBIN-C	87	13	420	48	3.1	70	150①	耐水性、高阻隔性;出色的抗耐性	热密封饮料罐内侧涂层,防潮胶带涂层,照相凹版墨水
SOLBIN-CL	86	14	300	41	2.5	70	60①	低黏度型;溶解性良好	丝网印刷墨水,彩钢板面漆,黏结剂,加工颜料
SOLBIN-CH	86	14	650	55	3.8	73	700①	高黏度型;耐热性、耐候性、透明性良好	帐篷防水剂,可剥离性涂料,照相凹版墨水,黏结剂
SOLBIN-CN	89	11	750	59	4.2	75	40②	高黏度、涂膜强度大	人造革表面处理,照相凹版墨水,可剥离性涂料,黏结剂
SOLBIN-CNL	90	10	200	35	1.2	76	30①	低黏度型;溶解性良好	照相凹版墨水,丝网印刷墨水,加工颜料
SOLBIN-C5R	79	21	360	47	2.7	68	60①	溶解性良好	黏结剂

① 树脂浓度:20%、溶剂:MIBK/甲苯=1/1,使用 B 型黏度计测量(25℃)。

② 树脂浓度:10%、溶剂:MIBK/甲苯=1/1,使用 B 型黏度计测量(25℃)。

表 2-10　德国 Wacker 公司 Vinnol 系列二元氯醋共聚树脂的品种及主要质量指标

型号	组成(质量分数)/%		K 值	平均分子量/×10⁴	玻璃化转变温度/℃	20%(质量分数)甲乙酮溶液黏度/(mPa·s)
	VC	VAc				
H11/59	89±1	11.0±1.0	59±1	8.0~12.0	75	450±100
H15/42	86±1	14.0±1.0	42±1	3.0~4.0	70	28±5
H15/50	85±1	15.0±1.0	50±1	6.0~8.0	74	70±10
H14/36	85.6±1	14.4±1.0	35±1	3.0~4.0	69	13±3
H40/43	65.7±1	34.3±1.0	42±1	4.0~5.0	58	25±5
H40/50	63±1	37.0±1.0	50±1	6.0~8.0	60	55±10
H40/55	62±1	38.0±1.0	55±1	8.0~12.0	60	100±20
H40/60	61±1	39	60±1	10.0~14.0	62	180±30
P15CA	85	15	50±1		74	70±10

表 2-11 Dow 化学公司牌号 Ucar 二元氯醋共聚树脂的品种及主要质量指标

型号	组成(质量分数)/%		比浓对数黏度 (ASTMD1243)	玻璃化转变 温度/℃	数均分子量/ ×10⁴	25℃溶液黏度/ (mPa·s)
	VC	VAc				
VYNS-3	90	10	0.7	79	4.4	1300
VYHH	86	14	0.5	72	2.7	600
VYHD	86	14	0.4	72	2.2	200

表 2-12 Solvay 公司悬浮法二元氯醋共聚树脂品种及主要质量指标

型号	VAc 含量/%	K 值	应用领域
Solvin 550GA	13	50	唱片、涂料、油墨、黏结剂
Solvin 557RB	7	57	信用卡、药品等包装片/薄膜等
Solvin 560RA	7	60	通用型片材/薄膜
Solvin 561SF	7	61	汽车胶黏剂和密封剂(作为填料)

表 2-13 韩华公司悬浮法二元氯醋共聚树脂品种及主要质量指标

型号	组成(质量分数)/%		K 值	聚合度	平均分子量	表观密度/ (g/cm³)	玻璃化转变 温度/℃
	VC	VAc					
CP427	86±2	14±2	56～60				
CP430	85±2	15±2	49.4～51.1	450±50	48200	0.42～0.6	63
CP450	87±2	13±2	50.1～53.3	500±50	53300	0.42～0.6	69
CP705	95±2	5±2	56.4～59.2	700±50	68600	0.42～0.6	76
CP710	90±2	10±2	56.4～59.2	700±50	68000	0.5～0.7	74

表 2-14 德国 Vinnolit 公司氯醋共聚树脂品种及主要质量指标

型号	K 值	VAc 质量分数/%	表观密度/(g/cm³)
VF1048	46	15	0.83
VF1085	50	12	0.80
H11/57	57	11	0.56
H10/60	60	10	0.53
H13/50	50	13	0.52
H6/65	65	5.5	0.51
SA3057/11	57	11	0.61
SA3060/10	60	10	0.62

表 2-15 台塑公司悬浮法二元氯醋共聚树脂的品种及主要质量指标

产地	型号	组成(质量分数)/%		K 值	聚合度	表观密度/(g/cm³)	用途
		VC	VAc				
中国台湾	C-8	92.0±1.0	8±1	58.9～61.6	800±50	0.5	具有低熔融黏度,适用于信用卡、硬质板、地砖、油墨和表面处理
	C-15	87.5±1.0	12.5±1	47.8～51.2	450±50	0.5	
	C-15C	87.5±1.0	12.5±1	58.3～61.6	780±50	0.5	
美国	F-113	87±1	13±1	48		0.56	具有低熔融黏度,适用于保护性涂料、地砖、油墨。适用于信用卡加工
	F-165	87±1	13±1	51		0.56	
	F-168	90±1	10±1	54		0.56	
	F-171	90±1	10±1	56		0.56	
	F-172	90±1	10±1	56		0.60	
	F-186	86±1	14±1	56		0.58	

国内无锡洪汇新材料科技股份有限公司、歙县新丰化工有限公司、江阴大华化工有限公司、泰州市正大化工有限公司、新疆天业（集团）有限公司生产的悬浮二元氯醋共聚树脂的品种和质量指标分别如表 2-16～表 2-20 所示。

表 2-16 无锡洪汇新材料科技股份有限公司二元氯醋共聚树脂的品种及主要质量指标

类别	型号	组成(质量分数)/%		黏数/(mL/g)	聚合度	平均分子量/×10⁴	玻璃化转变温度(DSC)/℃	黏度[①]/(mPa·s)
		VC	VAc					
常规系列	UM40/43	67.0±2.0	33.0±2.0	46±4	—	2.2		—
	UM50	85.0±1.0	15.0±1.0	52±1	400	2.5	75	43±10
	UM55	87.0±1.0	13.0±1.0	52±1	430	2.7	76	52±10
	UM62	87.0±1.0	13.0±1.0	55±1	460	3.0	76	710
	UM68	87.0±1.0	13.0±1.0	62±1	500	3.5	76	90±20
	LA	92.0±1.0	8.0±1.0	66±1	700	4.5	79	230±40
	RC	86.0±1.0	14.0±1.0	91±1	850	5.0	77	355±50
塑料加工用	CK	89.0±1.0	11.0±1.0	81±1	700	4.5	79	225±40
	SP	87.0±1.0	13.0±1.0	72±1	550	4.0	76	110±20
	B55	87.0±1.0	13.0±1.0	55±1	450	2.7	76	—
	B62	87.0±1.0	13.0±1.0	62±1	500	3.0	76	—
	B72	87.0±1.0	13.0±1.0	72±1	550	4.0	76	—
	BCK	89.0±1.0	11.0±1.0	85±5	700	4.5	79	—
	BRC	91.0±1.0	9.0±1.0	95±5	850	5.0	79	—

续表

类别	型号	组成(质量分数)/%		黏数/	聚合度	平均分子	玻璃化转变	黏度①/
		VC	VAc	(mL/g)		量/×10⁴	温度(DSC)/℃	(mPa·s)
特种系列(酯溶性)	UM40/50②	63.0±1.0	37±2	59±1		3.3	60	58±10
	LP	85.0±1.0	15±1	42±2		2.2	70	27±5
	HA	76.0±1.0	24±2	48±2		2.2	65	33±5

① 树脂含量 20%，溶剂为 MEK，旋转黏度计（25℃）。

② 挥发分≤4%。

注：产品外观——白色粉末，表观密度≥0.5g/cm³，挥发分≤2%。

表 2-17　歙县新丰化工有限公司二元氯醋共聚树脂品种及主要质量指标

型号	组成(质量分数)/%		黏数/	K 值	平均分子	玻璃化转变温度
	VC	VAc	(mL/g)		量/×10⁴	(DSC)/℃
MLC-20	80	20	58~62	50~52	2.5	60
LC-10	90	10	82~90	58~60	4.4	75
LC-13-1	86	14	56~60	48~50	2.7	74
LC-40	60	40	54~58	48~50	5.5	55
TLC-40-43	60	40	40~48	40~44	3.0	48
MLC-14-40	86	14	36~44	38~42	2.2	70
MLC-14-55	86	14	52~56	46~48	2.7	72
MLC-14-62	86	14	60~64	49~51	3.5	74
MLC-10-80	90	10	82~88	58~60	4.4	79

注：表观密度≥0.5g/cm³，白度≥80%，粒度（60目过筛）100%。

表 2-18　江阴大华化工有限公司二元氯醋共聚树脂品种及主要质量指标

型号	黏数/(mL/g)	K 值	VAc含量/%	表观密度/(g/cm³)≥	自然白度/%≥	热稳定性(160℃,10min)/%	筛余物含量(0.45mm)/%· <	总挥发分/%	黑黄点总数/(个/100g)<
BL-1	80±2	59±1	11±1	0.42	80	70	0.5	<1.2	40
BL-1-16	80±2	59±1	16±1	0.42	80	60	0.5	<1.2	40
BL-2	74±2	55±1	13±1	0.42	80	60	0.5	<1.2	40
BL-3	62±2	51±1	13±1	0.42	80	60	0.5	<1.2	40
BL-4	56±2	48±1	13±1	0.42	80	60	0.5	<1.2	40
BL-25	45±2	42±1	25±1	0.42	80	—	0.5	<1.2	40

表 2-19　泰州市正大化工有限公司二元氯醋共聚树脂的品种及主要质量指标

型号	黏数/(mL/g)	K 值	VAc含量/%	总挥发物含量/% ≤	杂质粒子数/个 ≤	过筛率粒度(40目过筛)/%	溶解性[25%丁酮:甲苯(1:1)]	用途
DM50	48～52	45～46	13～15	1	100	20	无色透明、无不溶物	油墨、色片
DM55	53～57	46～48	13～15	1	100	20	无色透明、无不溶物	油墨、色片
DM62	60～64	49～51	13～15	1	100	20	无色透明、无不溶物	橡塑发泡、表面处理
DM72	71～73	53～55	13～15	1	100	20	无色透明、无不溶物	油墨、色片、表面处理
DM80	79～81	56～57	13～15	1	100	20	无色透明、无不溶物	油墨、色片、表面处理
DM92	91～93	60～62	13～15	1	100	20	无色透明、无不溶物	橡塑发泡、油墨

表 2-20　新疆天业（集团）有限公司二元氯醋共聚树脂的品种及主要质量指标

型号		黏数/(mL/g)	K 值	VAc含量/%	表观密度/(g/cm³) ≥	挥发分(包括水)含量/% ≤	白度(自然)/% ≥	杂质粒子数/个 ≤	筛余物含量(0.45mm)/% ≤
TYAC-3	3-1	60～69	50～53	11±1	0.40	2.0	80	100	1.0
	3-2	70～79	54～57	11±1	0.40	2.0	80	100	1.0
	3-3	80～89	58～60	11±1	0.40	2.0	80	100	1.0
	3-4	90～99	61～64	11±1	0.40	2.0	80	100	1.0
TYAC-5	5-1	50～59	45～49	13±1	0.40	2.0	80	100	1.0
	5-2	60～69	50～53	13±1	0.40	2.0	80	100	1.0
	5-3	70～79	54～57	13±1	0.40	2.0	80	100	1.0
TYAC-7	7-1	50～59	45～49	15±1	0.40	2.0	80	100	1.0
	7-2	60～69	50～53	15±1	0.40	2.0	80	100	1.0
	7-3	95～105	62～65	15±1	0.40	2.0	80	100	1.0

可见，VAc 质量分数为 13% 的氯醋共聚树脂最为常见，各公司基本都有这类产品，并且根据平均分子量、黏数以及 K 值的高低形成不同牌号。VAc 含量为 7%、8% 的氯醋共聚树脂国内外也较多，而国内 VAc 含量为 5% 的氯醋共聚树

脂较多。此外，还有产量较少的 VAc 含量为 25％和 40％的氯醋共聚树脂。

平均聚合度相近的氯醋共聚树脂与 PVC 均聚树脂的性能比较见表 2-21，可见相同加工配方条件下，氯醋共聚树脂的硬度和软化温度较 PVC 均聚树脂低，VAc 含量越高，差异越大，由此也说明了 VAc 链段的引入起到了内增塑 PVC 的作用。

表 2-21　VC-VAc 悬浮共聚树脂的性质

性质	VC-VAc		普通 PVC	
	SC-400G	MA-800	TK400	TK800
平均聚合度	400	750	400	800
VAc 含量/%	13	5	—	—
表观密度/(g/cm³)	0.62	0.60	0.58	0.56
挥发分含量/%	1.5	1.0	1.0	0.5
邵氏硬度	D84	D85	D86	D86
拉伸强度/MPa	53.9	56.8	53.9	56.8
伸长率/%	120	140	100	140
软化温度/℃	63	68	70	71

2.5.1.2　乳液（或微悬浮）法氯醋共聚树脂品种及主要质量指标

采用乳液或微悬浮共聚合适合制备低、中醋酸乙烯酯含量的氯醋共聚糊树脂，主要用于低温塑化和黏结。醋酸乙烯酯质量分数约为 5％的氯醋共聚糊树脂，通常以增塑糊的形式使用，因此糊黏度为其重要质量指标之一；醋酸乙烯酯含量为 15％左右的氯醋共聚糊树脂，可以以增塑糊形式使用，也可以以溶液形式使用。对于以溶液形式使用的树脂，溶液黏度为其重要质量指标。

醋酸乙烯酯分子添加到糊树脂分子链中，会使氯醋共聚糊树脂同均聚糊树脂在各方面相比有如下改变，分子链的构造由均一的—CH_2—$CHCl$—转变成为了$\{CH_2-CHCl\}_x\{CH_2-CH_2OOCCH_3\}_y$，这样使分子之间的相互吸引力降低、极性减弱，进而降低了树脂的刚性[15]。氯醋共聚糊树脂的性能和加工与均聚糊树脂相比有很多比较突出的优势，主要有：

① 平均分子量都相同的氯醋共聚糊树脂与均聚糊树脂相比在加工时有较低的凝胶化温度和熔融温度，进而降低了加工温度，这样可以降低加工费用。

② 分子结构中的酯基可以适当提高共聚树脂在增塑剂中的溶解速度，这样可以快速制成增塑糊，提高加工厂家的生产效率。

③ 增强氯醋共聚糊树脂和其它各种黏合基材的黏合力，使生产出的制品结合地更牢固，提升了制品的质量。

国外 PVC 糊树脂的生产厂家大多生产氯醋共聚糊树脂，具体品种及技术指标如表 2-22～表 2-24 所示。

表 2-22　国外氯醋共聚糊树脂主要品种及技术指标

序号	公司名称	生产方法	型号	分子量表征	醋酸乙烯酯含量/%
1	美国 Polyone 公司（以前的 Geon）	一步微悬浮法	Geon135	Server 黏度 19700	
			Geon136	K 值 70/1207	4.0
			Geon137	Server 黏度 47400	
			Geon138	K 值 78/1634	4.0
2	美国 Oxychem 公司（以前的西方化学）	混合法	FPC-6338	K 值 72/1302	4.5
3	美国 Fomosa 公司		Formolon-40	K 值 70/1207	4.5
			Formolon-45	K 值 72/1302	7.5
4	美国 Tenneco		0521	K 值 72/1302	4.0
			0565	K 值 73/1410	4.2
5	日本杰昂公司	一步微悬浮法	A135J	K 值 69	
6	日本钟渊化学工业公司	一步微悬浮法	PCH-12	K 值 71	5
			PCM-12	K 值 63	
			PCH-72	K 值 80	8
			PCH-175	K 值 78/1516	5
			PCH-843	K 值 80/1624	8
			PCH-22	K 值 78/1516	3
			PCH-22B	K 值 78/1690	8
7	日本住友化学公司	间歇乳液法	PX-NL	K 值 63	
8	日本电气化学工业公司	间歇乳液法	ME-120	K 值 70～72	
			ME-180	K 值 73～76	
			MME-100	K 值 66～68	
			PA-100	K 值 66～70	
9	日本三菱化成乙烯公司	间歇种子乳液法	P350	K 值 72/1310	
			P400	K 值 72/1310	
			P500	K 值 72/1310	3.3
			PK505	K 值 72/1310	
			PK507T	K 值 72/1310	
			PK507	K 值 76/1516	

序号	公司名称	生产方法	型号	分子量表征	醋酸乙烯酯含量/%
10	日本新第一公司		A35J	K 值 70/1200	3～15
			P38J	K 值 75/1600	3～15
11	德国 Vinnolit 公司		PA5470/5	K 值 69	3.0
			E70LF	K 值 69/1175	5
			E5/65C	K 值 65	5.0
12	法国 Arkema 公司	微悬浮法	PA1384	K 值 68～70/1150	4.0
			PA1302	K 值 69/1160	4.0
13	南斯拉夫尤果维尼尔公司		10	K 值 69～71	5.0
14	韩国 LG（2017 年已停产）		PA1302	K 值 69/1160	4.0
			LK170	K 值 75/1460	4.0
15	台塑公司		PR-640	K 值 70	4.0
			PR-C	K 值 77/1750	3～5

表 2-23　德国 Wacker 公司二元氯醋共聚糊树脂的品种及主要质量指标

型号	组成(质量分数)/%		K 值	平均分子量/$\times 10^4$	T_g/℃	20%甲乙酮溶液黏度/(mPa·s)	备注
	VC	VAc					
E15/45	85.0±1.0	15.0±1.0	45±1	4.5～5.5	75	37±5	乳液
E20/45	80.0±1.0	20.0±1.0	45±1	4.5～5.5	68	35±5	

表 2-24　韩华公司微悬浮法二元氯醋共聚糊树脂的品种及主要质量指标

型号	组成(质量分数)/%		K 值	聚合度	表观密度/(g/cm³)	玻璃化转变温度/℃
	VC	VAc				
KCM-12	95±2	5±2	63.3-67.6	1000±50	0.20～0.40	
KCM-13	95±2	5±2	71.5～74.4			
KCM-15	95±2	5±2	75.2～77.4			
KCH-12	95±2	5±2	73	1400±50	0.20～0.40	
KCH-15	94.5±1	5.5±1	76	500±50	0.20～0.40	
KCH-15 S/T	92-93	7-8	76	1700±50	0.20～0.40	

国内氯醋共聚糊树脂的生产单位不多，规模较大的仅有沈阳化工股份有限公司，质量指标主要是根据用户要求并参照日本钟渊化学工业株式会社企业标准而制定，见表 2-25。

表 2-25　沈阳化工股份有限公司氯醋共聚糊树脂的品种及主要质量指标

项目	汽车塑溶胶专用树脂（PCMA-12）	油墨专用树脂（PCL-15）	地毯粘接专用树脂（PCH-04）	涂布专用树脂（PCL-9）
聚合度	1000±100	800±100	1500±100	900±100
挥发分/%　　　　≤	1.0	1.0	1.0	1.0
堆积密度/(g/cm³)	0.2～0.4	0.35～0.55	0.20～0.40	0.2～0.4
醋酸乙烯酯含量/%	3～5	13～17	3～5	8～10
混合物 B 型黏度(30℃)/(mPa·s)	1500～4000		1500～6000	
刮痕粒度(树脂∶DOP=100∶65)/μm　≤	50		100	
表观密度/(g/cm³)	0.20～0.40	0.20～0.40	0.20～0.40	0.20～0.40

以 Geon 135 型氯醋共聚糊树脂为例，其与 Geon 121 型 PVC 均聚糊树脂的性能比较如表 2-26 所示。

表 2-26　氯醋共聚糊树脂的性质

型号	项目	加热温度/℃					
		132	143	149	154	166	177
Geon135	拉伸强度/MPa	11.0	14.8	17.5	17.5	17.5	17.5
Geon121		6.5	9.3	12.3	13.4	17.2	19.2
Geon135	拉伸模量/MPa	5.6	5.3	5.4	5.2	5.8	6.1
Geon121		—	7.1	7.3	7.3	6.9	7.4
Geon135	撕裂强度/(N/m)	265	373	422	402	441	461
Geon121		127	206	294	333	490	539
Geon135	伸长率/%	240	310	380	380	410	380
Geon121		100	140	210	250	370	410

注：树脂/DOP/Ba-d=10/60/2 的配比进行增塑糊的配制，加热 5min，厚度为 0.5mm，进行性能测定。

2.5.1.3　溶液法氯醋共聚树脂型号及主要质量指标

溶液聚合法可用于制备中、高醋酸乙烯酯含量的氯醋共聚树脂，仅 Dow 化学公司曾经生产过，产品的溶解性能优异，主要用于涂料、黏合剂、油墨等生产，应用于罐头涂层、磁带黏合剂等方面。氯醋共聚树脂溶液还可纺丝制备纤维供织网、滤布使用。表 2-27 为溶液法氯醋共聚树脂的品种及主要质量指标。图 2-6、图 2-7 为不同规格氯醋共聚树脂甲乙酮溶液、甲异丁酮/甲苯（50/50）混合剂溶液黏度与树脂质量分数的关系。

表 2-27　Dow 化学公司溶液法氯醋共聚树脂的品种及主要质量指标

| 型号 | 组成(质量分数)/% | | 分子量 | K 值 | 玻璃化转变温度/℃ | 溶液黏度①(25℃)/(mPa·s) |
	VC	VAc				
Ucar VYNS-3	90	10	44000	56	79	1300
Ucar VYHH	86	14	27000	46	72	200
Ucar VYHD	86	14	22000	42	72	200

①质量分数 30% 的甲乙酮溶液。

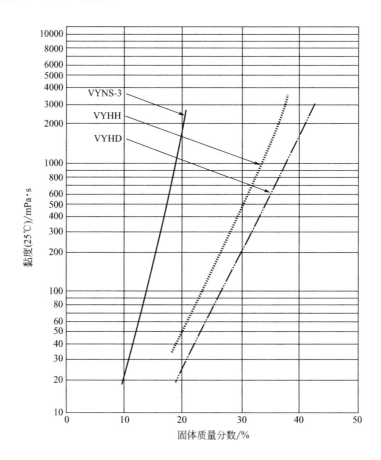

图 2-6　甲乙酮溶液中氯乙烯/醋酸乙烯共聚物浓度和溶液黏度的关系

注：黏度是利用布氏 RVT 型黏度计测定的，采用 2 号到 5 号转子，转速为 50r/min 或 100r/min，根据所测量的溶液来选定

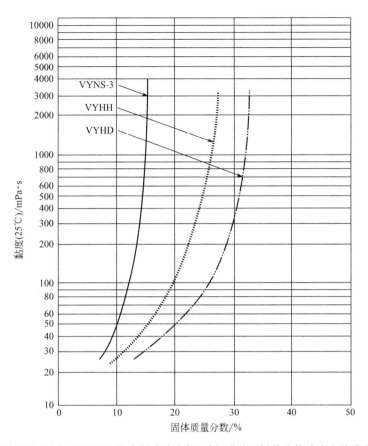

图 2-7　甲异丁酮/甲苯（50/50）混合剂溶液中氯乙烯/醋酸乙烯共聚物浓度和溶液黏度的关系

2.5.2　国内外多元氯醋共聚树脂品种及主要质量指标

美国 Dow 化学公司开发了牌号为 Ucar 的多元改性氯醋共聚树脂，主要品种和规格如表 2-28 所示。

表 2-28　Dow 化学公司牌号 Ucar 改性氯醋共聚树脂的品种及主要质量指标

类别	型号	组成（质量分数）/%			反应基团种类	酸值/（mg KOH/g）	羟值/（mg KOH/g）	比浓对数黏度（ASTMD1243）	玻璃化转变温度/℃	数均分子量	溶液黏度/（mPa·s）
		VC	VAc	其他单体							
羧基三元氯醋共聚树脂	VMCH	86	13	1	羧基（马来酸）	10	—	0.50	74	27000	650
	VMCC	83	16	1		10	—	0.38	72	19000	100
	VMCA	81	17	2		19		0.32	70	15000	50

类别	型号	组成(质量分数)/%			反应基团种类	酸值/(mg KOH/g)	羟值/(mg KOH/g)	比浓对数黏度(ASTMD1243)	玻璃化转变温度/℃	数均分子量	溶液黏度/(mPa·s)
		VC	VAc	其他单体							
羟基三元氯醋共聚树脂	VAGH	90	4	6	羟基(乙烯醇)	—	76	0.53	78	27000	1000
	VAGD	90	4	6		—	76	0.44	77	22000	400
	VAGF	81	4	15	羟基(丙烯酸羟烷基酯)	—	59	0.56	70	33000	930
	VAGC	81	4	15		—	63	0.44	65	24000	275
	VROH	81	4	15		—	66	0.30	65	15000	70

Ucar 系列改性氯醋共聚树脂具有溶解性好、黏结力强等优点，已有很长的应用历史。图 2-8～图 2-11 分别为含羧基和含羟基 Ucar 系列改性氯醋共聚树脂的溶液黏度与树脂浓度的关系。

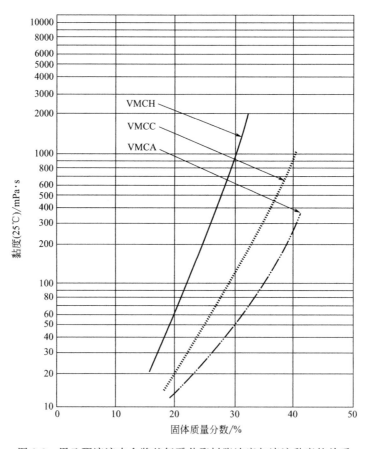

图 2-8　甲乙酮溶液中含羧基氯醋共聚树脂浓度与溶液黏度的关系

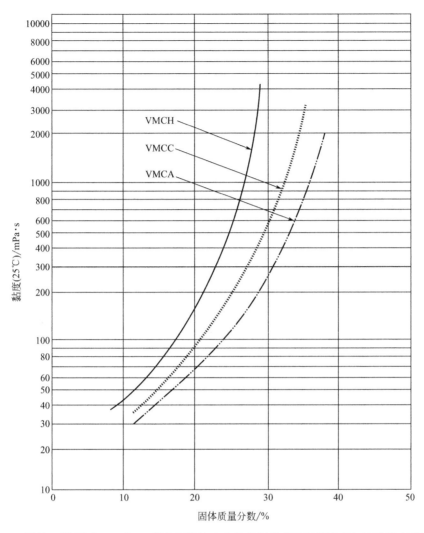

图 2-9　甲异丁酮/甲苯（50/50）混合剂溶液中含羧基氯醋共聚树脂浓度与溶液黏度的关系

　　为了克服溶液聚合法的不足之处，国内外许多公司分别开发了悬浮聚合、乳液聚合法生产改性氯醋共聚树脂技术，而应用领域与 Ucar 系列树脂相同。由于溶液法多元改性氯醋共聚树脂生产成本较高，目前溶液共聚合装置已关停，市场上主要是悬浮和乳液聚合法产品。

　　日本信越化学公司含羟基或羧基的氯醋共聚树脂的主要指标如表 2-29 所示，其特点和用途如表 2-30 所示。德国 Wacker 公司分别采用乳液和悬浮聚合法生产含羧基的氯醋共聚树脂，主要指标如表 2-31 所示。韩华公司含羟基或羧基氯醋共聚树脂的品种及主要质量指标如表 2-32 所示。

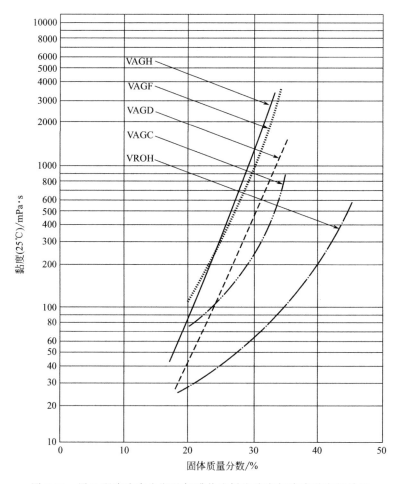

图 2-10 甲乙酮溶液中含羟基氯醋共聚树脂浓度与溶液黏度的关系

表 2-29 日本信越化学公司含羟基或羧基氯醋共聚树脂的品种及主要质量指标

型号	组成（质量分数）/%			平均聚合度	K 值	数均分子量/$\times 10^4$	黏度/(mPa·s)	T_g/℃
	VC	VAc	其他单体					
SOLBIN-A	92	3	5[3]	420	48	3	220[1]	76
SOLBIN-AL	93	2	5[3]	300	41	2.2	70[1]	76
SOLBIN-TA5R	88	1	11[3]	300	41	2.8	130[1]	78
SOLBIN-TA2	83	4	13[4]	500	51	3.3	300[1]	70
SOLBIN-TA3L	83	4	13[4]	350	45	2.4	100[1]	65
SOLBIN-TAO	91	2	7[3]	360	45	1.5	230[1]	77

续表

型号	组成(质量分数)/%			平均聚合度	K 值	数均分子量/ $\times 10^4$	黏度/ $(mPa \cdot s)$	T_g/℃
	VC	VAc	其他单体					
SOLBIN-TAOL	92	2	6③	280	40	1.4	100①	70
SOLBIN-M5	85	14	1⑤	420	48	3.2	130①	70
SOLBIN-MFK	90	7	3⑥	440	49	3.3	30②	80

①树脂浓度；20%、溶剂；MIBK/甲苯＝1/1，使用 B 型黏度计测量（25℃）。

②树脂浓度；10%、溶剂；MIBK/甲苯＝1/1，使用 B 型黏度计测量（25℃）。

③ 乙烯醇。

④丙烯酸羟烷基酯。

⑤二元羧酸。

⑥丙烯酸。

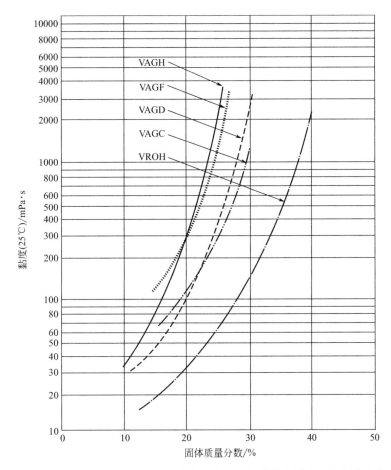

图 2-11 甲异丁酮/甲苯（50/50）混合剂溶液中含羟基氯醋共聚树脂浓度与溶液黏度的关系

表 2-30 日本信越化学公司三元氯醋共聚树脂的特点及用途

型号	特点	应用举例
SOLBIN-A	与聚氨酯、醇酸树脂、亚克力、尿素等溶解性良好	热封胶,磁带,磁卡黏合剂,饮料罐内涂层,镀锌铁,船底涂料,加工颜料,凹版印刷油墨,盖外表面涂层
SOLBIN-AL	A 牌号的低黏度型	
SOLBIN-TA5R	与颜料、磁粉分散性良好,溶解性良好	软盘黏合剂,环保型凹版印刷油墨
SOLBIN-TA2	与颜料、磁粉分散性良好,比 A 牌号具有更好的耐高温性	磁带,磁卡黏合剂
SOLBIN-TA3L	TA2 牌号的低黏度型	木器漆,凹版印刷油墨,磁带,磁卡黏合剂
SOLBIN-TAO	与颜料、磁粉分散性良好	磁带,磁卡黏合剂,凹版印刷油墨
SOLBIN-TAOL	TAO 牌号的低黏度型	
SOLBIN-M5	与铝箔、玻璃纸附着力优异	黏合剂,热封铝箔
SOLBIN-MFK	可与 PVC 糊树脂混合使用,黏结金属的能力出色	黏合剂,汽车用密封胶,电线保护用

表 2-31 德国 Wacker 公司牌号为 Vinnol 的含羟基或羧基氯醋共聚树脂的品种及主要质量指标

类别	型号	组成(质量分数)/%			K 值	平均分子量/$\times 10^4$	T_g/℃	酸值/(mg KOH/g)	羟值/(mg KOH/g)	20%甲乙酮溶液黏度/(mPa·s)	备注
		VC	VAc	其他单体							
羧基改性氯醋树脂	E15/45M	84.0±1.0	15.0±1.0	1.0[1]	45±1	5.0~6.0	76	7±1	—	40±5	乳液
	E30/48M	70.0±1.0	29.0±1.0	1.0[1]	48±1	6.0~8.0	65	5.5~8.5		45±10	
	H15/45M	84.0±1.0	15.0±1.0	1.0[1]	48±1	6.0~8.0	74	3~6	—	60±10	
羟基改性氯醋树脂	E22/48A	75.0±1.0	24.0±1.0	Ca. 25[2]	50±1	6.0~8.0	61	1.8±0.2		45±7	乳液
	E15/48A	84±1.0	14.0±1.0	Ca. 16±1.0[2]	48±1	6.0~8.0	69			60±10	
	E15/40A	84.0±1.0	14.0±1.0	Ca. 16[2]	39±1	4.0~5.0	69	1.8±0.2		20±5	

①马来酸酐。
②乙烯醇。

表 2-32　韩华公司含羟基或羧基氯醋共聚树脂的品种及主要质量指标

| 型号 | 组成(质量分数)/% | | | K 值 | 聚合度 | T_g/℃ | 酸值/(mg KOH/g) | 羟值/(mg KOH/g) | 黏度(20%树脂醋酸乙酯溶剂，25℃)/(mPa·s) |
	VC	VAc	其他单体						
TP400M	85	14	1[①]	49.5	400	76	12.5	—	—
TP400A	76	17	10[②]	48	400	65	—	140	126
TP500A	73	17	10[②]	53	550	68	—	130	295

①马来酸。

②丙烯酸羟烷基酯。

国内无锡洪汇新材料科技股份有限公司、歙县新丰化工有限公司、江苏江阴大华化工有限公司、泰州市正大化工有限公司生产的含羧基、含羟基的氯醋共聚树脂的主要指标如表 2-33～表 2-38 所示。

表 2-33　无锡洪汇新材料科技股份有限公司含羧基氯醋共聚树脂的品种及主要质量指标

| 类别 | 型号 | 组成(质量分数)/% | | | 黏数/(mL/g) | 平均分子量/×10⁴ | T_g/℃ | 酸值/(mg KOH/g) | 黏度[②]/(mPa·s) |
		VC	VAc	其他单体[①]					
常规系列	UMCH52	84.0±1.0	15.0±1.0	1.0	52±1	2.6	74	7.0±1.5	43±10
	UMCH55	84.0±1.0	15.0±1.0	1.0	55±1	2.7	74	7.0±1.5	49±10
	UMCH58	84.0±1.0	15.0±1.0	1.0	58±1	2.8	74	7.0±1.5	59±10
	UMCH-S	84.0±1.0	15.0±1.0	1.0	55±1	2.7	75	5.0±1.5	55±10
	JA	85.0±1.0	14.0±1.0	1.0	61±1	3.3	75	7.0±1.5	65±10
	JB	85.0±1.0	14.0±1.0	1.0	55±1	2.7	75	7.0±1.5	60±10
	JC	84.0±1.0	14.0±1.0	2.0	55±1	2.7	73	14.0±2.0	60±10
特种系列(酯溶性)	MC39[③]	78.0±4.0	21.0±4.0	1.0	38±1	2.0	70	6.5±1.5	19±5

①马来酸。

②树脂含量 20%，溶解于 MEK，旋转黏度计（25℃）。

③挥发分≤4%。

注：产品外观为白色粉末，表观密度≥0.6g/cm³，挥发分含量≤2%（除 MC39 外）。

表 2-34　无锡洪汇新材料科技股份有限公司含羟基氯醋共聚树脂的品种及主要质量指标

| 类别 | 型号 | 组成(质量分数)/% | | | 黏数/(mL/g) | 平均分子量/×10⁴ | T_g/℃ | 黏度[1]/(mPa·s) |
		VC	VAc	其他单体				
常规系列	UMOH	88.0±1.0	6.0±1.0	6.0[2]	61±2	3.3	76	240±20
	UMOH S	88.0±1.0	6.0±1.0	6.0[2]	61±2	3.3	76	240±20
	LPOH	88.0±1.0	6.0±1.0	6.0[2]	47±2	3.0	76	75±10
	S16/48A	73.0±1.0	16.0±1.0	11.0±1.0[3]	56±2	3.6	—	—
	S16/53A	73.0±1.0	16.0±1.0	11.0±1.0[3]	67±2	4.0	—	—
特种系列(酯溶性)	UMOH-E	88.0±1.0	6.0±1.0	6.0[2]	61±2	3.3	76	240±20
	S16/53A	73.0±1.0	16.0±1.0	11.0±1.0[3]	67±2	4.0	—	—

① 树脂含量 20%，溶解于 MIBK/甲苯＝1/1，旋转黏度计（25℃）。

② 乙烯醇。

③ 丙烯酸羟烷基酯。

注：表观密度≥0.6g/cm³，挥发分含量≤2%。

表 2-35　歙县新丰化工有限公司含羧基氯醋共聚树脂的品种及主要质量指标

| 型号 | 组成(质量分数)/% | | | 黏数/(mL/g) | 平均分子量/×10⁴ | K 值 | T_g/℃ |
	VC	VAc	其他单体				
MVAM	86	13	1[1]	50-54	2.7	44~46	74
VAM	86	13	1[1]	50~54	2.7	44~46	74
VMC	86	13	1[2]	38~42	1.9	38~40	72
VMC-TF	83	16	1[2]	38~42	1.9	39~41	72
VAMA	86	13	1[2]	50~54	2.7	44~46	74
HVAMA	84	13	3[2]	80~90	3.4	58~60	80
FVAM	85	13	1[1]+1[2]	50~54	2.7	45~47	74
VAMAD	84	13	3[3]	50~54	2.7	45~47	74

① 马来酸酐。

② 马来酸。

③ 二羧酸。

注：产品外观为白色粉末，表观密度≥0.5g/cm³，白度≥80%（除 FVAM 以外），溶解（25%丁酮溶液）后为无色透明溶液。

表 2-36　歙县新丰化工有限公司含羟基氯醋共聚树脂的品种及主要质量指标

| 型号 | 组成(质量分数)/% | | | 黏数/(mL/g) | 平均分子量/×10⁴ | K 值 | T_g/℃ | 羟值/(mg KOH/g) | 备注 |
	VC	VAc	其他单体						
MVAG	90	4	6[1]	56~60	2.5	46~48			
MVAH	90	3	7[1]	52~56	2.7	46~48	79	70~76	酯溶

续表

型号	组成(质量分数)/%			黏数/(mL/g)	平均分子量/×10⁴	K 值	T_g/℃	羟值/(mg KOH/g)	备注
	VC	VAc	其他单体						
MVAH-W	88	5	7①	54～58	2.7	46～48	79		酯溶
MVAH-C	72	25	3①	56～60	3	48～50			
MVAF	84	14	2②	52～56	2.7	46～48	70	58～60	酯溶
MTA5R	88	1	11①	40～44	2.7	40～42	78		酯溶
MVOH	81	4	15②	38～42	1.5	39～41	69	66	
MVAD	90	4	6①	34～38	2.2	36～38	77	76	
PG-HC	84	10	6①	56～60	3.0	48～50	62	70～76	酯溶
VOH-TF	81	4	15②	38～42	1.5	39～41			不含三氯乙烯

①乙烯醇。

②丙烯酸羟烷基酯。

注：产品外观为白色粉末，表观密度≥0.5g/cm³，白度≥80%，使用丁酮溶解树脂，树脂在溶液中的质量分数为25%，树脂溶解后的溶液为无色透明状。

表 2-37　江苏江阴大华化工有限公司含羟基或羧基氯醋共聚树脂的品种及主要质量指标

类别	型号	组成(质量分数)/%			黏数/(mL/g)	K 值	表观密度/(g/cm³)	黑黄点总数/(个/100g)≤
		VC	VAc	其他单体				
含羧基三元氯醋	BLM	86±2	13±2	1①	31～53	34～47	0.42	40
含羟基三元氯醋	BL-HVAGH	88±2	6±1	6±0.2②	74-86	55～59	0.45～0.65	10
	BL-LVAGH	88±2	6±1	6±0.2②	48～60	44～60	0.45～0.65	0

①马来酸酐。

②乙烯醇。

表 2-38　泰州市正大化工有限公司含羧基三元氯醋共聚树脂的品种及主要质量指标

合成方法	型号	VAc/%	马来酸/%	黏数/(mL/g)	K 值	挥发分含量/%≤	溶解性[25%丁酮：甲苯(1:1)]
悬浮法	DMCH50	13～15	1.5～2.1	48～52	45～46	1	无色透明、无不溶物
	DMCH55	13～15	1.5～2.1	53～57	46～48	1	无色透明、无不溶物
	DMCH58	13～15	1.5～2.1	58～60	48～50	1	无色透明、无不溶物
乳液法	ZDE15/45M	15±1	1.5～2.1	48～52	45～46	1	无色透明、无不溶物

2.6 氯醋共聚树脂的加工和应用

氯醋共聚树脂软化点温度低，流动性较好，可在较低的温度下进行加工，易于加工成型。VAc有内增塑作用，柔韧性较好，用于生产软质制品时可以减少增塑剂的加入量；溶解性能好，能溶于普通溶剂，如丙酮、丁酮、醋酸丁酯等；随着化学组成、分子量的不同，其力学性能略有差异，但电性能、耐水性和制品尺寸稳定性与PVC相当。对于悬浮法氯醋共聚树脂，可以采用压延、挤出、注塑等各种加工方法，其中VAc含量低的氯醋共聚树脂尤其适合采用压延、挤出方式加工。氯醋共聚糊树脂也可采用各种糊树脂加工方法，塑化温度低于通常PVC糊树脂。VAc含量为13％～15％的悬浮法氯醋共聚树脂，主要用于塑料地板和唱片的生产。VAc含量在20％～40％的乳液或溶液法氯醋共聚树脂，利用其优良的溶解性能及塑化温度低于常规PVC糊树脂，主要用作防护性涂料。

2.6.1 塑炼加工

2.6.1.1 塑料地板

塑料地板加工特性与树脂加工流动性、柔韧性和添加填料品种与含量等有关。氯醋共聚树脂生产的塑料地板柔韧性好、挠曲强度较好，并具有一定的耐化学性，能添加大量的填料，在性能上远比PVC地板好。常采用VAc含量为13％～15％、比浓对数黏度约为0.5～0.55的氯醋共聚树脂来加工塑料地板。实际应用中，一般将氯醋共聚树脂与PVC混炼来加工塑料地板。配方示例见表2-39。

表 2-39　氯醋共聚树脂塑料地板配方

物料名称	用量/g	物料名称	用量/g
PVC树脂（SG4）	80	硬脂酸钙	2.8
氯醋共聚树脂	20	石蜡	1.2
邻苯二甲酸二辛酯	21	轻质碳酸钙	40
三碱式硫酸铅	4	天然碳酸钙	160
二碱式亚磷酸铅	2	松香	1.6
硬脂酸钡	1		

2.6.1.2 民用硬片

民用硬片应用于制品的外包装、橱窗里的人体模特及文教用品等，用途极广。主要采用比浓对数黏度为 0.5～1.0、VAc 含量低于 10％的氯醋共聚树脂进行加工，其主要目的在于改进树脂加工性能，而仍保留 PVC 均聚物的物性。采用氯醋共聚树脂与 PVC 共混，不仅降低了塑化温度，改善了加工流动性，使制品光滑，而且提高了制品性能。

2.6.1.3　唱片

唱片与氯醋共聚树脂的加工流动性、制品尺寸稳定性（高仿真、高保真）有关。氯醋共聚树脂具有较低的熔体黏度，可以顺畅地流入唱片模具的槽纹中以消除"死点"，此外还具有冷却时的耐收缩性及防止出现凹痕和翘曲的作用。常用的是 VC/VAc 质量比为（85～87）∶（15～13），比浓对数黏度约为 0.50～0.55 的氯醋共聚树脂。使用疏松型氯醋共聚树脂，不仅可以生产出密纹唱片，还可以生产出立体声唱片。典型的配方如表 2-40 所示。

表 2-40　氯醋共聚树脂加工硬质密纹唱片配方

物料名称	用量/g
氯醋共聚树脂	100
二碱式硬脂酸盐	0.75～1.5
二碱式邻苯二甲酸铅	0～0.75
炭黑	1.5～2.0

按上述配方混合均匀，在 120℃辊筒上辊炼成片状，并按一定规格切片制成粗坯。将规定尺寸的粗坯送热压机（有升温、冷却、开模具程序）压制成片，切边、检验、包装。由氯醋共聚树脂制备的唱片比普通混合物制得的录音带噪声小。

2.6.1.4　加工助剂

由于氯醋共聚树脂与 PVC 结构的相似性，因而它们有很好的相容性，所以在硬质 PVC 加工中加入氯醋共聚树脂代替部分增塑剂进行共混改性，结果发现氯醋共聚树脂加速了 PVC 树脂的凝胶化过程，降低了熔融温度与熔体黏度，从而大大改善了填充性，降低了塑化温度，缩短了塑化时间，改善了加工流动性，使制品表面光滑。同时发现制品的抗冲击性能也得到提高。但为改进氯醋共聚树脂热稳定性差的问题，可加入适量环氧大豆油，它既是增塑剂又是热稳定剂，且不易迁移。

氯醋共聚树脂作为加工助剂应用于 PVC 型材[37]，典型配方如表 2-41 所示。其型材的性能检测结果如表 2-42 所示。

表 2-41　氯醋共聚树脂应用于 PVC 型材的加工配方

组分	未使用氯醋配方/份	使用氯醋配方/份
PVC 树脂(SG5)	100	95
氯醋共聚树脂(黏数 80mL/g,醋酸乙烯酯含量 10%)	—	5
CPE	8	6
ACR	1.5	—
碳酸钙	15	18
热稳定剂	3	3
硬脂酸	0.15	0.15
PE 蜡	0.1	0.1
钛白粉	5	5
颜料	适量	适量

表 2-42　型材的性能检测结果

项目	维卡软化温度/℃	加热后尺寸变化率/%		加热前后尺寸变化率差/%	主型材的落锤冲击	150℃加热后状态	可焊接性/MPa
		可视面 1	可视面 2				
未使用氯醋配方	82.6	1.65	1.48	0.2	1/10	无气泡、裂痕、麻点	36
使用氯醋配方	82.9	1.35	1.35	0.3	0/10	无气泡、裂痕、麻点	38
GB/T 8814—2017	≥78	±2.0	≤2.0	≤0.4	1/10	无气泡、裂痕、麻点	≥35

2.6.1.5　软制品、塑料及墙布印花

以含醋酸乙烯酯 5% 的氯醋共聚树脂作为丁腈橡胶改性剂,在 150℃ 混炼塑化,制成印刷橡皮泥、印铁胶布的基料及纺织橡胶皮辊。采用醋酸乙烯酯含量为 13% 的氯醋共聚树脂,加入环己酮溶剂可制作薄膜及人造革压花。

2.6.1.6　其他

杨庆等[38] 利用氯醋共聚树脂为基体原料,通过与增塑剂、热稳定剂、润滑剂的共混处理,制得了软化点在 55℃ 左右、能用于骨科矫形的低温可塑性改性氯醋共聚树脂,最佳配方如表 2-43 所示。

表 2-43　氯醋共聚树脂用于骨科矫形材料的配方

物料名称	用量/份	物料名称	用量/份
氯醋共聚树脂(VAc14%)	100	邻苯二甲酸二辛酯(DOP)	10
二月桂酸二丁基锡	3	环氧大豆油(ESO)	2
硬脂酸锌	0.4	硬脂酸钙	2

注:加工成型温度 140℃,共混时间 10min。

氯醋共聚树脂可通过化学发泡或机械发泡方式来加工开孔泡沫塑料，典型配方见表 2-44 和表 2-45。

表 2-44　化学发泡开孔泡沫塑料

物料名称	用量/份	物料名称	用量/份
氯醋共聚糊树脂(绝对黏度 1.01 或 1.06)	100	十二烷基硫酸钠	2
邻苯二甲酸二异戊酯(DIPP)	50	中性石油酸钙	5
邻苯二甲酸(十三烷基)酯	30	亚磷酸钡镉锌盐稳定剂	3
聚合物增塑剂	20	发泡剂	5

表 2-45　机械发泡开孔泡沫塑料（填充）

物料名称	用量/份	物料名称	用量/份
氯醋共聚糊树脂(绝对黏度 1.01 或 1.06)	100	钡镉锌盐稳定剂	2～3
掺混树脂	20	有机硅表面活性剂	4～8
DOP	35～40	碳酸钙	10～40
邻苯二甲酸二异癸酯(DIDP)	25～30	色浆	适量
邻苯二甲酸丁基苄酯(BBP)	20		

基于氯醋共聚树脂与 PVC 良好的相容性及其抗冲击性能，一般制成聚氯乙烯/氯醋共聚物合金或将 PVC 与之混炼制成塑料地板，产品具有极好的抗冲击强度和耐候性。在硬质 PVC 中加入氯醋共聚物 1～30 份，制品抗冲击性能随氯醋共聚物量的增加而提高，氯醋共聚物树脂平均聚合度越高，抗冲击改性效果越好。氯醋共聚树脂通常与 $CaCO_3$ 协同使用，有时还可加入少量 EVA 改性剂，一般不超过 10 份，否则会影响氯醋共聚物的改性效果。

2.6.2　涂料

氯醋共聚树脂根据单体的种类、含量、分子量而划分成不同的型号，其混溶性、柔韧性以及附着力性能等各不相同。氯醋共聚树脂涂料俗称氯醋共聚树脂漆。由于氯醋共聚树脂独特的优良性能，可用作不同规格、性质和用途的涂料，如防锈涂料、船舶涂料、防火涂料、汽车涂料等，这些涂料具有优良的耐候性、耐盐水性和耐化学腐蚀性，且具有耐石油、醇类等溶剂性能。

2.6.2.1　氯醋共聚树脂涂料的配方组成

（1）氯醋共聚树脂

作为涂料用的氯醋共聚树脂对分子量和共聚物的组成有严格要求，聚合度一般在 320～700 之间，氯乙烯和醋酸乙烯酯的质量比在 62：38～97：3 之间（相当于摩尔比在 9：4～44：1 之间），以便涂料施工时具有较好的流平性[39]。最常用的是氯乙烯和醋酸乙烯酯的质量比为 86：14（相当于摩尔比为 9：1）的氯醋共聚树脂，使用该型号的氯醋共聚树脂作为成膜物质，可改善树脂的溶解性和柔韧性，又不显著降低硬度和耐化学腐蚀性。

使用二元氯醋共聚树脂作为主要成膜物质的涂料，其性能还不尽如人意，如漆膜在光滑的表面上自干附着力较差[40]，和其他树脂的混溶性不良等缺点，解决方式是在共聚树脂分子链上引进羧基或羟基。目前国内已商品化的三元氯醋共聚树脂有氯乙烯-醋酸乙烯酯-马来酸酐、氯乙烯-醋酸乙烯酯-马来酸、氯乙烯-醋酸乙烯酯-乙烯醇、氯乙烯-醋酸乙烯酯-丙烯酸辛酯/丁酯等。羟基改性可提高涂料的相容性、黏附性及对磁粉的分散性，并且提供交联的基点，作为其他涂料的改性树脂。羧基改性的涂料可以风干黏附在洁净的金属表面，还可作为氨基树脂、环氧树脂的交联剂使用，通过交联形成一个乙烯活性体系，令共聚物具有类似热固化的特性，特别是提高韧性，增强物理性能以及具有出众的耐化学性能。使用丙烯酸酯改性的氯醋共聚树脂可显著改进涂料的硬度、光泽度、保光性、柔韧性和耐候性，使其气体和液体渗透性小，耐化学品性、耐燃性和防锈、防污、防霉性能良好，成膜坚韧耐磨，附着力强，广泛应用于罐头衬里漆（如啤酒罐漆），耐化学品漆，蓄电池漆，电镀槽用隔离漆，化验室用工具漆，水泥砖灰墙面涂料，防潮、防油腻的食品包装涂料，纸张涂料，塑料制品表面涂料，木器清漆，以及建筑涂料等。使用马来酸改性的氯醋共聚树脂用于涂料时，不但改进了黏合性能，而且提高了涂层表面光泽度和装饰性能，可显著改善产品对金属的黏附性能，优于氯化聚氯乙烯等传统涂料。这种三元共聚物，以氯乙烯单体为主，含量不低于 62%，否则形成的漆膜硬度差，醋酸乙烯酯含量最高不超过 16%，第三单体马来酸的含量大约为 1%～3%较好。氯醋共聚树脂规格型号及涂料用途见表 2-46。

表 2-46　氯醋共聚树脂规格型号及涂料用途

序号	组成（质量分数）/%			K 值	溶液固含量/%	溶剂比（酮/芳烃）	性能与用途
	氯乙烯	醋酸乙烯酯	其他				
1	90	10	—	60	13～17	酮类	耐化学品和耐水性好，用于砖石、木材、金属表面等建筑涂料
2	86	14	—	47	20～25	1：1	耐化学品性，溶解性和附着力好，漆膜强度高。应用于船舶及维修用涂料、金属/罐头涂料、可剥离涂料

续表

序号	组成(质量分数)/%			K 值	溶液固含量/%	溶剂比(酮/芳烃)	性能与用途
	氯乙烯	醋酸乙烯酯	其他				
3	86	14	—	40	30～35	酯类	耐化学品性、溶解性和附着力好,漆膜强度高,用于较高固含量的涂料中
4	60	40	—	47	30	酯类	溶解性、耐化学品性和附着力好,应用于修补漆,塑料涂料,热烫印涂料,与其他树脂混溶
5	81	17	2[①]	32	30	1∶3	金属附着力好,耐化学品性好,高固含量。满足厚膜、风干的维修用罩面漆,还可以用于需要高固体含量的涂料及黏合剂
6	86	13	1[②]	46	23～25	1∶1	附着力和溶解性好,用于船舶漆、修补漆及其他金属涂层
7	84	10	6[③]	49	25	酯类	溶解性好,凹印复合塑料油墨、木器漆(亚光漆、亮光面漆、耐刮漆、耐磨漆)、UV底漆、PE底漆等

① 马来酸。
② 马来酸酐。
③ 乙烯醇。

（2）溶剂

溶剂的作用是将氯醋共聚树脂溶解、分散成液态,易于施工成薄膜,而施工后溶剂又能从薄膜中挥发到大气中,使之形成固态的涂膜。溶剂种类很多,其中酮类、氯烃及硝基烷烃的溶解能力较强,而酯类则较弱,芳烃只能一定程度地使之溶胀,而不能溶解,脂肪烃及醇类则为非溶剂。由于氯醋共聚树脂单体比率及分子量的不同,其溶解性亦随着醋酸乙烯酯含量、分子量、羧基和羟基含量等因素而变化。如分子量高、醋酸乙烯酯含量低的氯醋共聚树脂就需要强溶解力的溶剂,而醋酸乙烯酯含量高、分子量低的氯醋共聚树脂则可以在酯类溶剂中实现溶解。在实际生产过程中,当溶剂的溶解力足够时,也可以加入少量芳烃作稀释剂以降低成本;根据涂料性能的要求,还可以选择特殊的溶剂,如环己酮、甲基异戊酮等高沸点强溶剂,常有防发白的作用。表 2-47 为不同有机溶剂对氯醋共聚树脂的溶解性。通常为了改变溶解性、溶剂的挥发性和降低生产成本,多采用混合溶剂。

表 2-47 不同有机溶剂对氯醋共聚树脂的溶解性

有机溶剂	10%树脂		有机溶剂	10%树脂	
	25℃	90℃（或略低于沸点）		25℃	90℃（或略低于沸点）
丙酮	溶	溶	二氯乙烷	溶	溶
丁醇	不溶	不溶	乙二醇二醋酸酯	溶	部分溶
醋酸丁酯	溶	溶	异亚丙基酮	溶	溶
苯二甲酸二丁酯	溶	溶	甲基纤维剂	溶	溶
溶纤剂	不溶	不溶	甲乙酮	溶	溶
醋酸纤维剂	溶	溶	甲基异丁基酮	溶	溶
二丙酮醇	溶	溶	环己酮	溶	溶
乙醇	不溶	不溶	硝基烷烃	溶	溶
醋酸乙酯	溶	溶		溶	溶

由于氯醋共聚树脂涂料属于乙烯类树脂涂料，是非转化型溶剂型涂料的一种，其成膜方式为溶剂挥发方式成膜，在选择溶剂种类及用量时需根据涂料的种类、用途及涂膜的要求而定，重点是溶剂强度、挥发性、毒性、气味、成本、可燃性、应用类型等。

（3）增塑剂

增塑剂加入到涂料中，可以提高涂料的柔韧性，并且有助于减少涂膜保留的溶剂。在制备氯醋共聚树脂涂料时，增塑剂的品种和用量的选择需根据涂料性能而定，需考虑的因素有与氯醋共聚树脂的混溶性、挥发性、气味、毒性、耐烘烤性、耐候性和低温柔韧性及食品卫生性等。小分子增塑剂是最常用的增塑剂，主要是酯类，如邻苯二甲酸酯、癸二酸酯、己二酸酯、磷酸酯等。这些酯类增塑剂可均匀留存在漆膜层中，而不易渗出或挥发。配方中增塑剂的最理想用量取决于所用氯醋共聚树脂及对制备的涂料的性能要求。增加增塑剂用量使漆膜拉伸强度下降，而延伸率提高。过量增塑剂会造成漆膜干性不爽和影响底漆的附着力，因此必须控制增塑剂的用量。要得到相同程度的柔韧性，高分子量氯醋共聚树脂要比低分子量的氯醋共聚树脂需要更多的增塑剂。典型的用量为每 100 份氯醋共聚树脂中加入 10～25 份增塑剂。

（4）颜料

颜料的选择需考虑遮盖力、紫外线防护能力、纯度和润湿程度。氯醋共聚树脂涂料所用颜料和一般涂料要求相似，但也有特殊要求，对含羧基的三元氯醋共聚树脂更有一些特定的限制。含铁和锌的颜料只适宜用于常温干燥并常温使用的氯醋共聚树脂涂料中，这是因为氧化铁颜料在高温 120℃情况下常会促使氯醋共聚树脂分解。另外，含羧基三元氯醋共聚树脂不能使用金属粉颜料如铁、锌、镉或碱性颜料，否则颜料与羧基反应而不能收到增加附着力的功效，甚至会使漆产生胶冻。氯醋共聚树脂溶解液对颜料的润湿性较差，特别是二元氯醋共聚树脂对颜料的润湿性更差。研磨分散工艺的选择至关重要。最常用的颜料分散设备有球磨机、砂磨、炼胶机和三辊磨，为了防止铁质污染，不要用钢球研磨机来分散颜料。最常用的技术是将氯醋共聚树脂溶入适当的溶剂中，然后将增塑剂、稳定剂、颜料等与氯醋共聚树脂溶液混合。对于高光泽涂料，应预先将颜料分散在增塑剂、稀释剂中，再与氯醋共聚树脂溶液混合。

（5）稳定剂

氯醋共聚树脂是含氯的热塑性树脂，由于碳-氯键的键能较弱，在热能和光能的作用下易降解释放出氯化氢，导致生成易于被氧化的不饱和聚合物结构，且氯化氢还具有加速降解的作用，从而使涂膜变脆，失去柔韧性以及脱色。因此，在制备涂料时应添加少量稳定剂以改善其稳定性。配方中选用的稳定剂需有消除分解所产生的氯化氢、能与不饱和键反应、起抗氧化剂的作用、吸收紫外线等功能，具体用量与稳定剂的品种、配方中所用的颜料、干燥条件有关。一般 100 份树脂里加入 1~2 份金属皂与 2~3 份环氧化合物，即能满足在 135~145℃干燥的涂料的稳定性要求。需值得注意的是，含羧基的三元氯醋共聚树脂，不能使用钡、镉或锌稳定剂，因为它们与羧基发生反应。另外，锌稳定剂容易产生颜色，尤其在低增塑剂体系中；铁和锌的表面则能促进分解和褪色。

2.6.2.2　氯醋共聚树脂涂料制备工艺

氯醋共聚树脂涂料可以采用漆片分散和直接分散两种方法制备。

漆片分散法是按配方将树脂、颜料、增塑剂、稳定剂及改性树脂（也可后加改性树脂）在双炼辊上轧成漆片，用的时候再溶于溶剂中即可。

采用双辊炼胶机轧片是一种质量好、工艺简单的方法。塑炼时配方中颜料对树脂的比例越高，分散效果及光泽越好，如果粉质过多不易塑炼时，可加入少量溶剂型增塑剂，大大提高可塑炼粉料的颜料比例。塑炼时辊温调节在 50~75℃较好。温度过高，质量不好；温度低时，不仅有较大的剪切力且可颜料分散得极细。

直接分散法制备氯醋共聚树脂涂料为物理过程，具体工艺流程如图 2-12 所示。

涂料生产厂使用外购符合需求的氯醋共聚树脂加溶剂溶解时，需使用配备有

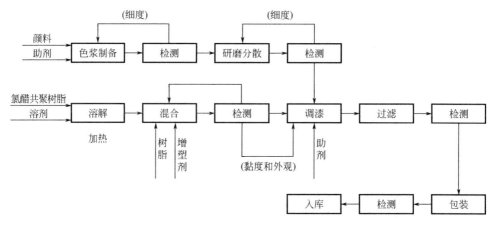

图 2-12　氯醋共聚树脂涂料制备工艺流程

紧密顶盖的高速剪切混合器，待混合溶剂被搅拌均匀后，缓缓加入氯醋共聚树脂，以防产生团块。为了提高颜料的分散质量，将颜料分散在增塑剂、稀释剂中，再与氯醋共聚树脂溶液混合，调整固含量、黏度、细度，确保达到使用要求。

　　氯醋共聚树脂既可在常温下也可在加热情况下进行溶解，加热可加速溶解，特别是制备高黏度的溶液。由于氯醋共聚树脂有遇热易分解的倾向，所以加热的温度一般在50℃左右，最高不可高于60℃，并且时间不宜太长。溶液接触钢铁时容易变色，在铁制容器中贮藏时，加入0.1%～0.3%环氧丙烷可防止变色。为了保持溶解液最大的稳定性，制备好的涂料应储存在有酚醛衬里、经过烘烤的容器中。如在汽车空气过滤器的塑溶胶制造中，如果选用氯乙烯均聚糊树脂在180℃加工，并按照现行技术条件可以保证塑溶胶薄膜拉伸断裂应力≥7.0MPa。而选用氯醋共聚糊树脂可以降低塑溶胶凝胶温度，此时在150℃就能达到薄膜的指定强度，即氯醋共聚糊树脂比氯乙烯均聚糊树脂制备的塑溶胶加工温度要低30℃。

2.6.2.3　氯醋共聚树脂涂料配方

　　氯醋共聚树脂涂料是乙烯类涂料的重要品种，具有耐水、耐油、耐化学腐蚀、耐候、气体和液体渗透率小、防霉不延燃、坚韧耐磨、附着力优于氯化聚氯乙烯漆等优点，有较广泛的用途。影响氯醋共聚树脂涂料性能的是共聚物分子量及醋酸乙烯酯的含量，其涂膜发黏温度将随分子量下降和醋酸乙烯酯含量增加而降低，涂膜和溶液性能明显地依赖于VAc含量及分子量[41]。

　　二元氯醋共聚树脂对PVC和含PVC的基材有很好的附着性，可用于PVC玩具漆、PVC油墨、PU（聚氨酯）合成革表面处理剂等。醋酸乙烯酯含量为

30%～40%的氯醋共聚树脂可完全酯溶，是目前氯醋共聚树脂中玻璃化转变温度最低，柔韧性最好的，可用来生产高弹性的涂料。含羧基的氯醋共聚树脂，一般对金属类的基材有优异的附着力，其漆膜对金属、PVC、ABS、纸张、混凝土、丙烯酸表面处理的 PE 和 OPP（邻苯基苯酚）有良好的附着性，同时耐酸、碱和盐溶液，具有良好的颜色润湿性和低吸水性。因此，适用于电化铝背胶、医药PTP 铝箔热封胶、罐头内涂、塑胶家电涂料、手机按键 UV 底漆涂料、防腐涂料、排钉胶和船舶涂料等方面。含羟基的氯醋共聚树脂具有优异的颜料分散性、展色性以及良好的聚合物相容性，既可单独使用，也可与聚氨酯弹性体、醇酸树脂、脲醛树脂、环氧树脂、丙烯酸树脂等配合使用。与聚氨酯弹性体配合可提高对颜料的分散、展色、润湿性，提高聚氨酯弹性体系的成膜和溶剂释放性，增强油墨的复合强度，主要应用于 PU 耐蒸煮复合油墨中；对醇酸树脂体系进行改性可提高该体系的成膜性、溶剂释放性、耐化学性、持久弹性和耐水性，主要应用于亚光家具漆体系；在脲醛树脂体系的涂料中，可减少出现裂化的倾向。

用于防腐的底漆、磁漆和清漆配方举例见表 2-48，用于铝材表面涂布的氯醋树脂漆，见表 2-49，用于汽车底盘涂料，见表 2-50。

表 2-48　用于防腐的底漆、磁漆和清漆配方　　单位：质量份

原料	底漆		磁漆		清漆
	锌黄	红丹	白	灰	
含羟基三元共聚树脂	14	12.6	—	—	—
含羧基三元共聚树脂	—	—	15	15	—
氯醋共聚树脂	—	—	—	—	16.6
钛白粉(金红石型)	—	—	10	9.8	—
炭黑	—	—	—	0.2	—
锌黄	7.6	—	—	—	—
红丹	—	22	—	—	—
滑石粉	4.8	4	—	—	—
邻苯二甲酸二辛酯	2	2	2	2	2
环氧树脂(E-51)	0.5	0.5	0.5	0.5	0.5
环己酮	28	25.2	30	30	33.2
丙酮	7.7	4.5	6.3	6.3	7.5
二甲苯	35.4	29.2	36.2	36.2	40.2

表 2-49　铝材表面涂布氯醋树脂漆配方

组分	用量/质量份	组分	用量/质量份
氯乙烯/醋酸乙烯酯(85/15)二元共聚树脂	10	苯二甲酸伯醇酯增塑剂	4
氯乙烯/醋酸乙烯酯/马来酸(83/16/1)三元共聚树脂	10	高沸点酮溶剂	8
钛白粉	8	丙酮/二甲苯混合溶剂	47.8
氧化锑	2	润湿剂	0.2

表 2-50　汽车底盘涂料

物料名称	用量/质量份	物料名称	用量/质量份
氯醋共聚糊树脂	60	邻苯二甲酸二异癸酯(DIDP)	40
PVC 糊树脂	20	过氧化二叔丁基(DTBP)	15
掺混树脂	20	稳定剂	3
填充剂	60	稀释剂	10

2.6.3　油墨

2.6.3.1　氯醋油墨的特性和用途

油墨由连结料、颜料、填充料、辅助添加剂等组成。PVC 油墨是以氯乙烯均聚树脂、氯乙烯共聚树脂或氯化聚氯乙烯树脂为连结料,加入溶剂、增塑剂和颜料等配制而成的。其中的连结料主要是由氯醋共聚树脂溶解在环己酮溶剂中制成的,一般以低分子量为佳。使用 PVC 树脂及氯醋共聚树脂制备的油墨耐化学药品和耐油性能良好、不会互相渗透引起墨膜脱色,适合应用在包装油脂及化学品的 PVC 或 PE 塑料薄膜或容器的印刷上,也可用于天然织物及纸张的印刷,使用三元氯醋共聚树脂制备的油墨还可用于金属、铝箔及其他合成树脂涂层的印刷。包括氯醋共聚树脂在内的氯乙烯树脂油墨主要用于凹板印刷和丝网印刷,在塑料包装、封面套、印花人造革、旅行袋、纸盒和玩具等的商标和装潢的凹板印刷和丝网印刷上也获得了广泛应用。据统计氯醋共聚树脂在油墨制品的用量占总用量的六成以上。

2.6.3.2　氯醋油墨的加工

氯乙烯树脂油墨制造工艺主要分树脂原浆配制、色浆研磨和油墨配制三个工序。因此加工配方有树脂原浆、色浆和油墨三种,其中色浆又有单色浆和拼色浆之分。具体制备工艺流程如图 2-13 所示。

操作步骤如下。

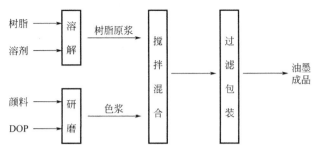

图 2-13　氯醋共聚树脂油墨制造工艺流程图

（1）配制树脂原浆

按表 2-51 配方，将称量好的树脂和溶剂投入金属容器或玻璃烧瓶中，在 80℃下加热搅拌溶解，或在水浴中加热搅拌溶解成全透明树脂原浆。

表 2-51 氯乙烯共聚树脂油墨原浆配方　　　　　　　　　单位：份

组分	凹印油墨用	丝网印刷油墨用
氯化聚氯乙烯树脂	5	—
氯醋(95/5)共聚树脂	11	10
环己酮	82	40
二甲苯	—	20
醋酸丁酯	—	20
醋酸乙酯	—	10
邻苯二甲酸二丁酯	2	5

（2）研磨制备色浆

通常用颜料和 DOP 混合来制备色浆。由一种颜料配制的色浆称为单色浆；由多种颜料配制的色浆称为拼色浆。颜料与 DOP 的质量比称为成浆比。不同颜料配制的色浆成浆比不同。按表 2-52 单色浆成浆比或表 2-53 拼色浆的配比与成浆比，将称量好的颜料和 DOP 混合后用球磨机研磨，或用三辊机研轧 3～5 遍，达到细度要求（一般为 20～30μm）即制成色浆。

表 2-52　单色浆成浆比

颜料	成浆比	颜料	成浆比
永固红	1：0.6	群青	1：0.7
柠檬黄	1：0.65	炭黑	1：2.5
酞菁绿	1：1.2	钛白粉	1：1.2
酞菁蓝	1：1.2	银粉	1：1.5

表 2-53　拼色浆的配比与成浆比

颜色	颜料及用量/g	成浆比
白色	钛白粉　4.54	1 : 1.19
	群青　0.0281	
浅蓝	酞菁蓝　0.133	1 : 1.27
	钛白粉　1.363	
	炭黑　0.0025	
墨绿	柠檬绿　0.315	1 : 1.16
	酞菁绿　0.0455	
	钛白粉　3.22	
	炭黑　0.00286	
米黄	氧化铁红　0.083	1 : 1.08
	中铬黄　0.342	
	钛白粉　3.82	
	炭黑　0.00286	
棕色	氧化铁红　2.90	1 : 0.547
	中铬黄　0.163	
	炭黑　0.080	
奶粉色	氧化铁红　2.90	1 : 1.08
	钛白粉　8.88	
枣红色	氧化铁红　0.938	1 : 0.915
	立索尔宝红　0.25	
	钛白粉　0.091	
	炭黑　0.0286	

（3）配制油墨

按表 2-54 配方，将树脂原浆和色浆搅拌混合均匀，过滤包装即为油墨成品。使用时可用丙酮、醋酸丁酯等稀释，油墨与稀释剂之比通常为 2 : 1。

表 2-54　凹印油墨配方　　　　　　　　单位：份

原料	红墨	黄墨	蓝墨	青莲墨
树脂原浆	100	100	100	100
永固红浆	44	—	—	—
柠檬黄浆	—	10	—	—
酞菁蓝浆	—	—	14	6
枣红浆	—	—	—	8

2.6.4 胶黏剂

氯醋共聚树脂用于胶黏剂，可以提高对溶剂的溶解性和粘接作用。通常使用醋酸乙烯酯含量为 5%～15%，聚合度为 500～1000 的氯醋共聚树脂，溶于丁酮或四氢呋喃中，配制成质量分数为 10%～20% 的溶液而使用。含羧基或含羟基的氯醋三元共聚树脂改进了磁粉在胶黏剂中的分散性，具有加工流动性好以及制品尺寸稳定性好（高仿真、高保真）等特点，用它制备录音带、录像带、磁卡等高科技设备产品，品质优良。

典型的胶黏剂配方如表 2-55 所示。

表 2-55　磁记录材料胶黏剂配方

物料名称	用量/份	物料名称	用量/份
多元氯醋共聚树脂	13～15	甲苯	37～40
丁酮	35～37	环己酮	10～13

将溶剂及树脂依次加入搅拌釜中，常温下搅拌至树脂完全溶解即得该胶黏剂。该胶黏剂可用于各种磁性记录材料（如录音带、录像带、磁卡片及软磁盘）的生产制造，其作用是将磁粉均匀分散并粘接在带基表面，形成牢固稳定的磁层。将磁粉加入上述胶黏剂中，搅拌分散均匀，涂于带基上即可。

表 2-56　铜金属/软 PVC 用胶黏剂

物料名称	用量/份	物料名称	用量/份
氯醋共聚树脂	30	丙烯酸丁酯	6
丁酮	适量	甲基丙烯酸缩水甘油酯	6
马来酸酐改性氯醋共聚树脂	25	丙烯酸-乙烯-醋酸乙烯酯共聚物	11

将 30 份氯醋共聚树脂溶解在适量的丁酮中，加入 6 份甲基丙烯酸缩水甘油酯、6 份丙烯酸丁酯，将上述共聚物在引发剂 BPO 存在下于 80℃ 进行接枝反应 4～6h。将上述共聚物在捏合机中与 25 份氯乙烯-醋酸乙烯酯-马来酸酐三元共聚树脂和 11 份丙烯酸-乙烯-醋酸乙烯酯共聚物进行捏合（见表 2-56）。在使用的时候还可以加入适量的溶剂。使用该配方及工艺制备的胶黏剂在 0～80℃ 对铜带的剥离强度为 9～43N/cm，铜/软 PVC 黏结剂剥离强度为 48N/cm。

地毯背衬黏结剂配方见表 2-57。

表 2-57　地毯背衬黏结剂

物料名称	用量/份	物料名称	用量/份
氯醋共聚糊树脂	100	填料	25
邻苯二甲酸二辛酯（DOP）	70	稳定剂	2
己二酸二辛酯（DOA）	适量	颜料	适量

2.6.5 其他

2.6.5.1 密封胶

氯醋共聚树脂作为密封胶的粘接基料，加入适量黏合促进剂型树脂、增塑剂、触变剂、稳定剂、稀释剂和其他助剂，经过混炼混合均匀即制成糊状 PVC 密封胶，主要用于焊缝密封胶和车底保护性涂料。该密封胶具有很好的黏性、弹性、耐磨性、耐挠曲疲劳性、耐化学品性和良好的电绝缘性能。具体配方见表 2-58。

表 2-58 汽车焊缝密封胶

物料名称	用量/份	物料名称	用量/份
氯醋共聚糊树脂	50	改性聚酰胺	2.0
低温硬化 PVC 糊树脂	25	丙烯酸酯	2.0
高触变性 PVC 糊树脂	25	增塑剂	31.0
表面处理碳酸钙	10.0	碳酸钙	31.0
有机锡化合物	1.0	氯化钙	2.0

2.6.5.2 皮革光亮剂

将氯醋共聚树脂溶解于含环己酮的溶剂中，用作皮革处理剂，既能起到保护皮革作用，又能使皮革光亮。

2.6.5.3 纤维

氯醋共聚树脂纤维俗称氯醋纤维，是由含 VAc12% 的氯醋共聚树脂的丙酮溶液经干法或湿法纺丝而成，其中干法用来制备长丝，湿法用来制备短丝。氯醋纤维密度为 $1.33 \sim 1.35 g/cm^3$，软化点为 $65 \sim 70℃$，长丝强度约 3.0cN/dtex（1cN/dtex＝91MPa，余同），短丝强度为 0.6～0.9cN/dtex。氯醋纤维耐化学药品性好，阻燃、抗霉烂、防虫蛀。其长丝可用于编织渔网、船缆和滤布；短纤维可做棉胎和毯子等。

综上所述，由于氯醋共聚树脂结构的特殊性及与 PVC 结构的相似性，随着研究和应用的不断深入，氯醋共聚树脂大有发展潜力，值得发展开拓。

第3章 氯乙烯-丙烯酸酯共聚树脂

3.1 氯乙烯-丙烯酸酯共聚树脂概述

氯乙烯-丙烯酸酯共聚树脂通过丙烯酸酯与氯乙烯共聚改性，兼具优良的抗冲击性能、耐老化性、耐寒性、耐热稳定性、持久柔顺性、透明性、加工性能好及制品表面光洁等特点。根据氯乙烯-丙烯酸酯共聚树脂的用途，可选用不同的方法生产氯乙烯-丙烯酸酯共聚树脂，以满足用户的需求。选用的丙烯酸酯共聚单体主要以丙烯酸丁酯（BA）、丙烯酸-2-乙基己酯［又叫丙烯酸异辛酯（2-EHA）］、丙烯酸甲酯（MA）、甲基丙烯酸甲酯（MMA）、丙烯酸乙酯（EA）为主，其他单体有甲基丙烯酸环氧丙酯、甲基丙烯酸2-羟乙酯等。此外，还有两种共聚单体与氯乙烯共聚的三元共聚树脂，如氯乙烯-醋酸乙烯酯-丙烯酸酯共聚树脂、氯乙烯-丙烯酸丁酯-甲基丙烯酸甲酯共聚树脂、氯乙烯-丁二烯-丙烯酸酯共聚树脂等。共聚树脂可作为各种专用料、改性剂使用，可制造透明、耐候、耐酸碱性好的制品，如硬质透明片、管材及管件、板材、异型材。共聚树脂的水乳液可用作涂料和黏合剂等。

3.2 氯乙烯-丙烯酸酯共聚树脂发展概况

3.2.1 国外氯乙烯-丙烯酸酯共聚树脂发展与生产现状

氯乙烯-丙烯酸酯共聚树脂是一种综合性能优良的共聚树脂。1934 年，德国 IG 法本（I. G. Farben AG）公司成功研制氯乙烯-丙烯酸酯［VC-MA（80/20）

共聚物，商品名称为 Igelit MP。1960 年，日本吴羽公司开始生产氯乙烯-丙烯酸（羟）烷基酯（VC-EHA、VC-MMA、VC-丙烯酸羟烷基酯）共聚树脂。ACR-*g*-VC 共聚树脂最早于 20 世纪 80 年代由联邦德国 Hüls 公司研发成功，随后德国 BASF 公司、德国 Wacker 公司、瑞士 LONZA 公司也相继研发成功。1998 年日本德山积水成功开发了新一代的工程材料——丙烯酸酯共聚聚氯乙烯树脂（AGR），它是由超微粒子的丙烯酸酯弹性体与 PVC 充分配合、以化学共聚结合方式制成的新型材料。

目前，全球氯乙烯-丙烯酸酯共聚树脂主要生产企业有德国 IG 法本公司、德国 Hüls 公司、德国 Wacker 公司、德国 BASF 公司、美国 Goodrich 公司、日本积水化学公司、日本信越公司、瑞士 LONZA 公司、比利时索尔维等，见表 3-1。

表 3-1 国外氯乙烯-丙烯酸酯共聚树脂主要生产企业

序号	国家	生产企业	备注
1	德国	IG 法本公司	按订单生产
2	德国	Hüls 公司	按订单生产
3	德国	Wacker 公司	按订单生产
4	德国	BASF 公司	按订单生产
5	美国	Goodrich(古德里奇)	按订单生产
6	日本	积水化学公司	按订单生产
7	日本	信越公司	按订单生产
8	瑞士	LONZA 公司	按订单生产
9	比利时	索尔维	按订单生产

3.2.2 国内氯乙烯-丙烯酸酯共聚树脂发展与生产现状

国内研究氯乙烯-丙烯酸酯共聚树脂相对较晚，1987 年初次有相关文献报道。1987—1990 年，郑州大学与新乡树脂厂（现新乡神马正华化工有限公司）进行合作，采用悬浮法制备了 VC-BA 共聚树脂。1992 年中国天津化工厂（现天津渤天化工有限责任公司）与北京化工研究院合作开发了氯乙烯-丙烯酸酯共聚物（ACR-*g*-VC 共聚树脂），并投入了生产，并且通过了国家科委委托化工部科技司组织的技术鉴定。随后，氯乙烯-丙烯酸酯共聚物凭借其优良的综合性能而逐渐受到人们的重视，越来越多的科研院所、PVC 生产企业开始对其进行研究，如浙江大学、四川大学、河北工业大学、北京化工研究院、新疆天业（集团）有限公司、新乡神马正华化工有限公司、河北盛华化工有限公司、四川新金路集团股份有限公司、上海氯碱化工股份有限公司、宜宾天原集团股份有限公司、新疆中泰化学有限公司、无锡洪汇新材料科技股份有限公司等。截至目前已实现工业化生产的企业有：河北盛华化工有限公司，采用 30m³ 聚合釜生产 ACR-g-VC 共聚树脂，建成了 1 万吨/年的悬浮法聚丙烯酸酯（ACR）接枝氯乙烯生产线，填补了国内 ACR 特种树脂工业化生产的空白，但因 2018 年发生了安全生产事故，企业已经停产。新疆天业（集团）有限公司 2009～2010 年期间采用 7m³ 聚合釜生产了 VC BA 共聚树脂。新乡神马正华化工有限公司生产了氯乙烯-丙烯酸酯共聚树脂（BOVC）系列产品。2015 年开始，无锡洪汇新材料科技股份有限公司生产的三元氯丙共聚乳液、水性涂料用氯乙烯-醋酸乙烯-丙烯酸丁酯（VCAR-20/50/70、VDAR-4）实现对外销售。2016 年 8 月，新疆中泰（集团）有限责任公司与河北工业大学开展产学研合作研发高抗冲 PVC 复合树脂（AGR），建设了一套年产 1500 吨 ACR（丙烯酸酯类）乳液聚合生产线，2020 年 6 月产品正式投入市场。四川新金路集团股份有限公司 2019 年进行了氯乙烯-丙烯酸酯共聚乳液研发和氯丙共聚树脂工业化生产，并已实现对外销售。

目前，氯乙烯-丙烯酸酯共聚树脂所面临的难题主要是推广应用，在当前 PVC 行业竞争越来越激烈的局势下，PVC 生产企业应重视氯乙烯-丙烯酸酯共聚树脂等特种 PVC 树脂的研发、推广，不仅生产出优质产品，还要开发出配套的加工配方与工艺，解决 PVC 加工企业的后顾之忧，使 PVC 新产品早日被下游用户所接受。

3.3　氯乙烯-丙烯酸酯共聚树脂的分类及制备方法

3.3.1　氯乙烯-丙烯酸酯共聚树脂的分类

根据共聚方式和结构的不同，氯乙烯-丙烯酸酯共聚树脂大体可以分为以下三类。

3.3.1.1　氯乙烯-丙烯酸酯无规共聚树脂

采用氯乙烯与丙烯酸酯无规共聚，根据丙烯酸酯单体特性，可得到内增塑、热稳定性或黏结性提高的氯乙烯共聚物。

3.3.1.2　氯乙烯-丙烯酸酯接枝共聚树脂

氯乙烯-丙烯酸酯接枝共聚树脂可分为两类：①以丙烯酸酯类（ACR）共聚物为主链骨架，接上氯乙烯支链；②以聚氯乙烯为主链骨架，接上丙烯酸酯类支链。这两类共聚物都可以有效地改善聚氯乙烯树脂的抗冲击性能。

3.3.1.3　氯乙烯-丙烯酸酯嵌段共聚树脂

采用活性自由基共聚方法，可以聚合得到具有内增塑或抗冲击性能好的氯乙烯-丙烯酸酯嵌段共聚物。

目前，国内外对氯乙烯与丙烯酸酯类单体的接枝共聚报道较多，工艺较为成熟，而关于嵌段共聚的研究报道相对较少，主要为实验研究，尚无工业化产品。

3.3.2 氯乙烯-丙烯酸酯无规共聚树脂的制备方法

依据氯乙烯-丙烯酸酯共聚树脂的种类及用途，可分别采用悬浮聚合法、乳液聚合法等方法生产。

3.3.2.1 悬浮聚合法

（1）工艺流程、配方和工艺条件

悬浮聚合法合成氯乙烯-丙烯酸酯无规共聚树脂与合成 PVC 均聚树脂的工艺及方法基本相同。具体工艺流程为：将计量好的去离子水及复合分散剂、引发剂、辅助助剂等加入聚合釜内，再将定量氯乙烯单体加入，开启搅拌。常温搅拌一定时间，然后升温至反应温度进行聚合反应，开始调整好丙烯酸酯或丙烯酸酯与氯乙烯混合物的滴加速度进行连续入料。通过计算机 DCS 自控系统进行温度控制，当反应进行到一定时间时，调整聚合反应温度。当反应压力降低一定幅度后，加入终止剂搅拌均匀后出料至沉析槽，然后经汽提塔将氯乙烯-丙烯酸酯共聚树脂中的残留氯乙烯单体脱析至合格指标。浆料经悬浮液高位槽进入离心机脱水分离成含水量＜25％的湿物料，再由绞龙送到气流干燥管内，和从底部来的100～170℃的热风吹送进行气流干燥，干燥至水分含量在3％～5％时，离开气流干燥管，经旋分分离器气-固分离后，进入旋流床底部进行降速段干燥，使含水量降至0.4％以下。干燥后物料经旋风分离器、振动筛筛分后，进入成品包装或混料仓内散装出售。

氯乙烯-丙烯酸酯共聚树脂生产工艺流程简图见图3-1。

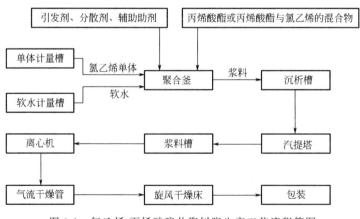

图 3-1 氯乙烯-丙烯酸酯共聚树脂生产工艺流程简图

以生产黏数为 107～118mL/g、丙烯酸丁酯含量为 8％的氯乙烯-丙烯酸丁酯（VC-BA）无规共聚树脂为例，其典型的聚合配方如表 3-2 所示。

表 3-2　氯乙烯-丙烯酸丁酯悬浮共聚配方

物料名称	用量/份
软水（相对总单体）	150～220
氯乙烯	92～94
丙烯酸丁酯（连续入料）	6～8
主分散剂干基（相对总单体）	0.07～0.11
助分散剂（相对总单体）	0.01～0.05
过氧化物引发剂干基（相对总单体）	0.07～0.10
终止剂	0.07～0.10
pH 调节剂	少量
热稳定剂	少量
消泡剂	少量

注：聚合温度 57.5℃，转速 135r/min，干燥温度小于 60℃，其他工艺参数与悬浮法生产均聚 PVC（SG5）相同。

悬浮法制备氯乙烯-丙烯酸酯无规共聚树脂，聚合反应温度通常在 40～65℃之间，与合成通用 PVC 树脂的聚合温度一致。根据树脂的用途选择不同种类的丙烯酸酯单体；根据聚合温度选择具有合适活性的过氧化物类引发剂；分散剂通常选用聚乙烯醇类、纤维素类或两者的复合物；当生产低聚合度氯乙烯-丙烯酸酯无规共聚树脂时，可以加入适量的如巯基乙醇或三氯乙烯等链转移剂。

（2）生产关键技术

根据丙烯酸酯单体的种类、加入量和聚合温度的不同，可以生产出不同黏数、不同丙烯酸酯种类及含量的氯乙烯-丙烯酸酯无规共聚树脂，其生产关键技术如下。

① 确保共聚树脂组成均一

氯乙烯可以和许多丙烯酸酯单体进行自由基共聚，表 3-3 列举了氯乙烯与不同丙烯酸酯单体共聚时的竞聚率，由表中数据可知，氯乙烯单体竞聚率通常小于 1，而丙烯酸酯单体竞聚率大于 1，两者的竞聚率均相差很大。因此，在氯乙烯与丙烯酸酯的共聚反应过程中，共聚物组成与共聚单体组成差异很大，并随共聚合转化率的增大，组成发生漂移。因此，当两种单体一次性投料参与共聚，聚合反应后形成的是化学组成极不均匀的共聚物。氯乙烯-丙烯酸酯共聚树脂组成的均匀性对共聚物的颗粒特性、加工性能和溶解性能等都会产生很大的影响。为了获得化学组成均匀的共聚物，通常在共聚过程采用分批或连续加入活泼的丙烯酸酯单体的方法。

表 3-3　氯乙烯（M₁）与其他单体（M₂）共聚时的竞聚率

氯乙烯竞聚率(r_1)	M₂	其他单体竞聚率(r_2)	聚合温度/℃
0.06	丙烯酸甲酯	4.0	45
0.12	丙烯酸甲酯	4.4	50
0.083	丙烯酸甲酯	9.0	50
0.07	丙烯酸丁酯	4.4	45
0.12	丙烯酸-2-乙基己酯	4.8	45
0.16	丙烯酸-2-乙基己酯	4.15	56
0.02	甲基丙烯酸甲酯	15	45
0.1	甲基丙烯酸甲酯	10	68
0.05	甲基丙烯酸丁酯	13.5	45
0.04	甲基丙烯酸辛酯	14	45

② 颗粒特性

氯乙烯-丙烯酸酯共聚树脂中丙烯酸酯含量越高，树脂的性能往往越好，但含量太高会带来一些工程问题，影响树脂的颗粒形态及增加粘釜，甚至反应过程中会发生暴聚。通常通过选择合适的丙烯酸酯单体种类，控制丙烯酸酯的用量及加入速度，采用复合分散体系、复合引发剂体系和中途注水工艺等方式来改善树脂的颗粒形态。

丙烯酸长链烷基酯单体的加入通常会使 PVC 树脂颗粒变得更加紧密。姜术丹[42]研究了氯乙烯-丙烯酸辛酯（VC-EHA）悬浮共聚，得到 EHA 单体直接滴加和乳化后滴加时不同 EHA 含量共聚树脂的吸油率，如图 3-2 所示。可见，随

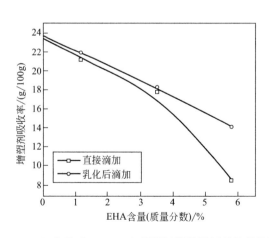

图 3-2　EHA 含量对 VC-EHA 共聚树脂增塑剂吸收量的影响

着 EHA 含量的增加，共聚树脂的增塑剂吸收率逐渐降低，滴加纯 EHA 共聚合成树脂的增塑剂吸收量要比滴加乳化 EHA 共聚合成树脂的增塑剂吸收量下降更快。

3.3.2.2　乳液聚合法

乳液聚合法生产氯乙烯-丙烯酸酯无规共聚树脂与乳液法生产均聚 PVC 树脂类似，其中丙烯酸酯加入方式、丙烯酸酯加入量、引发体系和乳化体系的选择、搅拌强度是氯乙烯-丙烯酸酯乳液共聚的重要影响因素。氯乙烯-丙烯酸酯乳液共聚中丙烯酸酯加入方式一般采用连续加入或分批加入；丙烯酸酯初期加入量一般控制在 $10\%\sim30\%$；引发体系多采用氧化-还原引发体系；乳化体系通常由阴离子乳化剂和非离子型乳化剂复配组成[43]。根据单体种类，可分为氯乙烯-丙烯酸酯二元及多元共聚乳液。

氯乙烯-丙烯酸酯二元共聚乳液具体生产工艺流程见图 3-3。

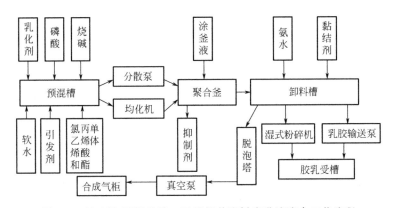

图 3-3　氯乙烯-丙烯酸酯二元无规共聚树脂乳液聚合工艺流程

氯乙烯-丙烯酸酯三元共聚乳液以氯乙烯-醋酸乙烯酯-丙烯酸丁酯共聚乳液为例，生产工艺为：先按工艺配方计量，将氯乙烯、醋酸乙烯酯、乳化剂、引发剂、去离子水和其他助剂加入聚合釜中，然后搅拌 1h，使物料在聚合釜内充分混合并预乳化。与此同时，将按工艺配方计量的丙烯酸丁酯及少量乳化剂、去离子水加入另一预乳化釜，也进行冷搅预乳化。将聚合釜内物料升温至所需聚合温度，然后按反应情况，定量连续滴加经预乳化的丙烯酸丁酯，并控制在一定温度下进行聚合反应。反应至釜内压力下降后，回收未反应的氯乙烯单体，然后保持原聚合温度再反应 2h。反应结束后送至过滤器过滤，过滤后的产品即可进行成品包装。其工艺流程见图 3-4。

在氯乙烯-醋酸乙烯酯-丙烯酸丁酯乳液共聚工艺中，为确保合成均一组成的共聚物，采用连续滴加丙烯酸丁酯的工艺技术，此工艺的关键是控制丙烯酸丁酯

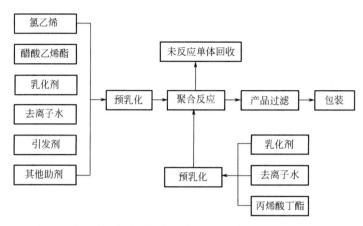

图 3-4　氯乙烯-醋酸乙烯酯-丙烯酸丁酯乳液共聚合工艺流程

的加入条件和加入速度。

　　针对其他类别的氯乙烯-丙烯酸酯共聚乳液相关研究也比较多。美国公开专利[44]报道了氯乙烯-甲基丙烯酸羟乙酯（VC-HEMA）共聚乳液的合成，在反应器中加入去离子水、过硫酸钾引发剂，搅拌升温至反应温度；而后加入 VC 和乳化HEMA 单体，控制滴加速度，保持反应压力；压力降至一定程度后，冷却，停止搅拌，得到共聚组成较为均一的 VC-HEMA 共聚物。张焱[45] 研究了 VC-HEMA共聚乳液的合成，在反应器中加入去离子水、十二烷基硫酸钠（SDS）和 NaH-CO₃，再加入 VC 和 HEMA 单体。室温下，预乳化 30min，升至反应温度；加入过硫酸钾（KPS）引发剂水溶液，开始聚合；按需要可补加 VC 和 HEMA 单体；压力降至一定程度后，冷却，停止搅拌，得到 VC-HEMA 共聚物乳液。研究表明，采取分步加入的半连续聚合可得到共聚组成较为均一的共聚物。

3.3.3　氯乙烯-丙烯酸酯接枝共聚树脂制备方法

3.3.3.1　悬浮聚合法

　　氯乙烯与丙烯酸酯悬浮接枝共聚包括聚丙烯酸酯凝聚粒子存在下的氯乙烯悬浮接枝共聚和聚丙烯酸酯胶乳存在下的氯乙烯悬浮接枝共聚。聚丙烯酸酯凝聚粒子存在下的氯乙烯悬浮接枝共聚需先将聚丙烯酸酯胶乳破乳凝聚然后干燥，再进行氯乙烯悬浮接枝。该方法虽解决了乳液接枝产品的性能问题，但工艺过程较烦琐，未能被广泛使用，具体流程为：采用第Ⅰ、Ⅱ和Ⅲ族金属盐、金属氢氧化物或有机酸盐作凝聚剂，先在聚合釜中凝聚聚丙烯酸酯胶乳，然后加入氯乙烯升温聚合。另一种方法是聚丙烯酸酯胶乳存在下的氯乙烯悬浮接枝共聚，具体为将丙烯酸酯单体先用乳液聚合方法制备聚丙烯酸酯胶乳，然后在氯乙烯悬浮聚合过程中，将适量的聚丙烯酸酯胶乳滴加到悬浮聚合体系中与氯乙烯接枝共聚。该方法是目前应用最广的一种方法，但由于聚丙烯酸酯胶乳中存在大量的乳化剂，可显著降低氯乙烯-水界面张力，在一定搅拌条件下单体液滴粒径尺寸减小，液滴比表面积增加，导致单位单体液滴表面积的分散剂的减少，从而会降低悬浮聚合的稳定性，导致聚合出粗粒子，严重时导致粘轴和暴聚，因此，ACR 乳液存在下的 VC 接枝共聚物在颗粒形态控制和聚合放大方面要求较高，工业控制难度较大。研究表明，提高悬浮共聚时的分散剂浓度和加强搅拌强度，可以有效提高聚合稳定性[46]。美国专利[47] 报道了采用乳液聚合法合成交联聚丙烯酸酯，连续将聚丙烯酸酯乳液滴加到反应釜中与氯乙烯悬浮共聚的方法，可制得组分较为均一、粒径分布集中、表观密度达 $0.45g/cm^3$ 的 ACR-g-VC 共聚树脂。

一个抗冲击丙烯酸酯-氯乙烯接枝共聚物的制备实例[48] 为：聚合温度≥30℃，在丙烯酸酯和多不饱和化合物的共聚物（玻璃化转变温度≤－20℃）的胶乳存在下，通过氯乙烯（含质量分数≤20%的其他共聚单体）的水悬浮聚合制得氯乙烯-丙烯酸酯接枝共聚物。如在 19.07kg 聚合物（由 99 份丙烯酸丁酯和 1 份甲基丙烯酸烯丙酯制得）的 25.1%胶乳存在下，于 32～60℃悬浮聚合 75kg 氯乙烯，得到氯乙烯-丙烯酸酯接枝共聚物，其 95%的颗粒大小为 63～250μm，表观密度为 $0.680g/cm^3$，100g 树脂的增塑剂吸收量为 8g。

氯乙烯-丙烯酸酯接枝共聚树脂中最常见的是 ACR-g-VC 接枝共聚树脂。合成 ACR-g-VC 接枝共聚树脂的步骤如下：第一步，运用多步种子乳液聚合方法，经过制备种子、合成核、合成壳三个步骤后，最终制备出具有核壳结构的 ACR 胶乳；第二步，将 VC 单体与适量 ACR 胶乳经接枝共聚合成 ACR-g-VC 树脂。VC 均聚存在于聚合体系中，VC 接枝共聚存在于胶乳中，所以最终的产物既包括了未接枝 ACR，接枝 PVC 的 ACR，也包括了均聚 PVC。

合成 ACR 胶乳时，通常将单体经乳液（如丙烯腈、苯乙烯等）和较低玻璃化转变温度的丙烯酸酯（如丙烯酸丁酯、丙烯酸乙基己酯等）聚合形成具有弹性体性能的内核，核经过适当的交联，形成具有一定弹性模量的粒子，才能成为高性能的抗冲改性剂。常用的交联剂有乙二醇二（甲基）丙烯酸酯、邻苯二甲酸二烯丙酯、二乙烯基苯。交联剂的用量一般控制在 0.5%～1.5%（相对核单体质量）。壳层一般由与 PVC 相容性好、玻璃化转变温度较高的聚合物组成，常用的是苯乙烯、甲基丙烯酸甲酯（MMA）等。

ACR 胶乳与 VC 直接悬浮接枝共聚是最常用的方法，表 3-4 为 ACR 胶乳与 VC 悬浮接枝共聚的典型配方。

制备性能优异的 ACR-g-VC 悬浮树脂的关键：一是要合成稳定性好、抗冲型的 ACR 乳液；二是选择合适的聚合工艺，制备出接枝率高、颗粒形态好的 ACR-g-VC 共聚树脂。

表 3-4　ACR 胶乳与 VC 悬浮接枝共聚配方

物料名称	配方/份	物料名称	配方/份
去离子水	14000	脱水山梨糖醇单月桂酸酯	12
VC 单体	9500	过氧化二月桂酰	12
交联 ACR 胶乳(固含量 25%)	2300	巯基乙醇	4
聚乙烯醇	55		

日本公开特许公报[48] 报道了以 CuBr 为催化剂，采用活性自由基聚合法合成 PBA 大分子，以 PBA 大分子为主链与 VC 水相悬浮共聚制得 PBA-g-VC 共聚物。由于合成的 PBA 含有乙烯端基，共聚产物中不含 PBA 大分子，只有 PBA-g-VC 共聚物，且共聚物粒径分布均一，200μm 筛分后，粒子通过率仅为 2%。

王文俊等[49] 采用原子转移自由基法成功实现了甲基丙烯酸丁酯（BMA）在 PVC 上的接枝共聚，得到了接枝共聚物 PVC-g-BMA。与其他 PVC 化学改性方法不同，经上述途径得到的聚合产物中只有接枝共聚物 PVC-g-BMA，而不存在 BMA 均聚物或未参与共聚的 PVC。

3.3.3.2　乳液聚合法

氯乙烯-丙烯酸酯接枝共聚树脂的乳液聚合是先合成聚丙烯酸酯胶乳，而后聚丙烯酸酯胶乳和氯乙烯进行乳液接枝共聚，具体流程如下。

（1）丙烯酸酯核的制备

采用种子乳液聚合技术，先利用少量水、乳化剂及丙烯酸酯单体，在一定条件下制备少量种子，然后在一定的温度下，连续滴加丙烯酸酯单体及其他助剂，控制滴加速度及反应温度，以保证丙烯酸酯核的粒径分布比较窄，单体转化率应在 98% 以上。在聚合过程中，交联剂变量加入，以利于第二步接枝共聚。

（2）ACR-g-VC 树脂的合成

在丙烯酸酯内核的基础上，加入适量水、分散剂、引发剂及其他助剂，经过抽真空之后，一次或分批加入 VC 单体，充分搅拌一段时间后升温，VC 转化率达到 90% 以上时，卸压，出料，用氮气压送至出料槽。

（3）产品干燥及包装

接枝共聚乳液通过氮气压缩进入高位槽，然后通过塔内负压进入高速离心雾化器，与空气分配器出来的高热空气逆流闪蒸形成 ACR-g-VC 树脂颗粒。沉降后经引风机引风，物料进入产品收集装置进行包装。

氯乙烯-丙烯酸酯乳液接枝共聚生产工艺流程见图 3-5。

瑞士 LONZA 公司采用乳液聚合法合成丙烯酸酯-氯乙烯接枝聚合物，得到了平均粒径为 300nm 左右、含 ACR 为 5% 的共聚物，制得高抗冲性 PVC 材料，

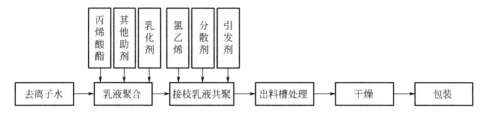

图 3-5　氯乙烯-丙烯酸酯乳液接枝共聚生产工艺流程

这一工艺现已工业化生产[50]。这方面的研究工作国内也有部分报道，潘明旺等[51]采用乳液聚合法合成了 BA 与 EHA 交联共聚物 P（BA-EHA）乳液，以 P（BA-EHA）乳液为种子，通过与 VC 乳液聚合制备了 P（BA-EHA）IPVC 复合胶乳。借助透射电镜（TEM）、扫描电镜（SEM）和动态热机械分析仪（DMA）对复合胶乳粒子形态和结构进行了表征。DMA 研究结果表明：橡胶相 P（BA-EHA）与基体 PVC 间相容性得到了良好改善。随着 P（BA-EHA）含量的增加，低温区材料的力学损耗峰较纯 PVC 增强，且峰位逐渐向高温区移动。

3.3.4　氯乙烯-丙烯酸酯嵌段共聚树脂制备方法

采用活性自由基聚合主要合成氯乙烯-丙烯酸酯嵌段共聚物。

Percec 等提出了全新的活性自由基聚合理念，采用单电子转移-退化链转移活性聚合法（SET-DTLRP）合成了 PVC-b-PMMA-b-PVC、PVC-b-PHEMA-b-PVC、PVC-b-PBA-b-PVC 等嵌段共聚物。在活性自由基聚合当中，单电子转移（SET）和退化链转移（DTLRP）机理可以给共聚合带来可逆活化作用-钝化作用过程[52]。通过 SET-DTLRP 方法聚合得到的 VC-丙烯酸酯嵌段共聚物具有非常优越的性能，而且可以有效达到分子量可控的目的[53]。

Coelho 等[54]先通过 SET-DTLRP 活性聚合制备 PBA 大分子，再在以 $Na_2S_2O_4$ 为催化剂、PBA 大分子为种子引发剂、PVA 8 和 Methocel F50 为复合分散剂条件下，制备了 PVC-b-PBA-b-PVC 嵌段共聚物，聚合机理如图 3-6 所示。

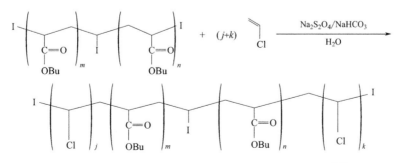

图 3-6　氯乙烯与聚丙烯酸丁酯 SET-DTLRP 聚合机理[54]

Coelho 等进一步研究了 PVC-*b*-PBA-*b*-PVC 嵌段共聚物中 PVC 含量对于共聚物物理性质的影响，如表 3-5 所示。

表 3-5　PVC-*b*-PBA-*b*-PVC 共聚物的表征

编号	Mn(I-PBA-I) 分子质量/kDa	Mn(PVC 段) 分子质量/kDa	分子量 分布指数	PVC/%	黏数 /(dL/g)
1	11	38	2.3	80.1	0.42
2	30	49	3.2	44.1	1.17
3	60	56	2.5	50.2	3.16
4	59	136	2.4	61.2	2.14
5	86	33	2.1	73.1	1.19
6	110	17	3.3	19.0	3.3
7	115	94	2.1	39.4	2.09

从表 3-5 可得，在相近分子量下，产物黏数随着 PVC 在嵌段共聚物中含量的降低而升高。

3.4　氯乙烯-丙烯酸酯共聚树脂的结构与性能

3.4.1　主要型号与质量技术指标

主要型号与质量指标见表 3-6～表 3-9。

表 3-6　氯乙烯-丙烯酸酯共聚树脂的牌号及用途

厂家	牌号	组成	用途
日本吴羽公司	K	—	异型材、硬质透明片
比利时 Solvay	Solvic-602	—	高抗冲板材、片材、中空制品
德国 Wacker 公司	Vinnol-K602	—	高抗冲耐低温制品
日本德山积水	AGR	—	高抗冲 AGR 管等
上海氯碱天原化工厂	LP	—	耐寒薄膜及电缆包覆
德国 Wacker 公司	VR602/64	PAE/VC 接枝共聚物中含有 6%PAE	
Hüls	Vestolit P1982K	PAE/VC 接枝共聚物中含有 6%PAE	
德国 BASF	Vinlflex-sz6415	PAE/VC 接枝共聚物中含有 10%PAE	挤塑型材、片材
	VinidurSz3768	PAE/VC 接枝共聚物中含有 6%PAE	
LONZA	P6805	PVC 与 VC-ACR 共聚物共混 1:1	
比利时 Solvay	Solvic674GA	PVC 与 ACR 共聚物	

表 3-7 德国 Wacker 公司 Vinnol 牌号氯乙烯-羟烷基丙烯酸酯共聚树脂的品种和质量指标

品种	氯乙烯质量分数/%	羟烷基丙烯酸酯质量分数/%	羟基质量分数/%	重均分子量	K 值	玻璃化转变温度/℃	20%(质量分数)甲乙酮溶液黏度/(mPa·s)	粒径/mm
E15/40A	84.0±1.0	16.0±1.0	1.8±0.2	40000~50000	39±1	69	20±5	<2.5
E15/48A	83.5±1.0	16.5±1.0	1.8±0.2	60000~80000	48±1	69	60±10	<2.5
E22/48A	75.0±1.0	25.0±1.0	1.8±0.2	60000~80000	48±1	61	45±7	<2.5

表 3-8 新乡神马正华化工有限公司悬浮法 BOVC 树脂型号及技术指标

型号	相当于PVC 型号	丙烯酸酯单体质量分数/%	黏数/(mL/g)	表观密度/(g/cm³)	玻璃化转变温度/℃	老化白度/%	热稳定时间/s
BOVC-10	SG5	10	107~118				
BOVC-13	SG1	10	144~156	0.73	82	50	230
BOVC-15	SG0	10	>156				238
BOVC-16	SG6	10	96~106	0.64	83	65	244
BOVC-17	SG5	5	107~118	0.62	87	69	
BOVC-18	P2500	10	>170				

注：BOVC 树脂是以丙烯酸酯为主体并引入其他单体共聚而成的一种新型的 PVC 加工助剂。其与 PVC 树脂有相近的溶度参数，有极好的相容性和共混性能。BOVC 树脂可广泛用于 PVC 的硬质和软质制品的成型加工，性能优异，是 ACR 的更新换代产品，可提高制品冲击强度、低温柔韧性、表面光泽度和耐光抗老化性能。

表 3-9 新疆天业（集团）有限公司悬浮法氯乙烯-丙烯酸丁酯共聚树脂型号及技术指标

序号	供应规格			TYBA-5
1	黏数/(mL/g)			107~118
	K 值			66~68
2	表观密度/(g/cm³)		≥	0.45
3	100g 树脂增塑剂吸收量/g		≥	24
4	丙烯酸酯含量/%			5~10
5	挥发分(包括水)含量/%		≤	0.40
6	筛余物质量分数/%	250μm 筛孔	≤	2
7		63μm 筛孔	≥	98
8	白度(160℃,10min)/%		≥	80
9	杂质粒子数/个		≤	30
10	"鱼眼"数/(个/400cm²)		≤	20

续表

序号	供应规格		TYBA-5
11	水萃取液电导率/[μS/(cm·g)]	≤	5
12	残留氯乙烯单体含量/(μg/g)	≤	10

氯乙烯-丙烯酸酯共聚树脂采用先进的悬浮共聚工艺技术和特殊的加料工艺，通过引入第二单体丙烯酸酯进行共聚反应制得，具有优良的耐候性、耐冲击性、持久柔顺性和良好的加工成型性能。

无锡洪汇新材料科技股份有限公司的氯乙烯-丙烯酸酯共聚树脂主要有VCAR和VDAR系列产品、VCE、VROH、LVHD等。

VCE树脂是一种由氯乙烯单体和多种丙烯酸酯共聚而成的抗冲击型添加剂，与PVC相容性好，兼具加工型和抗冲击型ACR的性能，抗冲击性能和耐候性能优于CPE。产品技术指标见表3-10。

表 3-10　无锡洪汇新材料科技股份有限公司抗冲击型添加剂 VCE 树脂技术指标

项目	指标
外观	白色粉末
白度/%	>80
水分/%	<1.0
粒径/mm	<0.5
堆积密度/(g/cm³)	>0.4

VCE树脂应用于硬质PVC管材、型材和透明制品中，可提高和改善制品的加工性能和抗冲击性能，可全部或部分替代加工型ACR、抗冲击型ACR、CPE和MBS（甲基丙烯酸甲酯-丁二烯-苯乙烯共聚物）等改性剂，用量少，加工温度低，设备负荷小，可有效降低下游生产厂商的生产成本。

无锡洪汇新材料科技股份有限公司的氯乙烯-丙烯酸羟烷基酯共聚树脂是氯乙烯、醋酸乙烯和丙烯酸羟丙酯或氯乙烯、马来酸二丁酯、甲基丙烯酸羟丙酯由悬浮工艺共聚而成，技术指标见表3-11和表3-12。

表 3-11　无锡洪汇新材料科技股份有限公司氯乙烯-丙烯酸羟烷基酯共聚树脂技术指标

项目	VROH	LVHD
外观	白色固体粉末	白色固体粉末
黏数/(mL/g)	30～60	30～60
醋酸乙烯含量/%	6.0～16.0	—
羟值/[mg(KOH)/g]	65～70	—
丙烯酸羟丙酯含量/%	15～18	—

续表

项目		VROH	LVHD
马来酸二丁酯含量/%		—	1.0～7.0
甲基丙烯酸羟丙酯含量/%		—	15～18
挥发分含量/%	≤	3.5	3.5
杂质粒子数/(个/100g)		30	30
表观密度/(g/cm³)		0.5～0.8	0.5～0.8

表 3-12　无锡洪汇新材料科技股份有限公司氯乙烯-丙烯酸酯共聚乳液技术指标

项目	VCAR-80	VCAR-70	VCAR-70S	VCAR-60	VCAR-20	VDAR-20S	VDAR-4	VDAR-(-21)
外观	乳白色液体	乳白色液体	乳白色液体	乳白色液体	乳白色液体	乳白色液体	乳白色液体	乳白色液体
固含量/%	48±2	47±1	48±2	48±2	48±1	48±2	48±2	47±2
黏度(25℃,T-4号杯)/(Pa·s)	11～20	<100	11～20	10～18	<100	10～18	10～18	11～20
玻璃化转变温度/℃	80	68	68	58	26	30	4	-15
成膜温度/℃	81～83	—	64～66	60～62	—	28～30	6～8	<0
pH	7～8	6～7	7～8	7～8		2～5	2～4	4～5
粒径/μm	0.2～0.3	—	0.2～0.3	0.2～0.3	<0.2	0.2～0.3	0.2～0.3	0.1～0.2
钙离子稳定性(0.5% CaCl₂溶液)				好				
机械稳定性(2000r/min)				好				
储存稳定性(50℃,30d)				好				
用途		应用于纸张、PVC薄膜印刷油墨,还可用于皮革表面处理,对PVC有优异的附着力,耐醇性和耐水性好	可用于印刷油墨、纸张处理及皮革表面处理	可用于PVC、ABS和PC等塑料基材底漆	对纸张、PVC、PET有很好的附着力,同时可以做钢结构、铁艺等中轻度防腐漆	可用于金属中轻防腐底漆,用于替代醇酸漆	可用于替代溴系阻燃剂	适用于家用纺织品背涂、植绒黏合剂、地毯背涂胶以及工业纺织品背涂,该系列产品同Lubrizol(路博润)聚氯乙烯乳液类似

3.4.2 颗粒特性

氯乙烯-丙烯酸酯共聚树脂的颗粒特性包括平均粒径、颗粒形态、孔隙率、比表面积、孔径及孔径分布、密度分布、粉体干流性等，对氯乙烯-丙烯酸酯共聚树脂颗粒孔径、孔径分布、孔容和比表面积等孔特性的研究有助于了解共聚树脂的颗粒微观形态。这些特性对于树脂的加工性能以及制品的使用性能都有直接的影响，而树脂的颗粒特性与聚合方法、聚合配方以及工艺条件有关。

通过用丙烯酸酯与氯乙烯进行共聚改性，在共聚过程中，树脂的颗粒形态发生改变。在电子扫描显微镜下观察到：氯乙烯-丙烯酸酯共聚树脂中，丙烯酸酯呈圆球形颗粒附在树脂上，表皮褶皱多且厚，树脂颗粒大小较均匀；而通用型聚氯乙烯树脂表面光滑，见图 3-7 和图 3-8。

图 3-7 悬浮法氯乙烯-丙烯酸酯无规
共聚树脂 SEM 图片

图 3-8 悬浮法通用型聚氯乙烯
树脂 SEM 图片

武清泉等[55] 对 VC-BA-MMA 三元共聚物进行了研究，讨论了三种共聚单体的投料比对共聚树脂特性的影响，认为当 MMA 和 BA 总含量一定时，随 MMA 增加，相对黏度降低；随 BA 含量增加，相对黏度增加。经分析可能是 MMA 的侧基较对称且短小，促使分子链的柔顺性增加，在溶剂中易于流动，所以 MMA 增加，在环己酮中测得的相对黏度减小。纯 PVC 增塑剂吸收量一般在 20g 以上，但当 MMA 与 BA 总含量一定时，随 MMA 含量增加，树脂增塑剂吸收量呈下降趋势。据分析，增塑剂吸收量下降的原因：一是共聚树脂呈球珠状颗粒，较纯 PVC 的棉花球状颗粒表面积小，浸润所需增塑剂量少；二是由于分子链中引入 MMA 和 BA 单元，二者的侧基导致高分子间距离增大，作用力减弱，起到了增塑剂的填充隔离和屏蔽作用。

美国公开专利[56] 报道了采用乳液法合成了 P（BA-MMA）乳胶，通过 P（BA-MMA）乳胶与 VC 悬浮接枝共聚制备了接枝共聚物，研究了加料工艺和 P

（BA-MMA）含量对于接枝共聚树脂颗粒的影响，结果如表 3-13 所示。

表 3-13　P(BA-MMA)-*g*-VC 共聚物的颗粒特性

编号	P(BA-MMA)含量/%	筛余物质量分数/%		表观密度/(g/cm³)	流动性/mm	增塑剂吸收量/g
		<63μm	>250μm			
1a	6.7	3	2	680	2	8
2a	12.2	4	2	650	2	6
3a	38	8	3	520	2	25
4b	6.7	9	14	640	2	6
5b	12.2	7	4	630	—	5
6b	38	17	—	380	12	50

注：a 为先加 VC 后加 ACR；b 为先加 ACR 后加 VC。

由表 3-13 可见，当 P（BA-MMA）含量提高，接枝共聚树脂粒径分布变宽，表观密度变小，树脂增塑剂的吸收量有先减小后迅速增大的趋势。采用先把 VC 加入反应器中再加入 P（BA-MMA）乳胶的聚合工艺，比先把 P（BA-MMA）加入反应器中再加入 VC 的聚合方式下所得到的树脂，粒径分布较窄、表观密度大和颗粒规整度高。

3.4.3　加工性能

在 PVC 树脂中加入氯丙树脂后，具有促进塑化的作用，可以降低共混物的熔融温度，提高熔体的流动性，缩短熔融时间，增加熔体强度，使加工成型制品表面光滑面有光泽。这是由于氯丙树脂与 PVC 树脂高度相容，且分子量很高，在成型过程中受到热和混合的作用，先软化而将周围的树脂颗粒紧密地黏合在一起。通过摩擦和热传递，促进了融化（凝胶化）。

流变曲线（图 3-9）显示 1 号的塑化时间为 53s，2 号的塑化时间为 41s，3 号的塑化时间为 36s。随着氯丙树脂加入量的增加，共混物的塑化时间也越短。随着氯丙树脂添加量的增大，共混树脂的塑化加工温度逐渐降低，其中纯氯丙树脂的塑化加工温度比 PVC 树脂的塑化加工温度降低了 20℃，在生产线上进行挤出加工能提高材料的挤出速度并适当降低能耗，还可以保证熔体压力和熔体温度。在相同的条件下测定纯氯丙树脂的流变性能，其塑化时间为 30s（此时的加工温度为 165℃）。

3.4.4　力学性能

美国公开专利[57] 报道了投料比 VC：BA：EHA＝1000：228：410 时得到的氯乙烯-丙烯酸酯悬浮共聚树脂增塑制品的力学性能，如表 3-14 所示。

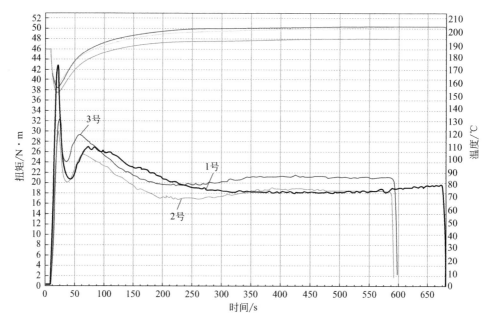

图 3-9　流变曲线图

1 号—PVC：稳定剂：CPE：ACR＝100：5：4：2，实验温度为 185℃；

2 号—PVC：氯丙树脂：稳定剂：CPE＝83：17：5：4，实验温度为 185℃；

3 号—PVC：氯丙树脂：稳定剂：CPE＝66.7：33.3：5：4，实验温度为 175℃

表 3-14　VC-BA-EHA 共聚树脂的性能

性能	数值	性能	数值
硬度	A63	100%伸长时的拉伸强度/MPa	2.1
压缩变形率(22h,100℃)/%	57.0	断裂伸长率/%	322
压缩变形率(22h,室温)/%	43.4	拉伸模量/MPa	406
拉伸强度/MPa	7.7	脆化温度/℃	−19.5

　　相同增塑剂含量时，VC-BA-EHA 共聚树脂的硬度比均聚 PVC 低，拉伸强度下降，断裂伸长率和低温冲击韧性提高，显示了良好的内增塑作用。

　　美国公开专利[58] 报道了不同链长和结构的丙烯酸酯与 VC 乳液共聚，研究了丙烯酸酯链长和结构对于制得共聚物材料力学性能的影响如表 3-15 所示。

表 3-15　氯乙烯-丙烯酸酯共聚物的力学性能

性能	配方 A	配方 B	配方 C
拉伸强度/MPa	29.3	25.5	15.5
拉伸强度(100℃老化 7d 后)/MPa	29.3	25.5	15.5

续表

性能	配方 A	配方 B	配方 C
断裂伸长率/%	150	370	100
断裂伸长率(100℃老化 7d 后)/%	150	330	100

注：A 为 VC：BA＝80：20；B 为 VC：EHA＝80：20；C 为 VC：3,5,5-三甲基己基丙烯酸酯＝80：20。

由表 3-15 可见，随着丙烯酸酯的烷链增长，共聚物材料的拉伸强度随之降低。把三种共聚物材料在 100℃老化 7d 后，未发现共聚物材料与原材料力学性能有很大区别。

四川大学郭少云项目组研究的 VC-BA 无规共聚树脂的力学性能如表 3-16 所示。

表 3-16　VC-BA 共聚树脂力学性能

性能	BA 含量 0	BA 含量 5％	BA 含量 10％	BA 含量 15％
塑化时间(双辊,170℃)/min	10	8	6	5
伸长率/%	73	87.5	116	152
拉伸强度/MPa	36	43	46	45
缺口冲击强度/(kJ/m²)	6.8	7.6	8.1	10.5

由表 3-16 可见，随着 BA 含量的增加，塑化时间缩短，拉伸强度、断裂伸长率及缺口冲击强度均增加。

无锡洪汇新材料科技股份有限公司生产的丙烯酸酯类氯乙烯共聚物(VCE)，是一种性能优异的抗冲改性剂，其与抗冲改性剂 CPE、ACR 的性能比较如表 3-17 所示。

表 3-17　三种抗冲改性剂体系的制品性能比较

性能	VCE 体系	CPE 体系	ACR 体系
拉伸屈服强度/MPa	41.98	37.15	39.76
拉伸强度/MPa	48.06	46.12	43.89
断裂伸长率/%	188.84	200.02	162.09
落锤冲击	0/10	0/10	0/10
维卡软化温度/℃	78.1	76.8	78.5

注：VCE 体系中只加入 5 份 VCE，CPE 体系中加入 1 份加工型 ACR 和 8 份 CPE，ACR 体系加入 5 份抗冲型 ACR 和 1 份加工型 ACR，其他物料相同。

由此可见，抗冲改性剂 VCE 可以用来全部替代 CPE 或抗冲型 ACR。

ACR-g-VC 树脂与其他改性剂进行力学性能对比，数据如表 3-18 所示。

表 3-18 ACR-*g*-VC 树脂与其他改性剂的性能比较[59]

样品	缺口冲击强度(23℃)/(kJ/m²)	拉伸强度/MPa	弯曲模量/MPa
KM355P(美国)	14.70	49.3	2710
AL(ACR)	5.76	53.2	2910
ACR-*g*-VC 树脂	19.50	47.2	2920

可见，ACR-*g*-VC 树脂改性效率较高，可以显著提高材料的缺口冲击强度。

日本公开特许公报[60] 报道以 CuBr 为催化剂，采用活性自由基法合成 PBA 大分子，而后 PBA 大分子与 VC 水相悬浮共聚可制得 VC-BA 接枝共聚物。研究了 PBA 重均分子量（M_w）和 PBA 大分子含量对于 VC-BA 接枝共聚物硬度的影响如表 3-19 所示。

表 3-19 PBA-*g*-VC 共聚物的力学性能

编号	PBA 重均分子量	PBA 质量分数/%	增塑剂加入量/%	硬度 HDA
1	1000	10	0	73
2	1000	20	0	58
3	3000	10	0	78
4	3000	20	0	67
5	3000	30	0	59
6	3000	40	0	48
7	6000	10	0	83
8	6000	50	0	38
9	1000	10	5	64
10	6000	10	10	74

由表 3-19 可见，采用相同重均分子量的 PBA，PBA-*g*-VC 共聚物的硬度随 PBA 大分子含量的增加而显著下降。当保持相同 PBA 含量时，PBA-*g*-VC 共聚物的硬度会随着 PBA 重均分子量的提高而增大。PBA 重均分子量为 1000、PBA 含量为 10%、添加 5%增塑剂（DOP）制得的材料的硬度要比 PBA 重均分子量为 6000、PBA 含量为 10%、添加 10%增塑剂（DOP）而制得的材料的硬度还要低。这就说明合成 PBA-*g*-VC 共聚物所采用的 PBA 的分子量大小对于材料性能有着显著的影响。

3.4.5 热性能

组成均匀的氯乙烯-丙烯酸酯无规共聚物通常具有均相结构和单一的玻璃化转变温度和软化温度。

随着烷基链碳原子数目的变化，可形成性质变化大的（甲基）丙烯酸酯类单体及相应的聚合物，以满足 PVC 改性的不同需要。丙烯酸长链烷基酯的聚合物具有低的玻璃化转变温度，与 VC 共聚可提高PVC 的柔性、韧性和耐油等性能。图 3-10 为丙烯酸酯烷基链上碳原子数目对丙烯酸酯玻璃化转变温度（T_g）的影响。可见，随着烷基链上碳原子数目的增大，聚丙烯酸酯的玻璃化转变温度呈现先减小后增大

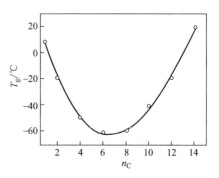

图 3-10　丙烯酸酯烷基链上碳原子
数目对聚丙烯酸酯玻璃
化转变温度的影响

的趋势，在烷基链上碳原子数目为 4、6和 8 时，对应丙烯酸酯均聚物的 T_g 最低。因此，BA、丙烯酸己酯和 EHA 是用于制备增韧或增塑 PVC 的优选单体。

甲基丙烯酸甲酯、（甲基）丙烯酸异冰片酯等丙烯酸酯单体的聚合物的玻璃化转变温度高于 PVC，与氯乙烯共聚可提高 PVC 的玻璃化转变温度和热变形温度。（甲基）丙烯酸羟烷基酯单体与氯乙烯共聚可提高 PVC 的黏结性能，可用于涂层用改性 PVC 树脂的制备。

表 3-20 列举了 VC 与几种丙烯酸酯共聚物的维卡软化温度。由表可见，共聚采用的丙烯酸酯的烷链越长，软化温度越低，内增塑效果越明显。

表 3-20　氯乙烯-丙烯酸酯共聚物的维卡软化温度

丙烯酸酯单体类型	不同组成共聚物的维卡软化温度/℃		
	95∶5	90∶10	80∶20
丙烯酸甲酯	75	73	63
丙烯酸乙酯	72	67	61
丙烯酸丙酯	70	65	60
丙烯酸丁酯	68	64	56
丙烯酸-2-乙基己酯	72	62	53

表 3-21 列举了不同 VC/丙烯酸甲酯配比的无规共聚物的性质[61]。由表可见，随着丙烯酸甲酯含量的提高，共聚物软化温度相应有所下降，压延温度和模压成型温度也有相应程度的降低。

Percec 等[62] 采用活性自由基法共聚制得 PVC-*b*-PEHA-*b*-PVC 三嵌段共聚物，研究了聚丙烯酸乙基己酯（PEHA）大分子含量对于共聚物玻璃化转变温度的影响，结果如表 3-22 所示。

表 3-21　VC-MA 共聚物的热性能

投料 VC/MA（质量比）	聚合物中 VC 的含量/%	软化温度/℃	压延温度/℃	模压成型温度/℃
100∶0	100	78	135	160
95∶5	88	75	135	160
90∶10	87	75	130	155
80∶20	81	63	120	150

表 3-22　PVC-*b*-PEHA-*b*-PVC 共聚物的玻璃化转变温度

编号	嵌段共聚物相对数均分子量	PEHA 质量分数/%	PVVC 质量分数/%	理论玻璃化转变温度/℃	实际玻璃化转变温度/℃
1	33000	37.8	62.2	7.8	4.9
2	34900	43.7	56.3	−1.2	−3.6
3	31200	49.6	50.4	−9.6	−6.0
4	29000	59.3	40.7	−22.5	−16.1
5	22000	66.9	33.1	−31.6	−27.1

由表 3-22 可见，在相近分子量下，随着共聚物中 PEHA 含量提高，PVC-*b*-PEHA-*b*-PVC 三嵌段共聚物的玻璃化转变温度显著降低。

3.4.6　耐油性

美国公开专利[63-65]报道了采用水相悬浮法合成高耐油性 VC-BA-EHA 共聚物，研究了 EHA/BA 投料比对共聚树脂低温脆性和耐油性能的影响，结果如表 3-23 所示。

表 3-23　EHA/BA 配比对 VC-丙烯酸酯共聚物耐油性的影响

树脂	EHA/BA	脆化温度/℃	压缩永久变形（100℃,22h）/%	耐油性-体积溶胀率（100℃,166h）/%
1	40/0	−32	45.8	171
2	35/5	−32	48.4	134
3	30/10	−34	51.6	103
4	20/20	−25	53.9	62.5
5	0/40	−14	—	6.9

由表 3-23 可见，VC-BA-EHA 共聚物的低温脆性随着 EHA/BA 投料比的增加而提高。VC-BA-EHA 共聚物的压缩永久变形并不随 EHA/BA 投料比的增加而发生显著变化。VC-BA-EHA 共聚物的耐油性随 EHA/BA 投料比的增加而降低。

表 3-24 为 VC-(2-EHA) 共聚物与不同聚丙烯酸酯共混加工制备的共混材料耐油性的比较。由表 3-24 可见，PEA/(VC-EHA) 共混材料的耐油性最高，说明短链丙烯酸酯比长链丙烯酸酯能更好地提高 PVC 的耐油性。

表 3-24　氯乙烯-丙烯酸酯共聚树脂的耐油性

聚合物 A 用量/份	聚合物 B 用量/份	聚合物 C 用量/份	聚合物 D 用量/份	耐油性(体积膨胀率)/%
100	—	—	—	205
100	20	—	—	142
100	—	20	—	140
100	—	—	20	161
100	40	—	—	111
100	—	40	—	119
100	—	—	40	127

注：1. 聚合物 A 为 VC-(2-EHA) 共聚物，聚合物 B 为 EA-BA-MOEA (甲氧基丙烯酸酯) (质量比 1∶1∶1) 共聚物，聚合物 C 为 PEA (苯乙胺)，聚合物 D 为 EA-BA (质量比 1∶4) 共聚物。

2. 耐油性测定条件为 100℃，166h。

3.5　氯乙烯-丙烯酸酯共聚树脂的加工与应用

氯乙烯-丙烯酸酯共聚物可用 PVC 通常的加工方法和加工设备进行加工，加工性能优于 PVC。氯乙烯-丙烯酸酯共聚物可单独应用或与 PVC 共混使用，可应用于硬质制品和软质制品的生产，如飞机窗玻璃和仪表盘面板等，乳液氯乙烯-丙烯酸酯共聚物可作为胶黏剂及防护涂料等。

3.5.1　专用树脂

3.5.1.1　注塑专用树脂

氯乙烯-丙烯酸酯共聚树脂可提高制品的冲击强度、加工流动性和表面光洁度，是良好的电子、电器注塑专用树脂，除大量应用在硬质塑料民用产品的生产外，还可用于生产计算机和电视机外壳、复印机外壳、汽车仪表盘和机械护罩等，部分替代了 ABS 工程塑料。

3.5.1.2　硬质制品专用树脂（日本德山积水和中泰的 AGR）

氯乙烯-丙烯酸酯接枝共聚树脂是一种高性能的硬质制品专用树脂，在硬质建材领域已经成功地使用了 20 年。丙烯酸酯的质量分数通常为 5%～10%，主要用于生产型材、管材、管件等。在欧洲，高性能的型材、管材管件专用料多为采用 6 份丙烯酸酯胶乳与 VC 接枝共聚而成，常用的品种是核-壳结构 PBA-PM-MA 与 VC 接枝共聚的树脂，黏数为 110～130mL/g，表观密度 0.4～0.5g/cm³，缺口冲击强度（23℃）40～60kJ/m²，维卡软化温度＞76℃，通过改性的PVC材料显示出良好的耐候性和优异的抗冲击强度，流动性好，易于加工。日本德山积水自产的AGR树脂主要用于生产AGR管道，这种AGR管道具有耐冲击性能强、抗压强度高、抗震性能优越、耐腐蚀性能好等特点，管道施工安装方便，使用寿命长，而且内壁光滑，能更好确保通水量。

与采用共混方法相比，使用氯乙烯-丙烯酸酯共聚树脂生产型材生产成本基本相差不多，但改性效果好，具有塑化时间短、主机电流低、塑化温度低等特点，可以稳定生产出抗冲性能好、耐候性优的PVC型材，制品表面光泽细腻，乳白色纯正，型材抗冲击性能比采用ACR抗冲改性剂与聚氯乙烯共混生产的型材提高1倍以上，而且具有良好的耐候性和阻烟、阻燃性能。

3.5.1.3 内增塑PVC软制品

丙烯酸酯对聚氯乙烯材料具有内增塑作用，采用丙烯酸酯改性聚氯乙烯，不使用外增塑剂也能生产出柔软的内增塑制品，品种一般是氯乙烯与丙烯酸酯、马来酸或富马酸，或乙烯基膦酸双（2-氯乙酯）组成的多元共聚物。该共聚物专门用于解决使用增塑剂的迁移问题，可在低温下使用，制作质地柔软的食品包装和医用卫生设施以及包装材料，防止增塑剂迁移污染食品、血液和药品。使用这种内增塑接枝共聚物，制品具有永久增塑效果，如低温密封条、医用输液管和包装材料等，还可生产有良好阻烟性能和绝缘性的地板材料，以防止地板燃烧时放出大量烟雾。

3.5.1.4 涂料专用树脂

根据涂料的应用领域，选择相应的丙烯酸酯单体和第三、第四单体，采用乳液法或悬浮法制备的氯乙烯-丙烯酸酯共聚树脂可用于生产各种油性涂料、水性涂料、粉末涂料、印刷油墨、胶黏剂和织物处理剂等，尤其水性涂料的出现，解决了涂料工业长期以来由于溶剂挥发而带来的环境问题。氯乙烯-丙烯酸甲酯共聚乳液主要用作胶黏剂，用于软质PVC与木质纤维板的热熔粘接。无锡洪汇新材料有限公司生产的三元氯乙烯-醋酸乙烯酯-丙烯酸酯共聚乳液系列产品主要用作水性涂料。

氯乙烯-丙烯酸酯共聚树脂应用于水性涂料的配方如表3-25所示。

表3-25　水性涂料配方

物料名称	质量份
氯乙烯-丙烯酸酯共聚树脂（VCAR-20）	100
成膜助剂	2～5
增稠剂	0.3～0.5
消泡剂	0.2～0.3
基材润湿剂	0.05～0.1

3.5.2　PVC 改性剂

3.5.2.1　PVC 加工改性剂

PVC 加工助剂主要解决 PVC 加工中的物料流动性问题，一般采用甲基丙烯酸甲酯与氯乙烯共聚的方法，单体比为 60：40～80：20，或者将甲基丙烯酸甲酯与烯烃单体和氯乙烯共聚，可生产出性能良好的 PVC 加工助剂，比使用纯丙烯酸酯共聚物作加工助剂价格低廉，而且改性效果无差别。

在 PVC 树脂加工中添加 0.5％～2％氯乙烯-丙烯酸酯共聚树脂作为加工助剂，可以提高 PVC 的塑化速度，改进熔融流动性，挤出加工时呈现良好的均匀性。在 PVC 中增加这种加工助剂的用量如使用 2％～5％时，可以提高薄膜、片材的热变形温度，加工边料整齐，不粘辊，制品表面结构好，光滑、美观。随着氯乙烯-丙烯酸酯共聚物加工助剂的推广应用，使用于模具或掺入聚合物中的脱模剂将会被淘汰。

3.5.2.2　PVC 抗冲改性剂

由于丙烯酸酯为软性弹性体，可赋予制品很高的抗冲击性能，因此，氯乙烯-丙烯酸酯共聚树脂可以用作抗冲改性剂。新疆天业（集团）有限公司使用自产的氯乙烯-丙烯酸酯共聚树脂（简称氯丙树脂）作为抗冲改性剂生产型材。氯丙树脂有很好的加工流动性和塑化性能，不但生产成本较使用 ACR、CPE 等改性剂低，而且能全部替代加工助剂 ACR 和部分替代抗冲改性剂 CPE，还可以增加碳酸钙的用量，制品的拉伸和冲击等力学性能能够得到提高；全部替代 ACR 和 CPE 时，可增加碳酸钙的用量，制品的拉伸和冲击等力学性能与普通样相当，替代后的配方成本可以节省 200～300 元/吨。

无锡洪汇新材料科技股份有限公司生产的 VCE 树脂作为抗冲改性剂生产型材，加入量为 6 份时，可替换原配方体系中 ACR（1 份）和 CPE（9 份），工艺参数稳定，质量符合要求。

赵清香等[66] 把 VC-BA 共聚物作为 PVC 树脂的改性剂，与 PVC 共混来改善 PVC 树脂的加工性能、韧性和低温脆性。VC-BA 应用于电线电缆料中，改善了 PVC 树脂的加工性能，制品表面光滑且有光泽，可以降低电线电缆的热老化失重率，提高热老化性能。特别是采用高聚合度 PVC 树脂时，VC-BA 共聚物不但改善了 PVC 树脂的加工流动性能，同时提高了电线电缆的综合性能。

王士财等[67] 采用 VC-BA 树脂和经表面处理的纳米 $CaCO_3$ 制备复合母粒，再用该复合母粒与普通 PVC 共混，制备了复合母粒增韧的 PVC 复合材料。由于 VC-BA 树脂与纳米 $CaCO_3$ 有协同增韧作用，PVC 复合材料的冲击强度可达到

$49.5kJ/m^2$，是纯PVC的10倍，而拉伸强度为51.0MPa。

氯乙烯-丙烯酸酯接枝共聚物可以作为硬PVC制品的抗冲改性剂，品种有氯乙烯-丙烯酸酯-烯烃单体的接枝共聚物、氯乙烯-甲基丙烯酸甲酯-丙烯酸辛酯共聚物，使用这种树脂作为改性剂，生产的PVC制品抗冲击强度可达$34kJ/cm^2$，软化点为76℃，透明板材的阻光率仅为9%，而使用其他种类的抗冲改性剂阻光率高达26%。该共聚物改性剂与钡镉金属稳定剂配合使用，可使制品的冲击性能和耐候性达到最佳值[68,69]。

3.5.3 透明制品

3.5.3.1 透明硬质片材

氯乙烯-丙烯酸酯共聚树脂在透明硬质片材中显示出非常好的透明性能和力学性能，在配方中加入氯乙烯-丙烯酸酯共聚树脂后，材料的断裂伸长率得到显著的提高，MBS与氯乙烯-丙烯酸酯共聚树脂在材料中有明显的协同作用。在透明硬质片材中的应用参考配方如表3-26所示。

表3-26　氯乙烯-丙烯酸酯共聚树脂应用于透明硬质片材中的参考配方

原料名称	SG7	氯丙树脂	有机锡OM-1	有机锡218	G-16	MBS(B22)	OPE(氧化聚乙烯)	荧光增白剂	群青
用量/份	60~90	10~40	2.0~3.0	1.0~2.0	0.3~0.6	3~5	0.15~0.35	0.0015	0.0025

注：加工温度在普通PVC树脂加工温度的基础上降低5~10℃。

3.5.3.2 透明软质片材

氯乙烯-丙烯酸酯共聚树脂在PVC软质透明片材中也显示出非常好的性能。这种内增塑PVC透明软制品具有永久的增塑效果，可制作质地柔软的食品包装和医用卫生设施及包装材料，低温冰箱，水箱密封条，还可生产出具有良好阻烟性能和绝缘性的地板材料。它的加入能够降低增塑剂的用量，降低生产成本。

表3-27　氯乙烯-丙烯酸酯共聚树脂应用于透明软质片材中的参考配方

原料名称	SG7	DOP	氯丙树脂	有机锡OM-1	有机锡218	G-16	MBS(B22)	OPE	荧光增白剂	群青
用量/份	60~90	30~60	10~40	2.0~3.0	1.0~2.0	0.3~0.6	3~5	0.15~0.35	0.0015	0.0025

注：加工温度在普通PVC树脂加工温度的基础上降低5~10℃。

经过实际应用，氯丙树脂确实显示出了独特的作用，但它的开发应用还处于起步阶段，有许多潜在的功能需要进一步深入研究，加强推广应用，为氯丙树脂开辟更广阔的前景。

第4章 高聚合度聚氯乙烯树脂

4.1 高聚合度聚氯乙烯树脂概述

高聚合度聚氯乙烯（简称 HPVC）树脂是指平均聚合度一般在 1700 以上或其分子间具有轻微交联结构的 PVC 树脂，其中以平均聚合度为 1800～2500 的 HPVC 最为常见。与普通 PVC 相比，HPVC 更适于加工特软、高回弹性、高韧性、高仿橡胶类制品及亚光制品等，其制品具有较高的回弹性、较低的压缩永久变形、优异的耐热变形性能、较高的拉伸强度以及优良的耐磨性、抗撕裂性、耐候、耐油、耐热、耐寒、耐臭氧性等优点，制品硬度随温度变化小，具有橡胶材料特性和消光性。适于作为橡胶替代品用于密封材料、鞋底用料、耐热软管、耐热耐寒电缆料等，是一种具有广阔应用前景的材料[70]。

4.2 国内外高聚合度聚氯乙烯树脂的发展与现状、用途

高聚合度 PVC 树脂的生产技术最早是由日本开发的，1961 年日本吴羽化学公司首先报道了一个生产 HPVC 的配方。日本三菱化学则采用 HPVC 制备了 PVC 热塑性弹性体。孟山都化学公司最早实现了 HPVC 的工业化生产，于 1967 年首先开发并销售了这类产品，主要用于取代丁腈橡胶（NBR）和氯丁橡胶（CR）。由于初期的 HPVC 生产及加工技术不成熟，一直影响着 HPVC 的推广应用。20 世纪 80 年代，随着对 HPVC 的了解和对成型工艺的掌握，以及合成方法和加工机械设备的改进，人们对 HPVC 的开发研究也越来越受重视，相继投入大量精力进行研究和开发，如日本电气化学、日产化学、信越化学、住友化学、窒素等公司以及美国 Exxon Chemical 和 Occidendel Chemical 等公司陆续推出了超高聚合度或超高分子量的 PVC 树脂。20 世纪 80 年代中期，HPVC 在西欧得

到了发展，1988 年美国和加拿大的两家公司又开发了 HPVC 树脂，并实现了工业化生产。20 世纪 80 年代后期，日本的 HPVC 得到了充分发展，成为世界上最大的生产和销售国。

我国 HPVC 的开发起步较晚，20 世纪 80 年代后期开始这方面的研究。1987 年北京化工二厂开始探索开发 HPVC，并与浙江大学一起承担了"消光高聚合度 PVC 树脂"国家科技攻关项目，90 年代初北京化工二厂开始商品化生产 HPVC。之后，武汉葛店化工厂、哈尔滨化工厂研究所与哈尔滨华尔化工有限公司合作开发 HPVC 获得成功，成为国内最早生产 HPVC 的厂家。目前，我国已有许多厂家开始批量生产 HPVC，如唐山三友集团有限公司、新疆天业（集团）有限公司、陕西北元化工集团股份有限公司、昊华宇航化工有限责任公司、四川省金路树脂有限公司、杭州电化集团有限公司、上海氯碱化工股份有限公司、天津渤天化工有限责任公司、齐鲁石化股份有限公司等，开发的主要有平均聚合度为 1700、2500、3000、3500、4000 等品种。我国 HPVC 产品性能与国外比较还有一定的差距，且产品质量不稳定，生产技术有待提高[71]。

国内 HPVC 树脂主要生产情况如表 4-1 所示。

表 4-1　我国 HPVC 树脂的生产情况

生产企业	产品型号
唐山三友集团有限公司	SY-2500
新疆天业(集团)有限公司	TYH-2500
陕西北元化工集团股份有限公司	BY3000、BY2100、BY1800、BY2500
四川省金路树脂有限公司	JLTS-2
云南博骏化工有限公司	B-85、B-108
新疆中泰化学股份有限公司	P1800、P2500、P4000
昊华宇航化工有限责任公司	YH2500、YH2000、YH1800、YH1600、YH1400
宜宾天原集团股份有限公司	TYHP3000、TYHP2500、TYHP2000、TYHP1800
韩华化学(宁波)有限公司	HG-2500
杭州电化集团有限公司	DH3000、DH2500
天津渤天化工有限责任公司	TH-2500
上海氯碱化工股份有限公司	SH-200

HPVC 树脂具有较好的物理性能，使用寿命较长，比如 K 值为 95 的 HPVC 比通用树脂的增塑剂吸收速率快、吸收量大、密度小，主要用于轻量化的汽车部件、耐磨耐折的电线电缆、民用鞋底、地板敷层、屋顶防水卷材等。增塑

HPVC 具有类似弹性体的性能，压缩回弹性较增塑通用 PVC 树脂有明显的提高，可作为橡胶的替代品，较适用于汽车的弹性体复合物、工业机械材料和其他弹性部件等。

另外 HPVC 复合物具有良好的抗撕裂性能，可用于制作汽车制动装置和踏板敷层以及代替具有相同的耐磨损性能的材料，如用于制作高抗撕软膜。另外，HPVC 制品具有较宽的使用温度、较低的脆化温度、优良的耐高温和耐蠕变性能，硬度对温度依赖性小，可制作耐寒、耐油、耐老化、耐海水等制品，如输送热水等介质的耐热软管和电缆护套、电器孔塞衬垫[72]。

目前，HPVC 用途占比大致为：车辆占 45%、建筑材料占 23%、电线电缆及电器占 14%、软管及管路占 12%、其他用途占 6%。随着技术的不断改进，其应用市场将不断扩大，将具有很好的发展前景[73]。

4.3　高聚合度聚氯乙烯树脂的合成原理

HPVC 树脂的合成以悬浮法为主。采用通用型悬浮树脂工艺流程，简单工艺流程如图 4-1 所示。

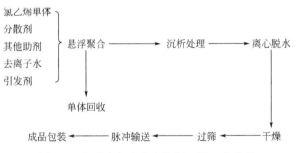

图 4-1　悬浮法高聚合度聚氯乙烯工艺流程

高聚合度 PVC 树脂合成方法主要分为低温法和扩链剂法。

4.3.1　低温法合成高聚合度 PVC 原理

氯乙烯悬浮聚合的主要特点之一是链终止形成大分子的方式以活性链向单体链转移为主，其原因是氯乙烯单体的链转移常数很大，比一般乙烯基单体的链转移常数要大一个数量级，而且其链转移常数随温度的改变而有较大变化，故在常用的聚合温度范围内，无链转移剂时 PVC 平均聚合度仅决定于温度，而引发剂浓度、转化率的影响不大。当聚合温度较高时，链转移速度快，PVC 树脂的聚合度低；反之，聚合温度低，链转移速度慢，PVC 树脂的分子量越高，所以可以采用直接降低聚合温度的方法，即低温合成来获得高聚合度的 PVC 树脂。低温法完全依靠冷却水控制聚合反应在低温下合成 HPVC 树脂，生产不同分子量的 PVC 需设定相应的聚合反应温度。表 4-2 为聚合温度与 PVC 平均聚合度的关系。

表 4-2　聚合温度与 PVC 平均聚合度的关系

聚合温度/℃	平均聚合度($\overline{P}$)	聚合温度/℃	平均聚合度($\overline{P}$)	聚合温度/℃	平均聚合度($\overline{P}$)
25	6000	32	4000	40	2100
28	5000	35	3100	45	1800
30	4400	38	2500	50	1300

通过控制聚合反应的温度虽可获得期望的高聚合度 PVC，但是随着聚合温度降低，必将导致聚合反应速率大大降低，因此，低温悬浮聚合必须解决两个关键技术。

① 为了缩短反应时间，提高单釜利用率，必须选用适当的高效引发剂体系，引发剂的活性与反应温度直接相关，温度越低活性越差，导致引发速率降低，反应时间延长。

② 必须及时导出聚合反应热，聚合反应热的导出，一般采用向聚合釜夹套或内冷管通冷却水的方法，利用冷却水与釜内反应物料的温差导热来实现。聚合温度低时，传热温差减小，导致传热效果不好，为保证釜内外温差以确保传热，需要采用温度更低的冷却水，甚至要求应用冷冻水，对于聚合度为 2500 的 HPVC，聚合温度在 35～40℃，一般要求冷却水温在 25℃以下[74]。

4.3.2　扩链剂法合成高聚合度 PVC 原理

扩链剂法是指在氯乙烯聚合体系中加入少量扩链剂（单一品种或两种及以上复合使用），即含有两个或两个以上能与自由基反应的官能团的化合物与氯乙烯共聚。扩链剂可以是单体型，如邻苯二甲酸二烯丙基酯（DAP）、马来酸二烯丙基酯（DAM）等，也可以是低聚物型，如聚乙二醇二甲基丙烯酸酯。当扩链剂与氯乙烯单体发生共聚反应时，形成包含仍具有反应活性的悬挂双键的 PVC 基链，随着反应进行，PVC 基链之间通过悬挂双键而连接起来，形成长的 PVC 分子链，实现分子量的提高，即通过扩链作用得到高聚合度 PVC 树脂。因此，采用扩链剂法能在较高聚合温度下得到聚合度高的 PVC 树脂[75]。该方法可避免低温聚合中存在的困难，提高反应温度，缩短聚合反应周期。按此方法生产相同聚合度的 PVC 树脂，聚合反应温度至少可提高 8℃，从而解决了低温聚合的相关问题。

扩链剂的品种、加入量和加入方式对 PVC 的聚合度有很大的影响。对于

DAP 和 DAM 等扩链剂，在聚合温度固定的情况下，PVC 的聚合度通常先随扩链剂用量的增加而增加，当达到某一临界用量（具体用量与扩链剂品种、聚合温度有关），开始形成凝胶组分，PVC 溶胶组分的聚合度反而会下降，即当扩链剂用量大于临界值后，部分扩链剂起到交联剂的作用，凝胶含量增加，而 PVC 溶胶聚合度下降。聚合温度对扩链剂法 HPVC 的聚合度也有影响。通常聚合温度越低，扩链剂的扩链效果越好。扩链剂的加入方式不同，如一次性加入、分批次加入或连续滴加加入，也会影响合成的 PVC 聚合度。此外，扩链剂法生产HPVC 树脂时，聚合转化率对其聚合度也有一定影响。

与通用型树脂相比，采用扩链剂生产 HPVC 树脂的关键技术有以下两点。

① 选择合适的扩链剂品种和用量，在尽量不形成凝胶条件下，获得高聚合度的 PVC 树脂。

② 严格控制聚合温度和转化率等工艺条件，扩链剂合成法的工艺路线与通用型 PVC 树脂的工艺路线一样，但扩链剂投料方式和聚合转化率也会影响HPVC 的质量。

4.3.3　两种合成方法的对比

采用低温法和扩链剂法均可制得符合用户要求的 HPVC 树脂，但各有利弊，主要表现在以下几点。

① 采用低温法时，由于聚合温度低、聚合时间长，这样既会增加动力和设备的费用，又会给引发剂的选择带来不便。采用扩链剂法虽可提高聚合温度，缩短聚合时间而节约成本，但要达到一定的聚合度除了要调控扩链剂用量外，还必须相应控制一定的聚合转化率。

② 低温法生产的 HPVC 树脂的分子链基本呈长链线型结构，规整度和结晶度提高，分子链内部和链端不稳定结构相应减少，树脂热稳定性和白度好，树脂孔隙率和吸油值高，加工后能形成更多的二次结晶，起到物理交联作用，制品的拉伸强度较高、压缩永久变形率小、回弹性好；而扩链剂法 HPVC 树脂含有较多的支链结构，分子量分布过宽，且不稳定结构含量较高，热稳定性和白度差，树脂孔隙率和吸油值低，加工后二次结晶少，制品综合力学性能劣于低温法HPVC。

③ 采用低温法和扩链剂法各有其长处，选择合成方法时应根据生产实际和市场需要作相应的选择。聚合度为 1700～2500 的 HPVC 树脂，一般采用低温法生产，聚合度高于 2500 的 HPVC 树脂，一般采用低温法＋扩链剂法生产。

扩链剂用量、聚合温度对 PVC 聚合度的影响见表 4-3。

表 4-3　扩链剂用量、聚合温度对 PVC 聚合度的影响

项目	低温法				扩链剂法			
聚合温度/℃	25	30	38	40	30	35	40	42
扩链剂加入量/%	0	0	0	0	0.06	0.09	0.13	0.16
平均聚合度($\overline{P}$)	6030	4200	2450	2250	8000	6000	4000	4000

4.4　高聚合度聚氯乙烯树脂的合成工艺配方

HPVC 树脂合成的基本工艺配方如表 4-4 所示。

表 4-4　HPVC 树脂合成的基本配方

原料	配比(以单体计)/%	原料	配比(以单体计)/%
单体	100	缓冲剂	0.02～0.08
软水	160～180	扩链剂	0.05～0.10
分散剂(PVA＋HPMC)	0.06～0.14	终止剂	0.07～0.2
引发剂(Tx187＋Tx99)	0.07～0.13		

4.5　高聚合度聚氯乙烯树脂的牌号、质量指标及影响因素

4.5.1　高聚合度树脂的牌号及质量指标

以新疆天业（集团）有限公司和宜宾天原集团股份有限公司的高聚合度特种树脂为例说明 HPVC 树脂的牌号及质量指标，见表 4-5 和表 4-6。

表 4-5　新疆天业（集团）有限公司 TYH-2500 树脂质量指标

序号	项目		指标要求
1	平均聚合度		2400～2600
2	表观密度/(g/mL)	≥	0.40
3	100g 树脂的增塑剂吸收量/g	≥	30
4	挥发分(包括水)质量分数/%	≤	0.40
5	筛余物质量分数(0.25mm 筛孔)/%	≤	3.0
6	筛余物质量分数(0.063mm 筛孔)/%	≥	98
7	杂质粒子数/个	≤	16
8	白度(160℃,10min 后)/%	≥	90
9	"鱼眼"数/(个/400cm²)		6
10	水萃取液电导率/[μS/(cm·g)]	≤	5

续表

序号	项目		指标要求
11	残留氧乙烯单体含量/(μg/g)	≤	0.4
12	残余 1,1-二氯乙烷含量/(μg/g)	≤	50
13	水溶物重金属含量/(μg/mL)	≤	0.3
14	水溶出原物质量(0.02mol/L KMnO₄ 消耗量)/(mL/20mL)	≤	0.3
15	水溶出物酸碱度(与空白对照液 pH 值之差)	≤	1.0

表 4-6　宜宾天原集团股份有限公司 HPVC 牌号及质量指标

序号	项目	TYHP3000 指标			TYHP2500 指标			TYHP2000 指标			TYHP1800 指标		
		优等品	优等品	优等品	优等品	优等品	优等品	优等品	优等品	优等品	优等品	优等品	优等品
1	黏数/(mL/g)	205～216			190～204			175～189			150～174		
	K 值	87～90			84～86			81～83			80～86		
	平均聚合度	2751～3250			2251～2750			1901～2250			1700～1900		
2	杂质粒子数/个　≤	16	30	80	16	30	80	16	30	80	16	30	80
3	挥发分(包括水)质量分数/%　≤	0.30	0.40	0.50	0.30	0.40	0.50	0.30	0.40	0.50	0.30	0.40	0.50
4	表观密度/(g/cm³)　≥	0.45	0.42	0.40	0.45	0.42	0.40	0.45	0.42	0.40	0.45	0.42	0.40
5	筛余物质量分数(0.25mm 筛孔)/%　≤	2.0	2.0	8.0	2.0	2.0	8.0	2.0	2.0	8.0	2.0	2.0	8.0
6	筛余物质量分数(0.063mm 筛孔)/%　≥	95	90	85	95	90	85	95	90	85	95	90	85
7	"鱼眼"数/(个/400cm²)　≤	16	30	90	16	30	90	16	30	90	16	30	90
8	100g 树脂的增塑剂吸收量/g　≥	30	28	26	30	28	26	30	28	26	30	28	26
9	白度(160℃,10min 后)/%　≥	78	75	70	78	75	70	78	75	70	78	75	70
10	水萃取液电导率/[μS/(cm·g)]　≤	3	5	—	3	5	—	3	5	—	3	5	—
11	残留氧乙烯单体含量/(μg/g)　≤	5	10	30	5	10	30	5	10	30	2	5	10

4.5.2 影响因素

4.5.2.1 引发剂

引发剂活性是聚合反应温度的函数，反应温度越低，活性也越低。在聚合反应中，引发剂的活性越高，反应速度越快，反应周期越短，但这可能导致3个方面的问题，即聚合传热困难、PVC树脂热稳定性变差和聚合度下降。因此，低温法一般不宜在不加扩链剂条件下生产平均聚合度大于2500的PVC产品。为了保证较短的反应周期，采用低温法聚合时，要求选择高活性的引发剂，以使反应过程及产品质量容易控制。为使聚合反应平稳，一般采用复合引发体系来解决。引发剂种类及用量对聚合度的影响如表4-7所示。

表 4-7　引发剂种类及用量对聚合度影响（$T=38℃$）

引发剂名称	423(乳液)		EHP(乳液)	
引发剂用量/%	0.20	0.15	0.30	0.23
聚合度	2505	2645	2425	2610

4.5.2.2 单体中杂质

单体VC中一般含有乙炔、乙烷、二氯乙烷等杂质，杂质的存在会导致聚合度降低和聚合速率减小，在低温聚合反应条件下，单体中杂质对聚合的影响主要表现在：由于链转移效应而使PVC聚合度降低，以及对聚合反应可能存在一定的阻聚作用，因此聚合用VC单体应保持高的纯度。

4.5.2.3 扩链剂的种类、添加量及加入方式

扩链剂种类、添加量及加入方式对PVC平均聚合度影响很大。通常来说，在一定温度和氯乙烯转化率条件下，PVC树脂平均聚合度先随扩链剂用量的增加而增加，但当扩链剂超过一定用量后，PVC树脂会出现部分不溶于任何溶剂的凝胶组分，且凝胶组分含量随扩链剂用量增大而增大，而可溶组分的平均聚合度反而降低，因此并不是扩链剂用量越多，PVC的聚合度就越大。同时，不同扩链剂的用量与合成的PVC树脂的平均聚合度的关系也是不同的，因此在一定条件下选择合适的扩链剂品种和用量非常重要。一般来讲，无论使用哪种扩链剂，温度越低，扩链效果也越好。

在扩链剂存在的条件下，转化率的变化对扩链剂法合成HPVC的平均聚合度也有影响，当扩链剂用量小于出现凝胶的临界用量前，PVC平均聚合度通常随转化率的增加而增加，当扩链剂用量大于临界用量而转化率小于出现凝胶的临界转化率前，PVC平均聚合度也随转化率的增加而增大，但当转化率大于临界

转化率后，PVC 的平均聚合度下降，而凝胶含量不断增加。以上变化趋势主要是由于含悬挂双键的 PVC 基链之间的扩链（或部分交联）作用随转化率增大而增加。

另外，扩链剂的配制和在 VC 单体中的分散均匀性也很重要。扩链剂用量通常很小，可选择合适的溶剂溶解扩链剂后加入反应釜中，应在适宜的温度及搅拌条件下配制适宜浓度的扩链剂溶液，且配制的溶液不宜存放太长时间，否则会导致其自聚而部分或完全失去扩链效果。

在生产高聚合度 PVC 树脂时，应选择合适的扩链剂加入方式及用量、合适的流速和加入时间，这样才能真正发挥扩链剂的效果，增加生产重复性。扩链剂加入聚合釜时应能尽快在釜内分散均匀，这样才能减少局部浓度过大而导致形成凝胶。在聚合釜中扩链剂的加入部位也有考究。有的扩链剂可能对分散剂或乳化剂也有影响，对聚合反应可能产生阻聚作用，这也是需要考虑的。同时，扩链剂对 PVC 树脂质量（如表观密度、孔隙率及氯乙烯脱析速度等）略有影响。在生产高聚合度 PVC 树脂时，还可通过调节扩链剂用量和聚合转化率来调节平均聚合度及产品质量等其他指标，以满足不同下游加工用户的生产需要[76]。

4.5.2.4　转化率

低温法合成 HPVC 依靠调节聚合温度来控制其平均聚合度，转化率对平均聚合度的影响可以忽略，但使用扩链剂法合成 HPVC 树脂时，不同扩链剂品种和用量条件下，HPVC 树脂平均聚合度和凝胶含量随转化率的变化规律不同。在聚合温度和扩链剂种类确定之后，调整扩链剂用量和转化率可生产无凝胶的各种聚合度的 HPVC，也可生产凝胶含量不同的 PVC 树脂，以适应各种加工制品的力学性能的要求。另外，聚合终点（转化率）的控制，也是稳定扩链剂法合成 HPVC 生产的必要条件，一般采用控制一定的聚合压降并加入终止剂的手段来实现。

4.5.2.5　去离子水纯度

悬浮聚合体系中水介质若含有 Fe^{3+}、Mg^{2+}、Ca^{2+}、Cl^- 及可见不溶物等杂质，会使 PVC 带色，并使树脂力学性能下降，热性能和电性能变差。另外，Cl^- 还破坏悬浮体系的稳定性，使聚合物粒子变粗，水中氧会消耗自由基，产生阻聚作用，降低树脂的聚合度。

4.6　高聚合度聚氯乙烯树脂的加工与应用

4.6.1　HPVC 树脂加工成型

HPVC 与普通 PVC 的加工没有大的区别，同样可以使用挤出、注塑、中空、压延等工艺成型。由于 HPVC 的平均聚合度高，所以与普通 PVC 相比其熔融温度上升、流动性变差、加工性能不良。在一般情况下，成型温度比普通 PVC 高 10～20℃，而且成型机械的剪切力增加。由于这些不利因素，HPVC 的成型加工比普通 PVC 要困难些，所以就要采用与之相应的配方、成型技术和设备，现将各种成型技术简述如下。

4.6.1.1 混炼技术

由于 HPVC 的成型温度比普通 PVC 高 10～20℃，所以要使用热稳定性好的稳定剂。此外，在多数硬度较低的制品中要使用大量的增塑剂，为解决塑化不均现象，通常采用低温高效剪切的混炼方式，同时采用塑化促进剂改进其塑化性能。

4.6.1.2 注塑成型

可以使用一般注塑机，成型温度提高 10～20℃，HPVC 在制造模具时要考虑成品的收缩率，普通软质 PVC 为 20/1000，HPVC 为 30/1000。由于 HPVC 流动性差，在注塑压力方面要留有余地，而且温度要易于调整，注塑速度也能在较大范围内调整。在设计模具时，注口的凹面要大一些，流道最好采用圆形，采用大而短通道。

4.6.1.3 挤出成型

HPVC 树脂在挤出成型时螺杆长径（L/D）比最好在 22 以上，压缩比 3.5 以上，螺杆为浅沟槽较好，在压缩区域内采用 12 个螺距以上的缓压缩形式，最好采用背压式混炼，螺杆前端温度高一些，末端低一些。

4.6.1.4 中空成型

采用这种成型方式时，HPVC 比软质通用 PVC 更适宜，一些大型中空制品，增塑通用 PVC 不能加工，而用增塑 HPVC 则可以实现。

4.6.1.5 压延成型

这种加工方法没有特殊要求，一般比软质 PVC 的混炼时间要长一些，压延温度要在 180℃以上。

4.6.2 HPVC 树脂的应用

与普通 PVC 相比，HPVC 具有多种优异的性能，如回弹性好、压缩永久变形小、耐热变形性优异、拉伸强度大、耐磨、抗撕裂性、耐候、耐油、耐热、耐寒、耐臭氧性等。HPVC 制品的硬度随温度变化而变化，具有消光性，适合作为橡胶替代品而用于密封材料、鞋底用料、耐热软管、耐热耐寒电缆料等，是一种具有广阔应用前景的材料。

4.6.2.1　HPVC 在电线电缆行业中的应用

虽然普通 PVC 电缆料性能可满足 105℃以下一般电线电缆的要求，但其耐寒性、耐油性、低温柔软性、耐磨性、耐热性均较差，且老化后表面光洁度明显变差，不能满足高性能电线电缆的要求，采用 HPVC 生产的 105℃电缆料性能完全符合 GB/T 8815—2008《电线电缆用软聚氯乙烯塑料》标准要求，而且老化前后的强度及伸长率变化小，产品性能好，适用于耐热电缆、移动电缆、耐低温电缆及高级电器电线[77]。

在电器零部件方面，HPVC 可用于电器元件的衬垫，配电箱的防护衬里，插座软线接头、插头等的制造。利用 HPVC 的耐油、耐温水、耐洗涤剂特性，HPVC 还用于制造洗衣机、脱水机、洗涤器具等的轴与槽的密封，槽与机体的密封等。此外，还用作吸尘器及除尘器方面的尘箱隔音壁、衬里等。

4.6.2.2　在汽车方面的应用

利用 HPVC 的耐久性优点，可制造制动器、离合器等的脚路板面及摩托车把手和脚踏板套等的耐磨零件[78]，另外车辆上的许多部件是 HPVC 树脂采用挤出成型工艺加工的，例如玻璃密封条、挡雨条、火车上的门窗密封条、门衬垫、门碰头、扶手等，特别是 HPVC 的耐候性、耐海水性、水密封性优异，作为集装箱门的密封条在海上运输非常受欢迎[79]。

4.6.2.3　在建材等方面的应用

在建材行业应用的 HPVC 制品几乎都是异型挤出方式加工的，比如门垫、门窗密封条。另外由 HPVC 制造的片材和薄膜的用途也很广，如雨具、工业防水片材等，在利用其防滑性能方面也用于制造游泳池护边、体育馆地板等。此外，HPVC 还用作高速公路的隔音壁、冷库门、透明吊车门等[80]。

4.6.2.4　在制鞋行业的应用

我国制鞋业大多采用传统原料（硫化橡胶、PVC）鞋料，其性能已不能满足要求，也有用 SBS、PU 和改性 PVC，但价格较高。而 HPVC 耐寒性好、有弹性、弯曲疲劳强度大、摩擦系数较大，主要用于制造注塑鞋、运动鞋和皮鞋底，用它作原料制成的鞋料性能好，防滑有弹性[81]。

4.6.2.5　其他

近年来，随着人们环保意识的提高，对 PVC 树脂的生产和塑料制品都提出了无污染和无毒化的要求，用于医疗领域的 PVC 制品更要求是无毒的 PVC 树脂。在采用甲苯作溶剂的过氧化物和偶氮二异庚腈复合引发的 VC 悬浮聚合生产过程中，尽管采用了先进的汽提工艺，PVC 树脂中的未反应 VCM 等有毒挥发性物质的含量有了大幅降低，但 PVC 树脂仍然因为含腈基，还有相当高的甲苯等有毒物残留，一直达不到医用级树脂的要求。采用不含甲苯等有毒溶剂的过氧化物引发剂溶液或水乳液生产的 HPVC 树脂安全卫生，又具有优于普通软质PVC 的性能，广泛用于一次性使用输血（液）薄膜袋、导管、滴管及其他医用配件的生产。

4.7 高聚合度聚氯乙烯树脂的应用实例

医用高聚合度 PVC 树脂的制备克服了现有技术存在的含有甲苯、氰基等有毒物质，残留氯乙烯含量高，热稳定性差的缺陷。在输液袋、输血袋、医用导管等方面应用极其广泛。采用普通 PVC 树脂制备的塑料血袋在－30℃条件下，其强度已不能满足低温保存相关产品的要求，袋体破损率高于 10%，造成血液资源的浪费，而医用级高聚合度 PVC 树脂以其优异的高弹性、耐低温性，应用于医用输血领域，大大降低了低温储存破损率。不同医用制品的典型工艺配方及设备介绍如下。

4.7.1 输血袋用粒料

输血袋用粒料典型配方见表 4-8。

表 4-8 输血袋用粒料典型配方

原料	配比/份
PVC 树脂（高聚合度，SG3 型）	100
DOP	45～50
环氧大豆油	3～4
钙/锌稳定剂	0.5
pH 值调节剂	0.2～0.4
螯合剂	0.3
内润滑剂	0.2～0.3
外润滑剂	0.3～0.4

主要设备选用高速混合机和冷却混合机组成的混合装置，以及挤出机和造粒辅机。挤出机多采用单螺杆，长径比一般大于 20:1，压缩比为 3:1。目前，一些造粒厂也可采用双螺杆挤出机进行造粒。

高速混合机出料温度 105～115℃，冷却混合机出料温度低于 50℃，单螺杆挤出机造粒温度（自加料段开始）：130～140℃，140～145℃，145～150℃，145～150℃。

4.7.2　输液袋粒料

输液袋粒料典型配方见表 4-9。

表 4-9　输液袋粒料典型配方

原料	配比/份
PVC 树脂(高聚合度,SG3 型)	100
甲基锡稳定剂	1.2～1.5
内润滑剂	0.4～0.6
外润滑剂	0.3～0.5
螯合剂	0.3～0.5
DOP	45
环氧大豆油	5

设备与工艺同输血袋用粒料。

4.7.3　药液过滤器粒料

药液过滤器粒料典型配方见表 4-10。

表 4-10　药液过滤器粒料典型配方

原料	配比/份
PVC 树脂(高聚合度、SG3 型、SG5 型)	100
DOP	25～30
环氧大豆油	3～5
复合稳定剂	0.3～0.5
螯合剂	0.3
外润滑剂	0.3
内润滑剂	0.2

主要工艺为：高速混合机出料温度 110～120℃，冷却混合机出料温度≤50℃。挤出机加工温度：机身，一区 145～155℃，二区 155～165℃，三区 165～170℃，四区 170～175℃，五区 165～170℃；机头，一区 155～165℃，二区 155～160℃。

4.7.4　输血（液）袋导管粒料

输血袋导管粒料典型配方见表 4-11。

表 4-11 输血袋导管粒料典型配方

原料	配比/份
PVC 树脂(高聚合度,P2500)	100
DOP＋DBP	60～80
环氧大豆油	5～10
甲基锡稳定剂	1.2～1.5
螯合剂	0.3
MBS	2～4
润滑剂	0.5～0.8

　　加工工艺和其他粒料类似,加工所用挤出机长径比要大一些,一般在 25∶1 以上。加工温度为 120～145℃。

第**5**章 消光聚氯乙烯树脂

5.1 消光聚氯乙烯树脂概述

近年来，聚氯乙烯（PVC）树脂由通用化向高性能化、专业化及工程化发展是许多国家研究开发的趋势，很多应用场合要求 PVC 材料外观具有低光泽度。特别是很多美、日、欧的消费者偏爱表面消光制品，促使国内外生产厂家对材料进行改性降低表面光泽度以获得消光制品。塑料制品表面消光的机制是：利用物理或化学方法，使制品表面形成极微小的凹凸或极微细的皱纹，这些凹凸或皱纹会对光线产生漫反射和散射作用，从而降低了制品表面的光泽度[82]。

5.1.1 消光聚氯乙烯树脂的定义

消光 PVC 树脂是一种具有化学微交联结构的 PVC 树脂。它是在氯乙烯聚合过程中加入可与氯乙烯共聚并使 PVC 分子链交联的化合物，常用的是具有两个或两个以上乙烯基的单体（即交联剂）。通过控制交联剂添加量，使 PVC 形成部分交联。采用这种部分交联的 PVC 树脂加工制品，由于微凝胶存在，凝胶和溶胶组分的黏弹性不同，会在制品表面形成微小的凹凸，当光线照射到制品表面时，发生漫反射，从而降低了制品表面的镜面反射，表现出消光性能。由于凝胶组分的存在，其制品又有较低的压缩永久形变，因此，可满足包装、建材、车辆和家具等领域低光泽或表面消光的要求。另外，PVC 经交联后，可改变其力学性能和电气性能，如耐热变形性、耐溶剂性、耐老化性得到提高。

5.1.2 消光聚氯乙烯树脂的性质

PVC 具有阻燃、耐化学药品性高（耐浓盐酸、浓度为 90％的硫酸、浓度为

60％的硝酸和浓度 20％的氢氧化钠）、机械强度及电绝缘性良好的优点，但耐热性较差，软化点为 80℃，于 130℃开始分解变色，并析出 HCl。此外，PVC 的光、热稳定性较差，在 100℃以上或经长时间阳光暴晒，就会分解产生氯化氢，并进一步自动催化分解、变色，力学性能迅速下降，因此在实际应用中必须加入稳定剂以提高对热和光的稳定性。工业 PVC 树脂主要是非晶态结构，但也包含少量结晶区域（约 5％），PVC 没有明显的熔点，约在 80℃左右开始软化，热变形温度（1.82MPa 负荷下）为 70～71℃，在加压下 150℃开始流动，并开始缓慢放出氯化氢，致使 PVC 变色（由黄变红、棕，甚至于黑色）。

消光 PVC 树脂具有普通 PVC 树脂的大多特性，属于热塑性树脂，可用通常塑料加工设备进行加工生产制品，还可在较宽的温度范围内获得良好的加工性能，具有更好的耐溶剂性、机械强度和加工尺寸稳定性。

消光 PVC 树脂是在氯乙烯聚合过程中加入了化学交联剂共聚得到的，与普通 PVC 树脂相比，含有部分凝胶成分；树脂粒度规整，塑化性能良好，可在较宽的温度范围内获得良好的加工性。与普通 PVC 树脂相比，拥有更好的耐溶剂性、力学性能和加工尺寸稳定性；制品即使经过净化处理也不会发生表面劣化；并且制品具有高消光性外观，手感无黏性且舒服。PVC 消光树脂既可单独使用，又可与通用 PVC 树脂掺混使用，通过调整配方来调整制品的光泽度和其他特性。

5.1.3 消光聚氯乙烯树脂的用途

PVC 是综合性能优良的塑料品种之一，国内塑料加工企业在生产高档消光制品时，普遍采用消光 PVC 专用树脂。这在促使国内厂家对材料改性降低表面光泽度以获得消光制品的同时，也推动了消光 PVC 专用树脂的发展[83]。

目前，消光 PVC 树脂的主要用途是生产消光 PVC 电线电缆，汽车消光仪表盘、按钮和车内装饰品，消光皮革，飞机地板及消光化学建材（如消光层压板、消光内墙衬板），还可制作各种消光和磨砂玻璃透明片材、板材、消光标牌、工具消光套管等[84]。超高聚合度的消光 PVC 树脂增塑后，还具有类似热塑性弹性体的性能，可以制作具有一定弹性及耐磨的橡塑制品；利用其热变形温度高、抗老化性好、耐磨性好等优点，可应用于特种线缆、软管、工具套管等方面[85]。

5.1.4 消光聚氯乙烯专用树脂技术指标

5.1.4.1 国内消光聚氯乙烯树脂国家标准

以天伟化工有限公司消光聚氯乙烯树脂企业标准 Q/TYPVC 001—2017 为例，见表 5-1。

表 5-1　消光 PVC 树脂的标准质量指标

序号	项目			型号			
				TYXG-1300		TYXG-1000	
				等级			
				优等品	合格品	优等品	合格品
1	平均聚合度			1068~1312		813~1067	
2	黏数/(mL/g)			110~125		93~109	
3	表观密度/(g/mL)		≥	0.40	0.38	0.40	0.38
4	100g 树脂的增塑剂吸收量/g		≥	24	22	20	18
5	挥发分(包括水)质量分数/%		≤	0.4	0.5	0.4	0.5
6	筛余物质量分数/%	250μm 筛孔	≤	2.0		2.0	
		63μm 筛孔	≥	95	90	95	90
7	热稳定性[白度法(160℃,10min)]/%		≥	80	76	80	76
8	杂质粒子数/个		≤	16	70	16	70
9	"鱼眼"数/(个/400cm^2)		≤	20	90	20	90
10	残留氯乙烯单体含量/(μg/g)		≤	5	10	5	10
11	水萃取物电导率/[μS/(cm·g)]		≤	5	—	—	—
12	凝胶(THF 不溶物)含量/%		≥	20.0		20.0	

注：产品一般检测平均聚合度，也可根据用户要求可检测黏数。

　　我国消光 PVC 树脂的开发较国外晚，浙江大学和北京化工二厂于"八五"期间开发了 SC 系列消光 PVC 树脂，从 1996 年开始，北京化工二厂开始小规模生产。继北京化工二厂之后，杭州电化集团有限公司、天津渤天化工有限责任公司、武汉葛化集团有限公司、上海氯碱化工股份有限公司等企业也相继开发了该产品，而天津大沽化工股份有限公司和河北金牛化工股份有限公司则直接引进了日本窒素化学公司的消光 PVC 树脂生产技术进行生产。目前，国内可批量生产消光树脂的企业主要有天津大沽化工股份有限公司、杭州电化集团有限公司、天津渤天化工有限责任公司、河北金牛化工股份有限公司、上海氯碱化工股份有限公司等。

　　国内消光 PVC 树脂生产代表厂家的消光树脂产品的各项质量指标测试结果见表 5-2。

5.1.4.2　日本窒素化学公司的消光聚氯乙烯树脂指标

　　日本在 20 世纪 80 年代中期实现了消光树脂的工业化生产，生产消光树脂的公司主要有窒素化学（CD、SD、WX 系列）、信越化学（GR 系列）和电气化学（SR、DR 系列）等公司。此外，美国 Oxychem 公司、欧洲 EVC 公司等也有消光聚氯乙烯树脂产品。日本窒素化学公司的消光树脂牌号见表 5-3。

聚氯乙烯特种树脂

表 5-2　国内消光 PVC 树脂质量指标测试结果一览表

生产厂家	树脂型号	黏数 /(mL/g)	表观密度 /(g/mL)	增塑剂吸收量 /(g/100g)	挥发分含量 /%	杂质粒子数 /个	筛余物含量 (0.25mm) /%	筛余物含量 (0.063mm) /%	"鱼眼"数 [个/400cm²]	残留氯乙烯含量 /(×10⁻⁶)	热老化白度 (160℃,10min)/%
杭州电化集团有限公司	PX-1000	116	0.49	28	0.18	14	0.1	99	5	0.2	85
天津大沽化工股份有限公司	DG-10D	114	0.41	29	0.32	16	0.8	98	12	0.1	84
河北金牛化工股份有限公司	SE-1	111	0.40	27	0.28	12	0.4	94	40	0.2	85

表 5-3　日本窒素化学公司的消光 PVC 树脂指标

牌号	平均聚合度	外观	表观密度 /(g/mL)	粒度 (42 目)	挥发分含量 /%
CD-18K	1800±150	白色粉末	0.40	全通过	0.3 以下
CD-21K	2100±150	白色粉末	0.40	全通过	0.3 以下
CD-25K	2500±150	白色粉末	0.40	全通过	0.3 以下
SD-7	540±70	白色粉末	0.47	全通过	0.3 以下
SD-10	700±60	白色粉末	0.42	全通过	0.3 以下
SD-13	820±60	白色粉末	0.40	全通过	0.3 以下

118

5.2　消光聚氯乙烯树脂的合成原理

　　消光树脂一般采用物理或化学交联的方法获得，物理交联获得的消光效果稳定性较差；而化学交联 PVC 的消光稳定性则好得多。交联共聚的原理为氯乙烯与双（多）烯自由基共聚，首先由链引发和链增长形成 PVC 基链，交联剂的一个双键参与共聚而进入基链，而未参与共聚的其他双键则成为悬挂双键；悬挂双键可以继续反应，生产环化、支化或网状结构分子。如果交联剂的浓度较低时，PVC 之间可通过悬挂双键反应而使 PVC 分子量增大，交联剂实际起到增加 PVC 分子链长度的作用，所以制备的树脂为高聚合度 PVC 树脂[86]。当交联剂浓度达到某一临界值时，PVC 基链含有的悬挂双键浓度增大，有足够的分子间交联反应发生，则形成部分分子量极大、不溶于任何溶剂的交联 PVC，即为凝胶组分，所制备的树脂为具有凝胶和溶胶组分的化学微交联 PVC 树脂。

　　合成具有微凝胶结构的消光 PVC 树脂，可以采用在 VC 悬浮聚合过程加入含有两个或两个以上乙烯双键的多官能团单体（交联剂），或高分子消光剂（一般为预交联聚合物），或同时加入交联剂和消光剂的方法，其中添加交联剂方法是最常用的方法。悬浮聚合制备 PVC 树脂过程中，加入含有双烯或多烯结构的第二组分单体（交联剂），使悬浮聚合体系中的氯乙烯单体与之共聚，得到由 PVC 为基链的含有不溶分（凝胶）的聚合物，这些在聚合过程中加入交联剂产生的微凝胶，使树脂中存在不同黏弹性的微观结构[87]，而影响塑料制品消光性能的主要因素是消光树脂中的凝胶含量以及凝胶的结构。聚合物在压延成型时的温度在熔融温度附近，正由高弹态转变为黏流态，通过辊筒强烈的剪切作用，大分子发生解缠和滑移，产生形变。成型以后随着温度的降低，物料存在一个松弛过程，不同的微观结构在松弛过程中的收缩不同，造成制品内部结构的差异，并使制品表面产生变形。对于普通的 PVC 树脂，成型以后内部微观结构的差异较小，制品表面的变形也小，因而具有平整的表面，光泽度较高。而含有凝胶结构的消光树脂在加工过程中可分为熔融的连续相和不熔融的分散相，凝胶结构作为分散相分布在连续相中，两相的结构和性能有很大的差别。在辊筒的剪切作用下，凝胶结构在流动中发生变形、旋转和取向，此时制品的表面仍是光滑的。成型结束后，随着温度的降低，物料由黏流态转变为高弹态和玻璃态，由于凝胶结构的松弛及回弹作用与连续相的区别较大，制品表面产生波浪形的凹凸起伏，产生一定的粗糙度，从而表现出消光特性[88]。

　　因此，PVC 制品的消光效果与消光 PVC 树脂中微凝胶结构含量（凝胶含量）、微凝胶尺寸和交联程度（影响黏弹性的重要结构参数）有关。凝胶含量越高，消光性能越好，但凝胶对 PVC 加工有不利影响，凝胶含量有一定限度；当凝胶含量一定时，微凝胶越小，则意味着微凝胶的数量越多，对提高消光性能有利。

5.3 消光聚氯乙烯树脂的合成工艺

消光 PVC 树脂是一种化学微交联 PVC 树脂，是在氯乙烯聚合过程中加入可与氯乙烯共聚并使 PVC 分子链交联的化合物（交联剂）而聚合得到的，因此，消光 PVC 树脂合成时所选用的交联方法就显得尤为重要。

5.3.1 交联方法

PVC 有多种交联方法。按交联完成的阶段划分，PVC 的交联可采用 3 种方法：①在 PVC 合成过程中加入交联剂，使交联剂与氯乙烯共聚制得化学微交联 PVC；②辐射交联，一般在配方中加入光敏剂、交联剂、助交联剂，在钴等辐射源的作用下完成交联；③加工型交联，即在 PVC 加工配方中加入交联剂，在加工过程中（或加工后）完成交联反应。按聚合机制划分，有自由基交联、离子交联和缩合交联；按交联源划分，可分为辐射交联和化学交联。

5.3.1.1 辐射交联

辐射交联反应主要为射线辐照高分子后产生各种自由基，通过自由基的相互结合而形成新的连接键。因此辐射交联反应效率取决于高分子链结构以及所处的环境。非晶态高分子的交联效率较结晶或刚性高分子高。在交联温度低于高分子玻璃化转变温度时，由于分子活动能力小，交联效率低；提高温度，可大大提高交联效率。辐射交联是最早采用的 PVC 交联方法，这种方法因具有生产效率高、应用范围广、工艺成本低及交联条件适宜（常温、常压）等优点而得到广泛应用。但是在提高 PVC 交联度的同时，热分解和断链现象非常严重，尤其对于厚壁材料更是如此，因此仅适用于制造薄壁产品。

5.3.1.2 化学交联

化学交联是指交联剂在一定温度下分解产生自由基，引发聚合物大分子之间发生化学反应，从而形成化学键的过程。由于辐射交联在生产过程中遇到的问题越来越多，而化学交联工艺较为简单、成本低，所以越来越受到国内外众多学者的重视，并开展了大量的研究。化学微交联 PVC 可以作为消光树脂，也可以与增塑剂等混合加工，制得弹性和加工形变性良好的热塑性弹性体材料，用途广泛。

5.3.2　生产工艺

消光 PVC 树脂生产工艺与通用型 PVC 树脂生产工艺类似，主要包括乳液法、微悬浮法及悬浮法，其中悬浮法具有工艺操作简单、成本低、反应易于控制等特点，得到广泛的应用。国内 PVC 生产企业普遍采取该法研究、生产 PVC 消光树脂。具体生产工艺如图 5-1 所示。

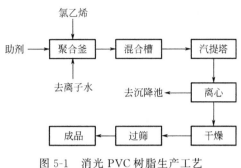

图 5-1　消光 PVC 树脂生产工艺

生产消光 PVC 树脂时，可采用 1 种交联剂进行生产，也可采用 2 种或 2 种以上交联剂复合使用。部分厂家也有利用多官能性单体的聚合物或将它们与含有部分凝胶的高分子消光剂合用来制备消光 PVC 树脂。

具体工艺流程为：以水为分散介质，加入少量悬浮剂、少量表面张力调节剂、油溶性引发剂、调聚剂及其他助剂，再加入氯乙烯单体及消光剂，在强力搅拌下，于 50～70℃进行聚合反应。采用不同的分散体系，可以制得不同表观密度的消光 PVC 树脂。

以小试 20L 聚合釜合成消光 PVC 树脂为例[89]。合成前先用氮气对聚合釜试压试漏，根据试验计划，设定聚合温度 51～57℃，搅拌速度 3.0r/s，将去离子水、聚乙烯醇分散剂、缓冲剂、过氧化二碳酸二乙基己酯（EHP）和过氧化新癸酸异丙基苯酯（CNP）引发剂、交联剂 6026 加入 20L 不锈钢聚合釜中，密封抽真空至－0.065MPa，冷搅 10min。加入配方量的氯乙烯单体，混合延时 10min 后升温至低于设定温度 2℃时停止升温，由冷却循环系统自动调节控制聚合釜温度。聚合反应时间控制在 300～330min 或压力降达到 0.05～0.2MPa 后加入终止剂，结束反应，搅拌 10min 后出料。浆料经离心脱水、再经 70℃烘干得到消光 PVC 树脂。

消光 PVC 树脂通常都是部分交联，包括凝胶和溶胶两部分，因此消光 PVC 树脂常用凝胶含量和溶胶平均分子量作为区分树脂品种的主要参数。

5.4　消光聚氯乙烯树脂性能的影响因素

5.4.1　交联剂

由于交联剂参与反应，消光 PVC 脂溶胶的分子量并不仅仅取决于聚合温度，还与交联剂的品种、用量，加料方式及聚合转化率等有关，同时这些因素也是影响交联 PVC 树脂凝胶含量的主要因素[90]。

对于合成化学交联的消光 PVC 树脂而言，影响 PVC 树脂结构的因素（凝胶含量、可溶分分子量及其分布、凝胶交联密度、微凝胶大小）是非常复杂的。交联剂品种不同，它与 VC 共聚的竞聚率不同，交联剂共聚进入 PVC 链的浓度和时间不同；交联剂浓度不同，影响到 PVC 分子链中交联剂的浓度；交联剂加料方式不同（聚合前一次加入或聚合过程中多次、连续加入等），也影响到不同反应时期 PVC 分子链中交联浓度，因此，都会对交联反应和产物的结构产生影响。此外，聚合温度影响共聚竞聚率和形成 PVC 基链的分子量，聚合转化率影响交联共聚的历程，对交联反应和产物结构也有较大影响。对于工业合成消光 PVC 树脂，在聚合温度、转化率固定的条件下，交联剂品种、用量和加料方式就成为决定 PVC 结构的最重要因素。

5.4.1.1 交联剂品种

根据消光 PVC 树脂的生产原理，开发生产消光 PVC 树脂技术的关键是交联剂的种类、用量和加料方式等。其对消光 PVC 树脂的凝胶结构、含量及大小分布的影响，将直接决定消光 PVC 树脂在后加工过程中的消光效果。交联剂是分子内具有 2 个或 2 个以上反应活性官能团的单体或聚合物，不同品种的交联剂具有不同的结构和反应活性，对聚合物的结构和性能有较大的影响。美国及日本部分 PVC 生产厂家采用专用的交联剂生产消光树脂，常用的交联剂见表 5-4。

表 5-4　制备消光树脂常用的交联剂

交联剂名称	使用厂家
邻苯二甲酸二烯丙酯(DAP)	住友、钟渊、古德里奇
马来酸二烯丙酯(DAM)	电气
多价醇的二或三(甲基)丙烯酸酯类＋多价醇的二或三烯丙醚类	窒素
丙三醇二缩水甘油醚二丙烯酸酯	信越
二甲基二丙烯酸酯	信越
聚乙二醇二丙烯酸酯(PEGDA)	窒素

分别利用邻苯二甲酸二烯丙酯、马来酸二烯丙酯、聚乙二醇二（甲基）丙烯酸酯作为交联剂与氯乙烯交联共聚，聚合得到的消光 PVC 树脂凝胶含量和可溶分聚合度如表 5-5 所示。

表 5-5　交联剂品种对消光 PVC 树脂结构的影响

交联剂	凝胶含量/%	可溶分聚合度
邻苯二甲酸二烯丙酯	32.1	984
马来酸二烯丙酯	31.7	991
聚乙二醇二(甲基)丙烯酸酯	31.5	987

5.4.1.2　交联剂用量

在同一聚合温度下试验不同交联剂用量对 PVC 树脂消光性的影响，结果如图 5-2。

随着交联剂用量的增加，凝胶含量随之增加，PVC 树脂光泽度呈现下降趋势，但凝胶含量增加会导致 PVC 树脂加工难度的增加。因此，把交联剂用量控制在 0.3 份以内比较合适（以氯乙烯单体用量为 100 份计），0.3 份以上光泽度基本变化不大，但树脂加工难度增加。

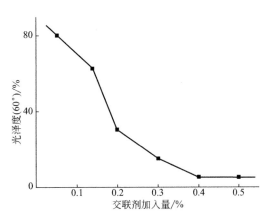

图 5-2　交联剂加入量与制品光泽度的关系

5.4.1.3　交联剂加入方式

交联剂的加入采用两次加入，投料前期加入总量的 1/2（具体数量见生产配方单），反应切换 70min 后加入剩余的 1/2，持续加入 30min。

不同时间、不同加入方式加入同样份数的交联剂对 PVC 树脂消光性的影响，结果见表 5-6。

表 5-6　交联剂加入方式对 PVC 树脂消光性能的影响[91]

批次	交联剂加入方式	凝胶含量/%	光泽度/%	聚合稳定性	批次间稳定性
消光 1	聚合前期一次加入	14.5	6.1	不稳定	不稳定
消光 2	聚合中期一次加入	13.7	6.9	不稳定	不稳定
消光 3	聚合中期开始连续加入	15.9	5.4	稳定	稳定
消光 4	聚合前期开始连续加入	18.2	4.8	稳定	稳定

由表可知，在聚合过程中以连续加入交联剂的方式制得的 PVC 树脂消光性能各项指标较好，聚合过程稳定，所得 PVC 树脂凝胶含量均一。

根据前述消光原理对 PVC 树脂的结构要求，关键是合成凝胶含量、微凝胶大小适宜的 PVC 树脂，同时考虑加工和应用要求，对可溶分聚合度（或称溶胶聚合度）进行控制。

5.4.2 聚合温度

聚合温度对消光 PVC 树脂结构和特性的影响如表 5-7 所示。

表 5-7 聚合温度对消光 PVC 树脂结构和特性的影响

聚合温度/℃	可溶分平均聚合度	凝胶质量分数/%	表观密度/(g/mL)	100g 树脂增塑剂吸收量/%
51	991	28	0.46	21
53	920	25	0.46	24
55	862	21	0.44	21
57	785	18	0.48	14

由表可知，聚合温度对消光 PVC 树脂的可溶分平均聚合度和凝胶含量都有较大的影响，这两者都随聚合温度升高而下降，聚合温度每升高 2℃，可溶分平均聚合度下降 6%～9%，凝胶含量则下降 3%～4%。在相同的聚合温度下，通用 PVC 树脂的平均聚合度与消光 PVC 树脂平均聚合度对比见表 5-8。

表 5-8 相同聚合温度下通用 PVC 树脂与消光 PVC 树脂平均聚合度对比

聚合温度/℃	平均聚合度		
	通用 PVC 树脂	消光 PVC 树脂	差值
51	1370	991	379
53	1280	920	360
55	1180	862	318
57	1100	785	315

由表可知：温度每升高 2℃，通用 PVC 树脂平均聚合度降低 80～100，消光 PVC 树脂平均聚合度下降 58～77，消光 PVC 树脂平均聚合度随温度变化的幅度比通用 PVC 树脂要小一些。在聚合温度相同时，由于凝胶的存在，消光 PVC 树脂的平均聚合度比通用 PVC 树脂低。但随着温度的升高，交联形成的凝胶含量也在降低，对可溶分平均聚合度的影响也在减少，通用 PVC 树脂与消光 PVC 树脂的聚合度之差逐渐缩小。消光 PVC 树脂的平均聚合度和凝胶含量与聚合温度和交联剂浓度有关，包永忠等[92]研究表明：在一定聚合温度下，化学交联 PVC 树脂的凝胶含量随交联剂起始浓度的增加而增加；在交联剂起始浓度相同时，聚合温度越高，凝胶含量越低。

5.4.3 加工温度

不同的加工配方和加工工艺对消光 PVC 树脂制品的消光性能有较大的影响，

在消光 PVC 树脂的加工配方中，对消光性能有影响的主要因素有增塑剂用量、加工温度和加工时间。凝胶的引入，大大降低了增塑剂对消光性能的影响。对不同凝胶溶胀度的消光 PVC 树脂，增塑剂的影响大小也有区别，凝胶溶胀度越大，消光性能越好。随着加工温度和混炼时间的增加，消光性能下降。此外，加工温度过高、混炼时间过长，会造成树脂在加工过程中发生分解、粘辊等异常现象，不能制成合格的制品。加工温度对 PVC 树脂消光性的影响见表 5-9。

表 5-9　加工温度对 PVC 树脂消光性的影响[93]

可溶分聚合度	挤出机各段温度/℃			模头温度/℃	螺杆转速 /(r/min)	消光性能
	1	2	3			
991	145	150	155	160	20	差
991	150	157	160	165	20	良好
991	155	162	168	170	20	优
991	160	165	172	175	20	良好
991	165	170	178	180	20	差

由表 5-9 可知，在加工成型过程中，配方相同的情况下，加工温度对 PVC 制品的消光性能影响很大，当挤出机各段温度为 155℃、162℃、168℃，模头温度为 170℃时 PVC 制品的消光性能最好。

5.4.4　增塑剂用量

在加工配方中，加入量最大的是增塑剂，为探究增塑剂用量对消光性能的影响，日本窒素化学公司采用聚乙二醇二丙烯酸酯作为交联剂合成消光 PVC 树脂，在 190℃下，加入同一种不同用量的增塑剂加工成制品，测其光泽度，结果见表 5-10。

表 5-10　制品光泽度与增塑剂用量的关系[94]

增塑剂用量/%	0	25	50	75	100	125
光泽度/%	1	4	14	21	27	32

从表 5-10 可知，在其他加工条件不变时，随着增塑剂用量的增加，制品的光泽度增大，消光性能下降。

5.4.5　聚合度

一般来说，不同聚合度的树脂所要求的加工温度也不同，否则由于加工温度太低，塑炼不充分，会导致制品表面粗糙，光泽度降低。采用聚合度为 1500 的普通 PVC 树脂与聚合度为 1000 的普通 PVC 树脂共混，改变两者的比例配成平均聚合度不同的共混物，采用相同的配方和加工温度制备片材，然后测量其光泽度，结果见表 5-11。

表 5-11　平均聚合度对消光性能的影响[88]

PVC 共混物平均聚合度	1000	1100	1200	1300
光泽度/%	38	37	37	38

由表 5-11 可见，在较窄的范围内，平均聚合度对消光性能的影响较小。因此在用消光 PVC 树脂与普通 PVC 树脂共混时，可以忽略较小的平均聚合度差异对消光性能的影响。

5.4.6　溶胀度

将凝胶含量分别为 90%、32%、76%，溶胀度分别为 12、54、27 的消光 PVC 树脂，与聚合度为 1000 普通 PVC 树脂共混，配成凝胶含量分别为 2%、4%、10% 的共混物，加工为片材，测量其光泽度，得到光泽度和消光树脂的溶胀度的关系见图 5-3。

由图 5-3 可见，随着凝胶溶胀度的升高，光泽度逐渐下降，且

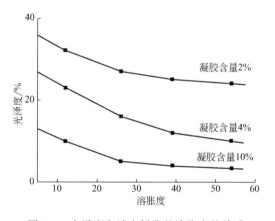

图 5-3　光泽度和消光树脂的溶胀度的关系

下降速率逐渐减小。对于凝胶含量为 10% 的消光树脂，当溶胀度超过 50 以后，消光性能的变化趋于平缓。

5.5　消光聚氯乙烯树脂的应用与发展现状

5.5.1　消光聚氯乙烯树脂的应用

消光树脂可以单独用来制造消光的塑料制品，也可以与普通树脂共混使用。但是不同的使用方法对树脂特性的要求不同。单独使用时，希望凝胶含量尽量低，同时又满足消光的要求；共混使用时，合成的消光树脂的凝胶含量应较高。合成凝胶含量较高的消光树脂在应用时与普通树脂掺混使用，更符合工业生产的特点，也方便用户的使用。

① 消光 PVC 树脂可以通过增塑加工得到弹性好、热变形温度高、具有类似

热塑性弹性体性质的软制品，应用于电线电缆、汽车部件等方面。

② 消光 PVC 树脂也可以加工制得具有消光特性的硬质/软质制品。

③ 可采用偶氮二甲酰胺（AC）、异氰酸酯类、碳酸盐类等发泡剂对 PVC 改性，制备 PVC 泡沫材料。

④ 核-壳型有机硅橡胶粒子增韧消光 PVC 树脂可应用于涂料、黏合剂、催化剂、药物和生物酶的载体等领域。

5.5.2 消光聚氯乙烯树脂的发展现状

消光 PVC 树脂是 20 世纪末 PVC 行业根据特殊客户需求而开发出来的改性新产品。国外生产厂家及规模见表 5-12。

表 5-12 国外消光 PVC 树脂生产厂家及规模   单位：万吨/年

公司	牌号	规模
日本窒素化学	CD 系列,SD 系列,WX 系列	4.5
日本电气	SR 系列,DR 系列	1.0
日本信越	CR1300T,CR1300S,GR800T,GR800S	5.0
INEOS	S7050	2.0
美国 OXYVINYLS	ov355,ov310,ov280,ov255f	4.5

近年来，国内 PVC 树脂厂也进行了消光 PVC 树脂的研制和生产，市场前景也将越来越广阔。在国内，天津渤天化工有限责任公司生产消光系列（XG-3、XG-5、XG-7）PVC 专用树脂，其他还有天津大沽化工股份有限公司、新疆天业（集团）有限公司、上海氯碱化工股份有限公司等厂家生产[95]。

目前大多数国产消光 PVC 树脂凝胶含量为 16%～24%，平均聚合度主要在 1000～1300 之间，其他的如上海氯碱化工股份有限公司、天津大沽化工股份有限公司、杭州电化集团有限公司也有聚合度 2500 的消光 PVC 树脂。日本窒素化学公司从平均聚合度 700、1000、1300、1800、2100 到 2500 已经形成一系列消光 PVC 树脂牌号，信越化学司平均聚合度 1300 的消光 PVC 树脂还分为 GR1300S 和 GR1300T，以供下游厂家选择。相比之下，国产消光 PVC 树脂在产品系列化上还不够，一定程度上限制了产品的应用范围[85]。

第**6**章 氯化聚氯乙烯树脂

6.1 氯化聚氯乙烯树脂的基本特性

氯化聚氯乙烯（CPVC）树脂由 PVC 树脂氯化改性制得，为白色或淡黄色无味、无臭、无毒的疏松颗粒或粉末。PVC 树脂经过氯化后，分子链排列的不规则性和极性增加，从而提高了材料的耐热、耐化学（酸、碱、盐、氧化剂）腐蚀等性能，如当氯含量为 56.7% 的 PVC 提高到氯含量为 63%～69% 的 CPVC 时，材料的维卡软化温度由 72～82℃ 提高到 90～125℃，最高使用温度可达 110℃，长期使用温度为 95℃。此外，CPVC 的拉伸强度和模量也大于 PVC。因此，CPVC 是一种应用前景广阔的工程塑料。

表 6-1 列出了 CPVC 树脂的主要特性指标。表 6-2 为 CPVC 和 PVC 的性能比较。

表 6-1 CPVC 树脂的性能指标

项目	指标
外观	白色或浅黄色粉末
粒度(40 目筛通过率)/%	≥98
氯含量数/%	61～68
挥发分/%	≤0.3
黏度/(mPa·s)	1.3～1.6
热分解温度/℃	≥100
热稳定时间(120℃)/s	≥40
吸油率/%	≥20

表 6-2　CPVC 和 PVC 的性能对比

性能	PVC	CPVC
密度/(g/cm³)	1.38~1.45	1.45~1.58
维卡软化温度/℃	72~78	90~125
邵氏硬度 D	93	95
拉伸强度/MPa	39~58	54~70
弯曲强度/MPa	105	120
扯断伸长率/%	120	50
热导率/[kW/(m·℃)]	0.105	0.105
比热容/[kJ/(kg·℃)]	2.10	1.47

CPVC 的性能特点如下。

① 使用温度范围宽。PVC 树脂经过氯化，氯的质量分数由 56.7% 提高到 61.0%~68.0% 时，玻璃化转变温度、软化温度和热变形温度上升。CPVC 维卡软化温度比 PVC 树脂提高 20~40℃。PVC 硬管制品安全使用温度通常不能超过 60℃，而 CPVC 硬管制品可在接近 100℃ 温度下使用。CPVC 是能在较高温度和较高内压下长期使用的为数不多的聚合物之一。

② 力学性能好。CPVC 的拉伸强度比 PVC 高 50% 左右，约是 ABS 树脂、PP 树脂的拉伸强度的 2 倍。特别是在 100℃ 的温度下，CPVC 仍能保持其不寻常的刚性，可充分满足在此温度下对设备及管道等的要求。

③ 耐化学品性能好。工业用化学药剂大都会腐蚀金属设备，导致渗漏、流程限制和使用寿命的缩短等。CPVC 不仅在常温下耐化学腐蚀性能优异，而且在较高温度下仍具有优于 PVC 的耐酸、碱，耐化学药品性。CPVC 在许多应用方面可以代替传统材质，用以处理侵蚀性物质，如含腐蚀性物质的水、酸性物质、碱性物质等，提供较长的维修保养期和使用寿命，并拥有优良的环境适应能力。

④ 良好的阻燃性。CPVC 具有优异的阻燃自熄性，其极限氧指数为 60%，因而在空气中不会燃烧，具有无火焰滴漏、限制火焰扩散及低烟雾生成等特性。

⑤ 低导热。CPVC 具有较低的热导率 [约 1.05W/(cm·K)]，用 CPVC 制成的耐热管道可免除隔热护层。用 CPVC 加工的耐热管道，热量不容易从管道散发，热损失少。

⑥ 加工性能较好、成型方法多样。CPVC 制品可以采用与 PVC 制品相同的加工方式，如挤出、注射、模压加工等，而且具有良好的二次加工特性，可弯曲、切割、焊接；一般用于 PVC 的加工机械只需改变一些加工条件，即可用于加工 CPVC 制品，简单方便。

⑦ 不受水中余氧的影响，不会出现裂痕和渗漏。内壁光滑，细菌不易滋生。

6.2 国内外氯化聚氯乙烯树脂的发展与现状

美国、欧洲以及日本等先进国家和地区，CPVC 材料的研制和开发已经日趋成熟，已形成一定的市场规模。国外生产 CPVC 树脂的知名厂商如美国路博润（Lubrizol）公司、日本钟渊化学公司（Kaneka）、日本积水化学（Sekisui）公司、德国巴斯夫（BASF）公司等均是生产 PVC 树脂的国际性大公司。这些公司首先通过在水相悬浮法合成 PVC 树脂过程中添加了特殊助剂而生产内部孔隙均匀、皮膜少的氯化专用 PVC 树脂，再将专用 PVC 树脂水相悬浮氯化而生产 CPVC 树脂。

美国路博润公司是全球最大的 CPVC 生产企业，其在低导热以及阻燃 CPVC 树脂和复合材料技术上保持着全球领先地位。该公司在 2013 年就宣布，未来四年将投资四亿美元在全球范围内扩大 CPVC 树脂和配混料的生产能力，并于 2017 年投入运营。此举确保了该公司具备了充分的产能来应对市场的需求。

钟渊化学公司是日本知名的大型综合性化学公司，其 CPVC 树脂主要应用于工业耐热管材、洒水管材、室外空调机管、排水管、工业耐热板材以及法兰等。该公司于 2011 年底与一家印度公司以及日本三井公司签订合资协议，在印度建厂生产 CPVC 树脂，计划产能 2 万吨/年。

日本积水化学公司为"世界 500 强"的大型综合化学产品制造商，其 CPVC 树脂牌号种类分为高流动型、中等温度型、高温型，主要应用于工业板材、耐热 PVC 产品、汽车材料等。

国外主要 CPVC 树脂生产厂家产能和主要牌号如表 6-3 所示。

表 6-3　部分国外 CPVC 树脂厂家产能及型号

国家	生产厂家	工艺	产能/(kt/a)	主要牌号
美国	路博润公司	水相法	100	GeonHT3009，GeonHT3010，GeonHT88933，GeonHT88934
英国	IGI 公司	水相法	10	Welvie
德国	IG 法本公司	溶剂法		Leglit pc
	巴斯夫公司	水相法	10	A3X2G7，1085A
法国	阿科玛公司	气相法	10	RY783G343，RY783Y
	苏威公司	水相法		ER-HT
日本	钟渊化学公司	水相法	45	H305，H408，H527，H627，H827，H829
	积水化学公司	水相法	20	HA-05H，HA-05K，HA-15F，HA-24F
	三菱化学公司	水相法		CPVC317，CPVC258

我国于 20 世纪 60 年代由锦西化工研究院采用溶剂法成功研制 CPVC，并实现工业化生产；在 1963 年，上海电化厂也采用溶剂法成功研制 CPVC 并通过了技术鉴定；70 年代中期，安徽省化工研究院用水相悬浮法研制 CPVC 取得成功，并在 60kt/a 规模的中试基础上进行了 500kt/a 的设计；1985 年，无锡化工集团股份有限公司开始研究液相悬浮氯化法生产 CPVC；80 年代，湖北化工研究所对气-固相法生产 CPVC 进行研究。

目前，我国 CPVC 树脂生产工艺以水相悬浮氯化为主，并处于快速发展时期。但发展相对较为落后，产能较低。国内 CPVC 树脂加工企业主要有十几家，具体生产厂家产能及主要牌号如表 6-4 所示。

表 6-4　国内主要 CPVC 厂家产能及型号

生产厂家	工艺	产能/(kt/a)	主要牌号
廊坊高信节能科技有限公司	水相法	20	J-700,Z-500
上海氯碱化工股份有限公司	水相法	10	JZ-701,ZS-601
东营旭业化工公司	水相法	10	J-500,Z-500,N-500,T-500
廊坊金亿达塑胶公司	水相法	10	J-500,Z-500
山东祥生塑胶公司	水相法	10	XSJ-110,XSZ-500
杭州电化集团有限公司	气相法	5	挤出级、塑化级共混料
江苏天腾化工有限公司	水相法	5	J-500,Z-500,N-500,T-500

6.3　氯化聚氯乙烯树脂的合成原理以及研究评价

6.3.1　氯化聚氯乙烯合成原理

PVC 是一种直链状聚合物，是由自由基聚合[96]而成的无定形热塑性树脂，PVC 的氯化反应属于取代反应。目前，PVC 氯化反应机理存在两种观点，少数人认为 PVC 氯化先发生取代反应，再发生消去-加成反应；大多数人认为 PVC 氯化为自由基取代反应。自由基理论认为 PVC 氯化过程中每三个链节有一个氯原子被取代而脱出一分子氯化氢，氯化反应多数在亚甲基上进行，反应在活性中心的激发下进行。活性中心可由自由基型引发剂或紫外光等激发下形成，若无活性中心存在，即使加热反应也是很缓慢的。反应开始，氯气受引发剂或紫外光的引发作用成为氯自由基，进而被—CH_2—或—$CHCl$—基团吸收，序列结构由原来的单纯—CH_2—$CHCl$—链节组成，变成由—$CHCl$—$CHCl$—、—CH_2—CCl_2—和—CH_2—$CHCl$—链节组成。研究发现在氯含量较低时，氯化反应只发生在—CH_2—基团上；只有当氯含量达到 58%，才开始有—CCl_2—结构出现。

　　PVC 氯化的引发方式包括：热引发、光引发、引发剂引发及等离子体引发等。热引发氯化是用加热的方式引发氯化反应，反应温度多在 50~150℃，反应时间 2h 左右。光引发氯化是用紫外光方法引发氯化反应，氯化反应过程中的活性物种为氯自由基，反应时按照自由基取代的链式反应进行。引发剂引发通过引发剂分解产生的自由基与氯气和 PVC 反应形成氯自由基或 PVC 大分子自由基，再通过自由基链式反应形成 CPVC。等离子体引发氯化反应机理不同于常规的自由基反应，它是利用在放电状态下高度激发的不稳定气体形成的活性等离子体引发氯化反应，多种物种都有可能参与反应，可能的反应机理是氯化过程既有常规紫外光引发的自由基链式化学反应，还有等离子体中的氯正离子、氯负离子、高能电子、激发态氯原子和激发态氯分子，起到加快氯化的作用；高能态的等离子体轰击高分子表面，使分子链断裂，发生交联、化学改性、刻蚀等反应，引发了气固相间的界面化学反应。不同引发氯化方式比较见表 6-5。

表 6-5　不同引发氯化方式比较

引发方式	流程特点	产品质量	氯化速度	装置规模
热	简单	均匀性差、性能差	慢	较小
光	较复杂	均匀性差、性能一般	较慢	较小
等离子体	复杂	均匀性好、性能好	快	较小

　　目前热引发和光引发在国内已有生产应用，下面对光引发中紫外光进行简单介绍，紫外光是一种比可见波长短的电磁波，其波长在 200~400nm，按照波长又可分为短波（200~280nm）、中波（280~320nm）、长波（320~400nm）。光子能量与波长成反比，所以短波能量最大，易使有机物化学键发生断裂。PVC 是由碳、氢、氯元素组成的大分子结构有机物，这些元素之间存在一定的键能，键能越高则结构越稳定。PVC 在紫外线光照射下是否会发生断键，从而导致一系列自由基反应如氯化、氧化、交联及降解反应主要取决于分子键所吸收波长的能量和化学键的强度，只有当化学键从光波中吸收足够的能量时，才会使化学键断裂。不同波长的能量及 PVC 分子中各化学键的键能如表 6-6 所示。

表 6-6　不同波长的能量及 PVC 分子中化学键的键能

几种波长能量				
波长/nm	200	300	350	400
光波能量/(kJ/mol)	595.5	397	341.7	301
几种化学键键能				
化学键	C—C	C—H	C—Cl	Cl—Cl
键能(kJ/mol)	348	377	323	243

要使 PVC 氯化反应能够进行，首先需要紫外光引发氯气生成氯自由基。Cl—Cl 键断裂需要 >243kJ/mol 的能量，但能量也不能太高，否则会引起其他化学键的断裂，引发副反应，如 PVC 脱 HCl 成具有不同双键数的共轭双键，引起 PVC 颜色加深。

6.3.2　氯化聚氯乙烯树脂的分子和颗粒结构

6.3.2.1　CPVC 树脂的分子量及其分布

CPVC 树脂是具有不同分子量的同系物所组成的混合物，一般用平均聚合度来表征 CPVC 树脂的分子量大小。随着分子量的增加，分子链就越长，分子链中包含的基本单元就越多，分子链之间的作用力逐渐增大，材料的力学性能也有所增强。但同时，分子量增加使得 CPVC 树脂的熔体黏度增大，流动性变差，加工性能恶化严重，物料间的摩擦热增大，容易过热分解，这就需要在配方中添加稳定剂或改变工艺条件来解决。因此，CPVC 树脂的分子量大小和材料的使用性能以及加工性能息息相关。另一方面，CPVC 树脂的分子量分布也会影响到材料的性能，一般来说，在 CPVC 树脂的成型加工过程中，尽量选择分子量分布较窄的树脂，可以最大程度保持最终产品性能上的均匀性，分子量分布宽表明聚合物中含有一定量分子量较高或较低的组分，前者易使树脂塑化不充分，加工性能变差，导致制品内在和外观质量下降，后者会明显降低材料的热稳定、耐热及力学性能等。因此，须兼顾使用性能和加工性能两方面的要求。

6.3.2.2　CPVC 树脂的氯含量及分子链结构

在聚合物分子链中各基本单元的氯含量及其分布情况能在很大程度上影响分子链的断裂方式和速率，从而对树脂的热性能和加工性能产生很大影响。在氯含量较大时，CPVC 分子链中开始出现较多的 —CCl_2— 结构，相应的 —CHCl— 结构就会相应的减少。这时分子链就具有很容易受到自由基攻击的条件，从而容易受热分解。在氯含量相同时，如果分子链中含有较多的 —CHCl— 结构，即 —CHCl— 含量较高时，分子链受热不易断裂，CPVC 树脂的热稳定性就比较优异。

6.3.2.3　CPVC 树脂颗粒结构

CPVC 树脂是由 PVC 树脂氯化得到的，所以 CPVC 树脂颗粒形态和尺寸直接决定于 PVC 树脂颗粒。PVC 树脂的生产方法主要有悬浮聚合、本体聚合、微悬浮和乳液聚合等，不同聚合方法所形成的 PVC 树脂颗粒形态和尺寸不尽相同。通常 PVC 树脂颗粒是由亚颗粒黏并或初级粒子聚集而形成的非规整粒子。在黏并和聚集过程中，粒子内部或粒子之间形成孔隙结构，为 PVC 树脂氯化形成 CPVC 树脂提供了有利的条件。由于 PVC 树脂颗粒形态和粒子尺寸等的差异，树脂在颗粒密度、比表面积、孔隙率、吸收增塑剂能力、塑化能力和最终制品性能等方面都有一定的差异。一般来说，颗粒疏松、孔隙率高、粒径小、无皮膜或皮膜较薄的 PVC 树脂颗粒有较强的增塑剂吸收能力，塑化温度低，塑化性能好，加工性能优良，同时在剪切力作用下，各种添加剂更容易向粒子中渗透，使物料达到良好的分散性能。所以在 CPVC 树脂生产过程中，需要根据产品的性能要求和加工工艺条件选择合适的 CPVC 树脂原料。

6.4 氯化聚氯乙烯的合成工艺简介

6.4.1 溶液氯化法[97]

溶液氯化法是最早采用的 CPVC 制备方法，由原联邦德国 IG 法本公司最早开发应用。该工艺比较成熟，主要工艺过程是将疏松型 PVC 树脂溶解于适当的溶剂（四氯乙烷、二氯乙烷或氯苯），然后在 80～100℃下加入引发剂，通入氯气发生氯化反应而生成 CPVC。在溶液中加入沉淀剂如甲醇可使 CPVC 沉淀，过滤后酸洗、干燥得到氯质量分数为 64%～66% 的白色 CPVC 粉末产品。一般而言，采用该方法对 PVC 树脂进行氯化时，分子量较低的 PVC 更容易氯化。溶液氯化法制得的 CPVC 氯分布均匀、溶解性好（易溶解于四氢呋喃、二氯乙烷、氯苯等有机溶剂），非常适合用作涂料、黏合剂等。但是，溶液氯化法生产的 CPVC 的热稳定性和力学性能较差，不能用于制作包括管材在内的硬制品；同时，由于使用的氯仿或四氯化碳等有机溶剂毒性大，回收困难，易造成环境污染。溶液氯化法正逐步被淘汰。

溶液氯化法工艺流程见图 6-1。

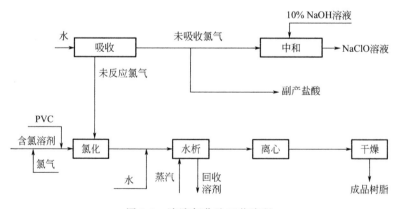

图 6-1 溶液氯化法工艺流程

采用溶液氯化法时，PVC 浓度非常关键，如当以二氯乙烯为溶剂时，使

12%（质量分数，下同）的 PVC 溶液氯化会发生较多的脱氯化氢和降解作用，产生的 CPVC 大约含等量的 1,2-二氯乙烯和 1,1,2-三氯乙烯单元；而当使 7% 浓度的 PVC 二氯乙烯溶液氯化时，脱氯化氢和降解较少，PVC 氯化更均匀，CPVC 主要由 1,2-二氯乙烯单元构成。据报道，采用由二氯乙烯和三氯乙烯构成的 1：1（体积比）的混合溶剂，能实现均匀氯化。PVC 可溶于氯苯，因此在引发剂和促进剂存在下，PVC 在氯苯中同氯气在 110˜~115℃反应，也能实现氯化。引发剂通常采用偶氮二异丁腈，促进剂可以采用对氯苯亚硫酰胺酰二氯。

6.4.2　水相悬浮氯化法

20 世纪 60 年代初，美国古德里奇公司首先采用水相悬浮法生产 CPVC 树脂，其工艺过程是将粉状 PVC 树脂悬浮于水中或氯化氢溶液中，在引发剂和其他氯化助剂的存在下通氯气反应。早期工艺要求在水相中加入溶胀剂，如氯仿或四氯化碳，以增加氯气与 PVC 的接触面积。研究发现，原料 PVC 树脂由添加特殊改性剂的氯乙烯悬浮聚合制备，则不加溶胀剂也可提高 PVC 的氯化均匀性，还可提高反应速率，改善 CPVC 树脂的加工性能。为了提高氯化反应速率及 CPVC 树脂性能，在 CPVC 树脂制备过程中，可采用加入有机氧化物参与氯化反应以缩短反应时间，采用紫外光引发反应、加入适量的氧气促进反应。在 CPVC 树脂制备完成后，向反应体系及时通入惰性气体并加入还原剂，可避免 Cl_2 与 H_2O 反应生成的 HClO 与 CPVC 反应生成含羰基及双键的有机物。此外，通过对原料 PVC 树脂进行筛选可以改善产品性能，原料一般选用由悬浮聚合法生产的 PVC，最好具有较高的分子量和表面积（如特性黏数为 0.95～1.2dL/g，比表面积为 1.0～3.0m²/g），悬浮液中的 PVC 质量分数一般控制在 15%～35% 之间。

水相悬浮氯化法具有工艺安全高、生产流程短、稳定可靠的优点，不足之处是生产过程产生的酸性废气废水需要处理，后处理较烦琐。水相悬浮氯化法的工艺流程如图 6-2 所示。

安徽省化工研究院研制开发的水相悬浮氯化法 CPVC 生产工艺为：将粉状 PVC 树脂悬浮于水（或盐酸）介质中，在助剂的存在下通氯反应，再经脱酸、水洗、中和、干燥等后处理工序得到产品。这种工艺具有以下优点：工艺成熟，流程简单，反应平稳，易于控制，生产成本低。产品具有良好的耐热性、高的机械强度。通过改变氯化工艺条件，可得到性能各异的产品，满足不同用途。水相氯化法的单釜产量为溶液法的数倍，适合大规模工业化生产。具体工艺流程如下：氯化反应釜内加入定量的水、PVC 粉和助剂（分散剂、浮化剂、引发剂），升温后于一定温度下赶气并通氯反应。当通氯量达到预定要求后，停止通氯气并

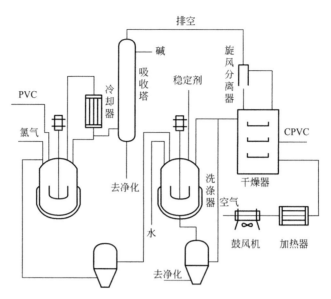

图 6-2　水相悬浮氯化法生产工艺流程

用压缩空气驱除釜内未反应的氯气（排出的废气经碱吸收后再排放）。氯化浆料经脱酸、中和、水洗后，再经离心、干燥、过筛、包装得到 CPVC 树脂成品。

6.4.3　气固相氯化法

气固相氯化法是将 PVC 粉料在干燥状态下与氯气直接进行氯化反应而制得 CPVC 树脂。原联邦德国劳伦尔公司 1958 年首先报道了气固相氯化法。之后，日本的碳化物公司和东亚合成株式会社、民主德国的 VEB 公司等一些工厂都对此法进行了研究。目前，气固相法制备 CPVC 树脂按引发氯化的方式可分为热引发、光引发、等离子体引发及以上引发方式联合使用。采用平均粒径≥150μm，孔隙度≥0.15mL/g，表观密度≥0.54g/mL 的 PVC 树脂为原料，以气固相氯化法制得的 CPVC 树脂具有优良的自由流动性和热稳定性。

气固相氯化法制备 CPVC 工艺的最大挑战是引发效率和气固相接触效率的提高。当采用紫外光引发时，其引发效率虽好，但因为在氯化过程中 PVC 颗粒很容易黏附在紫外灯上，造成紫外光强度降低，引发效率下降；采用氟作为引发剂，氯化反应在 50℃就可被引发，制备出的 CPVC 产品氯含量高达 67.3%。氟作为引发剂虽然引发效率高，但在氯化过程中 PVC 少部分分子链上会发生氟化反应，造成产品不纯，降低了 CPVC 树脂的加工性能。另一方面氟的腐蚀性非常大，工业化应用危险性较大。低温离子体中因含有离子、自由基、紫外线等，使 PVC 树脂颗粒表面和氯气都会被活化，提高氯化反应效率，越来越受到

136

关注[98]。

新疆天业（集团）有限公司开发了一套低温等离子体引发的 PVC 氯化反应装置。其工艺流程为：先将 PVC 树脂粉体加入到流化床中，确定流化床密闭性后，开启循环风机和搅拌，通入氮气使流化床中氧气被完全置换，开启等离子电源，在流化床中产生均匀等离子体，之后通入氯气反应，最后用氮气置换反应器中残留的氯气。该装置的特点是可以实现 PVC 的快速氯化[99]。

目前国内外普遍采用的水相悬浮氯化法具有操作简单、产品耐热温度和机械强度高等优点，但生产周期较长，产生的"三废"较多，设备有效利用率较低，腐蚀较为严重，产物后处理过程复杂，能耗相对较高。气固相氯化法由于具有设备通用、耐腐蚀、产品易处理、工艺流程简单、基本无三废污染、产品成本低等特点，生产的 CPVC 主要用于黏结剂、耐热硬质板材等。近年来气固相氯化法已成为合成 CPVC 树脂的发展方向和重点。CPVC 树脂不同生产工艺比较如表 6-7。

表 6-7　CPVC 树脂生产工艺比较

项目	溶液氯化法	水相悬浮氯化法	气固相氯化法
工艺	复杂	复杂	简单
反应介质	有毒溶剂	水或 HCl	无
三废污染	很严重	较严重	很小
尾气处理	难	较难	容易
后处理	烦琐	较烦琐	容易
设备要求	不大	一般	高
生产成本	较高	较低	较低
产品品种	较单一	较单一	多样

CPVC 树脂合成方法的最新研究有：美国专利 US 2017210832 公开了一种用 PVC 浆料直接进行氯化反应制 CPVC 树脂的工艺。该流程包括以下步骤：在 50～80℃、至少一种分散剂存在的条件下，悬浮聚合氯乙烯以获得 PVC 浆料；PVC 浆料与氯气在至少一个照射源（波长范围 254～530nm）的存在下发生反应，搅拌转速为 100～1600r/min，反应温度为 50～80℃，反应时间为 2～12h，最终得到 CPVC。其中，分散剂可以是部分水解的 PVA；氯乙烯悬浮温度可以是 70℃，转化率不低于 87%，PVC 聚合浆料的含氧质量分数应小于 500×10^{-6}；辐射源可选紫外光灯、发光二极管和激光，其功率为 0.01～0.04W（每 1gPVC），波长范围为 254～450nm，氯化温度可以是 70℃。与传统的用 PVC 树脂粉料和水制备 PVC 浆料相比，直接利用 PVC 浆料具有更好的吸附能力[100]。

6.5 氯化聚氯乙烯的牌号、质量指标及影响因素

6.5.1 氯化聚氯乙烯的牌号

我国的 CPVC 树脂主要分为涂料级、胶黏剂级、挤出级、注射级四个品种。

J-700 型：主要用于挤出成型生产各类耐热塑料制品。

Z-500 型：具有较好的流动性，特别适合用于注射成型加工。

N-500 型：适用于黏胶剂生产、氯纶纤维的改性剂（改进氯纶纤维的缩水性）。

T-500 型：具有较好的溶解性和成膜性，适合于生产涂料。

根据国标 GB/T 34693—2017 规定，CPVC 树脂按加工方式可分为挤出型和模塑型（注塑型），具体的物理性能要求如表 6-8 所示。

表 6-8 CPVC 物理性能

项目		型号	
		挤出型	模塑型
		指标	
氯含量/%	≥	65.0	
杂质粒子数/个	≤	30	
表观密度/(g/mL)		0.50～0.70	0.55～0.73
残余氯/(μg/g)	≤	150	
挥发分(包括水)含量/%	≤	0.40	

不同厂家生产的产品氯含量不尽相同，表 6-9、表 6-10 是国内部分企业 CPVC 树脂产品的技术指标。

表 6-9 江苏天腾化工有限公司 CPVC 树脂技术指标

项目		型号		
		J-1000	J-800	Z-600
氯含量/%		67～68	67～68	67～68
杂质粒子数/(个/100g)	≤	20	20	20
表观密度/(g/mL)		0.62～0.70	0.57～0.62	0.57～0.62
残余氯含量/(μg/g)	≥	150	150	150
挥发分(包括水)含量/%	≤	0.3	0.3	0.3
K 值		60～63	57～60	53～57
吸油率/%	≥	20	20	20

表 6-10　山东高信化学股份有限公司各型号 CPVC 树脂技术指标

项目	R207	R217	R227	R309	R317	R327	R347	R339
氯含量/%	66.3～67.0	66.3～67.0	66.3～67.0	68.5～67.2	66.8～67.5	66.8～67.5	66.8～67.5	68.5～69.2
表观密度/(mL/g) ≥	0.58	0.55	0.60	0.55	0.60	0.55	0.53	0.6
挥发分含量/% ≤	0.4	0.4	0.4	0.4	0.4	0.4	0.4	0.4
白度(160℃,10min)/% ≥	73	74	76	75	76	77	76	75
拉伸强度/MPa ≥	50	50	50	50	50	50	50	50
维卡软化温度/℃ ≥	113	114	115	122	116	116	117	122
干粉流动时间(树脂)/s ≤	19	—	—	—	19	26	—	—

6.5.2　CPVC 树脂性能的影响因素

6.5.2.1　温度对 CPVC 含氯量的影响

在低温情况下，温度的升高有利于产品氯含量的增加，继续升温，产品含氯量的增加趋势会变得缓慢，达到 100℃ 左右时含氯量基本保持在一个稳定值。这是因为氯化反应本身是放热反应，当升高到一定温度时，高温对氯化反应产生了抑制作用，氯含量增加趋势变缓。另一方面，当反应进行到一定程度后，分子链中的—CH$_2$—CHCl—结构不断减少，同时—CHCl—CHCl—结构不断增加，而反应速率和—CH$_2$—CHCl—结构有关，而且由于 Cl 原子的空间位阻效应，使得进一步氯化需要克服更多的阻力。由于这些原因，继续升高温度，CPVC 的氯含量增加将不会明显，故在生产中应根据实际情况控制好生产温度。

6.5.2.2　温度对产品分子量的影响

在氯化过程中，由于分子链中氯原子的增加和分子链氯化过程中的断裂，必定会导致产品的分子量发生改变。通常，随着氯化反应温度的升高，产物的数均分子量略有减小，而重均分子量不断增加。

6.5.2.3　反应时间对氯含量的影响

反应时间延长会提高产品的氯含量，但随着反应时间的延长，反应速率开始降低，氯含量增加的趋势也会变得缓慢，造成这种现象的原因与反应温度影响相同。

6.5.2.4　氯气流量对氯含量的影响

当氯气流量较小时，氯气供应量无法满足氯化反应的需求，会造成产品氯含量低。当过高时，会增加损耗[101]。

6.5.2.5 PVC原料对CPVC树脂质量的影响

作为生产CPVC树脂的原材料，PVC树脂的性能直接影响着CPVC产品的质量。在国外，早在20世纪60年代就开发出了用于氯化专用PVC树脂，在孔隙率、密度、颗粒尺寸及特性黏度等方面均符合CPVC树脂生产的要求。研究发现PVC树脂颗粒的疏松度决定其氯化后的氯含量，PVC结构越疏松、表观密度越小，氯化后的CPVC树脂的氯含量就越高，其耐热、力学性能会得以提高。PVC树脂皮膜影响着树脂氯化的深化，皮膜越少越易于氯化的渗入，氯含量和氯化均匀提高，可以避免因表面氯含量高而造成的热稳定和流动性降低、黏度增加和加工困难。为减少皮膜对氯化的影响，一般在生产中会加入溶胀剂。常用的溶胀剂有1,2-二氯乙烷、氯仿和氯苯等。每种溶胀剂都有不同的优缺点，在实际使用中应根据具体情况来定[102]。

6.6 氯化聚氯乙烯加工及添加剂

CPVC树脂成型的加工方法与其他塑料的成型加工类似，有挤出、注塑及延压等，其中挤出与注塑在塑料加工中具有代表性。目前，CPVC塑料制品一般为硬质制品，且以挤出与注塑成型加工较为普遍。采用水相悬浮氯化法制得的CPVC树脂，其结构、性质与悬浮法PVC树脂相似，一般可采用PVC通用设备进行加工，如单螺杆挤出机、双螺杆挤出机、注塑成型机和压延机等。

6.6.1 干燥

由于CPVC树脂氯质量分数较高（61%～68%），熔体的非牛顿性和黏弹性明显，流动性下降，所需加工温度随之提高。此外，CPVC稍有吸水性，故在加工前宜先进行干燥。干燥的条件为：粒料80～90℃，2～3h；粉料80℃，2h。

6.6.2 混料

CPVC树脂加工配方中通常需要加入热稳定剂、润滑剂、抗冲改性剂和填充剂等助剂，同硬质PVC加工一样需要采用高速混合机预先进行混合，混料方式有高速热混合与低速冷混合两种。

6.6.2.1 高速热混合

通常先将CPVC树脂、热稳定剂、内润滑剂（硬脂酸）等加入高速混合机中进行混合，当物料温度升至95～100℃时，加入外润滑剂（石蜡、聚乙烯蜡）、抗冲改性剂、填料、颜料等进一步混合至温度达到120～130℃，排料至低速混合

机中。若采用 PVC 和 CPVC 树脂并用时，可预先将两者混合 2～3min，使 PVC
和 CPVC 充分混合均匀后，再按上述方法进行混合。

6.6.2.2　低速冷混合

低速冷混合的目的是防止处在较高温度下（120～130℃）的混合料在使用、贮
存过程中产生降解。低速冷混合机的转速明显低于高速混合机，同时设备夹套中通
冷却水，使物料温度达到 40～45℃方可出料。混合好的物料，使用双螺杆挤出机
可直接进行挤出成型，对于注射成型或使用单螺杆挤出机成型时，则应使用粒料。

6.6.3　成型

6.6.3.1　挤出成型

CPVC 挤出时熔体黏度大，出口膨胀效应大于 PVC，同时加工时更容易热
分解放出 HCl，因此，CPVC 挤出成型加工温度较窄，比硬 PVC 加工困难，使
用的挤出机必须装有冷却设备以防过热。此外，由于加工时物料容易粘壁，接触
物料的模头、螺杆等设备表面应具有较高的光洁度，并进行表面防腐处理，即仔
细抛光和镀铬。CPVC 挤出成型制品经常出现制品的表面（尤其是内表面）不够
光滑的问题，解决的方法通常是调整工艺（温度、螺杆转速）和配方（内、外润
滑剂，加工助剂）。

6.6.3.2　注射成型

CPVC 注射成型时应注意以下问题：注射时螺杆转速和注射速度应相应较
低，以减少由于剪切力过大而引起的过热；注射模具的浇口应比相应的硬 PVC
制品稍大或设计为多浇口体系；模具温度应控制在 70～100℃为宜。

典型的 CPVC 注射成型条件为料筒温度一段 165～175℃、二段 175～185℃，
喷嘴 175～185℃，模温 70～80℃，螺杆压缩比 2.5，注塑压力 15MPa，注塑时
间 6s。

6.6.4　氯化聚氯乙烯加工添加剂

6.6.4.1　热稳定剂

CPVC 树脂对热不稳定，在塑化的同时很容易发生降解，放出氯化氢，形成
共轭多烯结构，从而导致 CPVC 制品颜色加深，力学性能下降，要将 CPVC 加
工成制品，就必须提高其稳定性。除改进聚合配方及工艺技术条件外，提高
CPVC 热稳定性最主要的方法是在加工配方中添加一些具有稳定作用的化合物，
抑制 CPVC 的热降解[103]。

热稳定剂是一类加入到含氯聚合物中后能抑制或减缓含氯聚合物热分解、提

高热分解温度的化合物。作为 CPVC 热稳定剂应具备以下性能：能吸收并中和 CPVC 在加工过程中释放的氯化氢；能取代不稳定的原子，如与叔碳原子相连的极不稳定的氯或氢原子；能通过加成、还原、氧化或自由基反应等途径中止不饱和双键的增长；能中和或钝化热稳定剂反应后的残余物，如重金属的氯化物，以及 CPVC 树脂中残留的引发剂等；具有光稳作用，能吸收和反射紫外线；能抗污染，主要是能抗衡硫化物的污染，不会导致产品日久变黄、发黑；在加工温度下与 CPVC 树脂有良好的相容性，便于制造透明制品；应无色、无味、无臭、无毒、非迁移、廉价，且不改变 CPVC 基本物理性能等。

事实上很难有一种能完全满足上述要求的热稳定剂，因此往往利用热稳定剂之间的协同效应，将几种热稳定剂复合使用，而所谓的协同效应是指两种热稳定剂配合使用时的热稳定效果明显优于各自单独使用时所得效果总和。

CPVC 热稳定剂主要有以下几种。

（1）盐基性铅盐热稳定剂

这类热稳定剂是指含有"盐基"（PbO）的无机和有机酸铅盐。铅盐类热稳定剂是 CPVC 最早使用、产量最大的热稳定剂种类。铅盐类热稳定剂一般都具有很强的结合氯化氢能力，对于 CPVC 脱氯化氢既无抑制作用，也无促进作用。最常用的是三碱式硫酸铅、二碱式亚磷酸铅盐，具有如下优点：耐热性良好，特别是长期热稳定性好；电绝缘性好；具有白色颜料的性能，附着力大，耐候性良好，价格低廉。缺点是：所得制品不透明、毒性大、有初期着色性、不耐硫污染、相容性和分散性略差，在生产过程中所排含铅废水，严重影响环境，所以应用越来越受到限制。目前铅盐热稳定剂发展的主要方向是复合铅热稳定剂的低尘、无尘化及低铅化，其中实现低铅化的措施是有效元素和化合物对铅盐热稳定剂进行反应改性，如稀土元素改性的复合铅热稳定剂的铅含量降至 20％以下，成本低，用量少，与稀土结合的少量铅无析出，符合卫生环保要求，热稳定、润滑等综合性能都优于复合铅热稳定剂，也优于现在使用的一些多功能稀土热稳定剂，是新一代反应型稀土多功能热稳定剂。

（2）金属皂类热稳定剂

金属皂类热稳定剂主要是 $C_8 \sim C_{18}$ 脂肪酸的钡、钙、镁、镉、锌盐，其对含氯聚合物的热稳定效果随着金属和酸根离子的种类变化。除了大量饱和脂肪酸和不饱和脂肪酸盐以外，环烷酸、松香酸、安息香酸、磷酸、亚磷酸盐也属于金属皂的范围。钡、钙、镁等金属皂类、热稳定剂初期稳定作用小而长期热稳定性较好，镉、锌等金属的皂类热稳定剂初期稳定性较好，而长期热稳定性较差，因此这两类产品很少单独使用，通常复合使用，主要有液体和固体两种产品形式。金属皂类热稳定剂主要用于软制品中。

金属皂类热稳定剂主要包括以下几类。

① Cd 皂类热稳定剂：Cd 皂类热稳定剂是金属皂类中性能最佳的一类，具有良好的热稳定和光稳定效果，无初期着色，可制得无色透明产品，可有效防止加工时的积垢。其最大缺陷是毒性问题，用量已明显减少。此外，同铅盐热稳定剂一样，Cd 皂类稳定剂有硫化着色现象。

② Zn 皂类热稳定剂：Zn 皂类热稳定剂对 CPVC 热稳定性极差，添加 Zn 皂类热稳定剂时，样品加热时急剧变黑，即产生所谓"锌烧"现象，因此 Zn 皂类热稳定剂不能单独使用。因为它与 Cd 皂类热稳定剂具有相同的反应性，作为无毒产品与碱土金属皂类和有机辅助热稳定剂并用，可替代 Cd 类热稳定剂的配方。尽管其本身的热稳定性差，但具有初期着色性和防积垢效果较好、耐候且无毒等优点。

③ Ba 皂类热稳定剂：Ba 皂类热稳定剂加工时产生红色初期着色，还容易引起积垢现象，因此，Ba 皂类热稳定剂几乎不单独使用，经常与 Cd、Zn 皂类热稳定剂并用于软质配方中。其特点是热稳定效果良好，脂肪酸钡具有良好的润滑性。

④ Ca 皂类热稳定剂：Ca 皂类热稳定剂与 Ba 皂类热稳定剂类似，但热稳定效果稍差，一般与 Zn 皂类和有机锡并用。Ca 皂类热稳定剂有其优点：良好的热稳定性，脂肪酸钙具有优良的润滑性，无毒。

⑤ 复合金属皂类热稳定剂：金属皂类热稳定剂复合使用可利用各组分间的协同作用。复合金属皂类热稳定剂有四种基础体系：以多元醇和金属皂类为基础；以羟基碳酸镁化合物为基础；以 Ca/Al 羟基亚磷酸盐为基础；以沸石为基础。其中 Ca/Zn/Mg 复合热稳定剂体系中的 Mg 主要以氧化镁、碳酸镁和氢氧化镁形式存在，Ca 有氧化钙、氢氧化钙，Zn 为硬脂酸锌、月桂酸锌、安息酸锌或辛酸锌，同时体系中应与有机磷酸酯和环氧类化合物配合使用。复合金属皂类热稳定剂兼顾初期和长期稳定性，避免了"锌烧"和初期着色，通常含有环氧化合物、亚磷酸酯等有机辅助热稳定剂。由于毒性和环境问题，含 Cd、Ba 的复合金属皂类热稳定剂使用受到限制，并逐渐被取代。Ca/Zn 复合热稳定剂的热稳定性较差，不及含 Cd、Ba 的复合金属皂类热稳定剂，但它是全世界公认的无毒热稳定剂，近年来受到广泛关注。

（3）有机锡类热稳定剂

有机锡类热稳定剂是各种羧酸锡和硫醇锡的衍生物，主要产品是二丁基锡和二辛基锡的有机化合物，其中二辛基锡化合物被很多国家作为无毒热稳定剂使用。有机锡类热稳定剂是迄今热稳定剂类型中最有效且应用最广泛的一类。有机锡主要用来稳定需要有优良透明性和热稳定性的制品。但由于这类热稳定剂的润滑性能一般，价格较高，加上国内锡资源紧张，在一定程度上限制了其使用范围。

（4）有机锑类热稳定剂

有机锑类热稳定剂最早于 20 世纪 50 年代初期在美国问世，由于其出色的初期着色性能，且在用量低时就有与某些有机锡产品相当的热稳定效果，所以发展迅速。有机锑类热稳定剂有几十个品种，按所含元素来分，可分为含硫锑和含氧锑两大类。有机锑热稳定剂的特点是热稳定效率高、无毒、廉价，具有优良的防初期着色性、色调保持性，在挤出加工时熔融黏度低，并与硬质酸钙、环氧化合物和亚磷酸酯有很好的协同效应，但其耐光和透明性差，易受硫污染物的影响。

（5）有机物类热稳定剂

这类热稳定剂包括可以单独使用的主热稳定剂（主要是含氮化合物）和大量可以作为辅助热稳定剂的环氧化合物、亚磷酸酯及高沸点的多元醇等，其中环氧化合物可提高制品的耐热性和耐候性；亚磷酸酯可改善制品的透明性和光稳定性；高沸点的多元醇可提高耐候性。纯有机热稳定剂单独使用时效果较差，通常与辅助热稳定剂与金属盐热稳定剂并用，产生协同效应，加入少量，就能大大增强主热稳定剂的热稳定效果。

（6）稀土类热稳定剂

稀土类热稳定剂是近年来发展起来的新型热稳定剂，主要指稀土元素的有机复合物，如稀土脂肪酸盐、月桂酸盐、烷醇酯基硬脂酸盐等。与传统热稳定剂配方相比，稀土类热稳定剂具有如下优点：

① 由于稀土原子的特殊结构，稀土复合热稳定剂能使 CPVC 料混合塑化均匀，提高塑化效率，改善物料的流动性，挤出加工工艺性好，产品质量稳定性高。

② 由于稀土原子可以与多种有机物及无机物结合，并能使树脂紧密包裹碳酸钙，故能使型材的冲击强度明显提高。

③ 稀土原子具有吸收紫外光、放出可见光的特性，进一步减少了紫外光对树脂分子的破坏，能改善制品的户外老化性能。

由于稀土类热稳定剂具有上述多功能特性，应用稀土类热稳定剂可以降低制品的综合成本，并使制品具有较高的性价比。

6.6.4.2　润滑剂 [104]

在 CPVC 树脂加工过程中，在材料分子之间、CPVC 与机械加工设备之间会产生摩擦，产生黏附和烧结现象，影响成型加工并导致制品性能的劣化。在 CPVC 加工体系中加入润滑剂，可以改善熔体的流动性，防止物料在设备上的黏附，提高设备的生产强度并改善制品的性能。通常润滑剂可分为内润滑剂和外润滑剂，内润滑剂主要在聚合物熔融后使聚合物分子间的摩擦力减少；外润滑剂主要在聚合物熔融前后使聚合物粒子之间和聚合物熔体与金属表面之间的相互摩擦减少。在生产硬塑料制品时，既要尽可能地降低熔体黏度，增加流动性，又要尽可能在短时间内达到预期的塑化程度，这就要用内、外润滑剂的不同品种和数量来调控塑化速率。只有内、外润滑作用平衡，才能保证经济、连续地生产优质产品。这既是润滑平衡条件，也是润滑平衡的实际意义。润滑剂包括以下几种。

① 金属皂类：主要包括铅、钙、锌等金属的月桂酸盐或者硬脂酸盐等，金属皂类除了起到稳定作用外，还具有一定的润滑效果，其润滑作用的大小取决于金属离子和脂肪酸链段的种类和长度，在脂肪酸种类相同的情况下，含铅类效果优于含钙类，含镉最差；金属元素相同时，硬质酸盐的润滑作用大于月桂酸盐，不同种类的皂类润滑剂可以配合使用。

② 烃类：烃类作为一种非极性物质，具有饱和碳链结构，随着分子量不同有固态烃和液态烃之分。由于 CPVC 树脂是极性物质，所以两者的相容性不好，大多数情况下，主要起到外润滑的作用，用量不宜过多。主要包括两种。一种是液体石蜡，含 16 个碳原子和 20 个碳原子的饱和烃混合物，分子量不同，黏度也不同，通常用来做 CPVC 树脂润滑剂的主要是黏度较高的重型石蜡，多用于制备透明样品。另一种是低分子量聚乙烯，属于合成蜡，分子量在 2000～10000 之间，和 CPVC 以及 PVC 树脂的相容性较差，作为外润滑剂使用，一般用量较低，用量大易从体系中析出。

③ 脂肪酸及其酯类：由于含有与 CPVC 相似的结构，此类润滑剂与 CPVC 的相容性较好，一般作为内润滑剂使用，如硬脂酸、脂肪酸酯等，通常和其他种类的润滑剂配合使用效果更佳。硬脂酸通过油脂氧化得到，应用范围十分广泛，和含铅稳定剂配合使用，效果更好，且不会从体系中析出。脂肪酸酯类润滑剂无毒，并且和 CPVC 树脂有良好的相容性，作为一种优良的内润滑剂，通常用于透明材料的生产。

以上不同种类的润滑剂，其润滑作用相差很大，有些润滑剂只具有内润滑作用或外润滑作用，有些润滑剂同时具有内外润滑作用。

通常，在选择润滑剂的种类时，需要考虑以下几点因素：

a. 在体系中的分散性好，且不易和其他助剂发生反应；

b. 作用效率高，在 CPVC 树脂加工的整个过程中能持续起到润滑作用；

c. 不影响最终制品的性能或影响程度小；

d. 内外润滑剂作用要平衡，有利于加工。

6.6.4.3　增韧剂

CPVC 制品脆性、抗冲击强度较低。为了克服这些缺点，最直接有效的方法就是在 CPVC 树脂加工中添加不同种类的增韧剂，具体如下。

（1）弹性粒子

利用橡胶类弹性粒子对塑料增韧，虽然可以使材料的韧性有很大幅度的提高，但同时也使得材料的刚度、拉伸强度、耐热性能降低。弹性粒子主要包含 MBS、ABS、NB、CPE、ACR 等。MBS 作为一种核-壳结构的改性剂，其中丁二烯橡胶相为核，接枝甲基丙烯酸甲酯和苯乙烯组成壳，橡胶可以明显提高材料的抗冲击强度，壳层树脂和 CPVC 基体树脂之间具有良好的相容性，可以极大地增强两相之间的界面黏合力，使得增韧剂最大程度地分散在基体树脂中起到增韧的作用。

另外，由于 CPE 树脂是由高密度聚乙烯氯化得到的，氯化后分子链规整性下降，结晶度下降，分子链容易运动而使其具有柔软弹性体的性质，添加到 CPVC 树脂中能有效改善材料的抗冲击强度。一般来说，用来增韧 CPVC 树脂的 CPE 在室温下是弹性体，由于和 CPVC 树脂一样含有一定量的极性元素——氯，所以两者的相容性较好。一般用于 CPVC 树脂增韧改性的 CPE 的氯含量在 25%～40% 之间，价格低廉，工艺成熟，增韧效果明显，应用十分广泛。ACR 也是一种核-壳型抗冲改性剂，核是丙烯酸酯类橡胶，其交联程度较低，橡胶相的存在提高了材料的抗冲击强度，外壳接枝甲基丙烯酸甲酯和丙烯酸共聚物，与 CPVC 树脂的相容性好，增强了其在树脂基体中的分散性能，同时具有加工助剂的作用，有效降低了配混料的塑化时间，改善了加工性能，广泛应用在 CPVC 和 PVC 树脂的改性研究中。

（2）刚性粒子增韧

刚性粒子增韧与弹性粒子增韧相比，在提高材料韧性的同时，对材料的其他性能影响较小，主要包括纳米 $CaCO_3$ 和 PMMA。研究显示，$CaCO_3$ 和 PMMA 的引入，使得材料的缺口冲击强度明显提升，材料的耐热温度、拉伸强度小幅下降。

（3）弹性体/刚性粒子协同增韧

基于弹性体和刚性粒子对材料韧性的影响。近年来，利用弹性体和刚性粒子协同增韧增强 CPVC 树脂的研究越来越多，如 CPVC/CPE/$CaCO_3$ 体系，协同增韧增强体系能显著提高材料的韧性，同时能进一步降低弹性体粒子对材料强度带来的不利影响。在体系中，最终制品的性能不仅取决于各种添加剂的性能和配比，而且和不同组分的形态有直接关系，特别是分散相在体系中的分布、形态、大小等都会对最终制品的性能产生极大的影响。

6.7　氯化聚氯乙烯的应用

CPVC 具有耐高温、抗腐蚀和阻燃性等优点，与热塑性工程塑料相比，价格较低，被广泛应用于制造各种管材、板材、型材、片材、注塑件、泡沫材料、防腐涂料等产品，在化工、建筑、汽车及电器等行业具有广泛的应用。

6.7.1　管材

CPVC 冷热水管道系统是性能优异的产品。由于具有刚性高、耐腐蚀、阻燃性能好、导热性能低、热膨胀系数低及安装方便等优点，其能装配清洁、安全、易于安装、耐热、耐腐、安静、阻燃及高质量的管道系统，产品可广泛用于住宅、办公大楼、酒店、医院、学校乃至用作太阳能供水管道和温泉管道等。

由于最高使用温度可达 100～105℃，CPVC 管特别适合用于给水工程和集中供暖系统中输送热水。CPVC 管材还可以在较高压力下长期使用，在经受了“沸水-冷水”连续循环 2500 次，并在 1.5MPa 的工作压力下加热达 100℃后，长时间不发生任何变化。CPVC 管材的最低使用寿命为 10 年，最高寿命可以达到50 年。

另一方面，CPVC 的质量密度仅为黄铜的 1/6、钢的 1/5，且热导率比金属小得多，采用 CPVC 材料制造的管材可以减少通过物料的热能损失，故特别适用于化工厂制造热污管、电镀溶液管道、热化学试剂输送管道、湿氯气输送管、造纸、食品和航空工业等特殊用管。

采用恰当的工艺和配方，CPVC 树脂可生产出大口径管道，并采用目前最可靠方便的扩口承插柔性密封圈连接，是 PP-R、PE-X 及铝塑复合管道等所无法实现的，因此，它在工业、矿山、建筑、电力、温泉等行业中输送热水、温水等场合有较大的应用空间。

CPVC 输油管材的热导率低，原油在集输过程中保温性能良好，可节省大量的能源；另外 CPVC 管材摩擦系数小，在相同条件下其流量至少为钢管的 1.25倍，且质量轻，安装快捷方便。它优异的化学稳定性、耐温性及塑料固有的耐磨损、不结垢的优点，使其在原油集输中显示出明显的优势，且使用寿命至少为钢管的 8 倍。再经过玻璃纤维缠绕包覆，使用压力可达到 20～60MPa，可满足低、中、高压条件下的原油集输。

现代化城市的发展要求埋地敷设电力输送电缆，电缆护管需具有优良的耐热性、绝缘性，电缆需具有易敷设性及阻燃性。CPVC 管材恰恰具有这些性能，目前已被部分先进国家广泛应用于这一领域，我国也开始这方面的尝试，且已被一些大中城市的电网改造工程采用。

6.7.2 板材

由于CPVC氯含量高，耐腐蚀性好，其压延薄板可用来制造耐腐蚀的化工设备及零部件，如反应器、阀门，代替电解行业用储罐中的橡胶衬里。制造在压力条件下使用的化工容器时，可用玻璃纤维增强CPVC。

CPVC板材也可用作装饰板，如将厚度为0.05～0.15mm背面印上木纹的PVC薄膜热压在厚度为0.25～0.4mm的CPVC板（氯质量分数大于60%）上，再用热熔黏结剂使CPVC板与木质表面黏合，得到的装饰板在高温下的尺寸热稳定性相当好，不会软化，可得到美观、耐用的装饰效果。

6.7.3 电子电器元件

CPVC具有良好的阻燃性和电绝缘性，可用于生产电子或电器零件，如电线槽、导体的防护壳、电开关、保险丝的保护盖及电缆的电绝缘材料等。当负载电流为1.36mA时，用CPVC制作的2mm薄膜的体积电阻率为$1.9 \times 10^{13} \Omega \cdot cm$。

6.7.4 发泡材料

CPVC或其与PVC的混合物，加入适当的匀泡剂、调整剂、发泡剂即可制得泡沫塑料。CPVC泡沫材料除具有相对密度小、质量轻、热导率小等一系列泡沫塑料所具有的特性外，还具有较好的耐热性，耐热性可达到100℃。CPVC泡沫塑料的耐热性优于PVC泡沫塑料，高温时的收缩率相当小，因此可作为热水管、蒸汽管道的保温材料。这种发泡材料的机械强度、电绝缘性及耐高温性好，故还可用于建筑材料、电气零件及化工设备等。

氯质量分数大于60%的CPVC对溶剂的保持性相当好，故使CPVC在加热时能产生气体的溶剂（如沸点为50～160℃的烃类、醚类、酮类等）进行发泡，可制得均一、微孔的发泡体。用5～20份CPE或氯丁二烯改性的CPVC造粒后，采用沸点<30℃、溶解度参数7.5～8.4 $(J/cm^3)^{1/2}$的有机挥发性发泡剂［如溶解度参数7.6 $(J/cm^3)^{1/2}$的三氯氟甲烷］5～50份在80℃含浸4h，制得密度为0.03～0.04g/cm³的CPVC高发泡体。此发泡体独立气泡率高，表面美观，无焦斑、凹陷等缺陷。

6.7.5 防腐涂料和黏合剂

CPVC在丙酮、氯代烃等有机溶剂中具有良好的溶解性，将CPVC和这些溶剂相结合，可制成不同用途的黏合剂和涂料。CPVC 涂料可用于化工防腐、木材料纤维制品的阻燃、建筑涂装场合。CPVC 涂料具有优良的化学稳定性、耐酸、耐碱及阻燃性等，对酒精、润滑油、氧气、臭氧等的稳定性也很好。CPVC 还具有很好的耐水性，特别适宜在潮湿、寒冷、高温下使用，是重要的防腐涂料品种之一。CPVC 涂料防火性能好，还具有良好的耐寒性，在寒冷地区亦能保持良好的力学性能。

6.7.6　共混改性材料

CPVC 耐高温，与 PVC 共混可提高 PVC 的耐热性。同时，CPVC 与 PVC 具有较好的相容性，在研究 PVC 和 CPVC（氯质量分数为 61.6%）共混物时发现，在整个组成范围内都只是 1 个玻璃化转变温度，透射电子显微镜也显示了共混物为均相结构。CPVC/PVC 共混物应用研究较多，如国产氯纶纤维的洗晒温度不得超过 60℃，加入 30%CPVC 后，可大大提高耐热性，且缩水率由 50% 降到 10% 以下。采用 CPVC/PVC（50/40）并用，同时加入其他助剂制造管材时，维卡软化温度达 96℃，耐热温度较纯 PVC 提高 15～20℃，并且扁平实验和落锤实验均能达到要求。Goodrich 公司开发的 CPVC/PVC 合金可以使用注射、挤出、压延和压制等方法，制造模塑片、托盘、风扇罩、电器零件和外壳、管材、通信设备和汽车零件等。日本积水化学工业公司在 100 份 CPVC（平均聚合度为 700，氯质量分数为 67%）中加入 5～30 份 PVC（平均聚合度为 600）以及少量的 PMMA 或甲基丙烯酸甲酯与苯乙烯的聚合物或 SAN（丙烯腈单体）共聚物，得到机械强度、耐热性、耐候性、耐药品性、耐燃性和透明性较好的材料，用于制造建材及汽车零部件等。

CPVC/ABS 共混物也是常见的 CPVC 合金，ABS 含量较低时，ABS 对 CPVC 起增韧作用，如采用 9 份邵氏硬度 D 为 44 的 ABS 接枝共聚物和 100 份氯质量分数为 68.5% 的 CPVC 树脂以及一定质量的颜料、稳定剂、润滑剂混合后可制备性能较好的共混物，其热变形温度为 101℃，拉伸强度为 53.39MPa，熔体黏度下降，而制品抗冲击强度则得到明显改善；当 ABS 质量分数为 30% 时，共混物的抗冲击强度为 11.0kJ/m^2，维卡软化温度为 110℃，凝胶时间为 52s，平衡扭矩为 17.7N·m。CPVC（65%）的氧指数为 69.4%，是一种阻燃性很好的材料。采用 CPVC/ABS 并用，可得到阻燃性好、烟密度相对较低的阻燃高分子材料。

6.7.7　复合材料

CPVC 和某些无机或有机纤维所构成的 CPVC 复合材料，具有优良的耐冲击性、耐热性和抗张强度，可用于制作板材、管材、波纹板和异型材等。在CPVC/PVC（80/20）共混物中加入玻璃纤维 22 份，碳酸钙 30 份、CPE 4 份、ACR 3 份及适量稳定剂、润滑剂等助剂，采用双螺杆挤出机可制备热变形温度达 120℃的耐热管材。日本碳化物工业公司将 100 份 CPVC 与 20 份玻璃纤维复合，所得材料的抗冲击强度为不加玻璃纤维材料的 10 倍。石墨填充 CPVC 可显著提高材料的导热性能，当填充量达到 20 份时，材料的热导率可提高 10 倍以上，但复合材料的抗冲击强度下降。若在复合材料中加入 CPE，可提高其冲击强度，CPE 用量以 15 份以下为宜。日本积水化学公司采用石墨填充 CPVC 材料制造球阀，流变性能测试结果显示，石墨的存在大大降低了物料的转矩，使制品具有优异的耐热性和尺寸稳定性。

6.7.8　其他用途

CPVC 可制造人造纤维，CPVC 抽丝后可做渔网、工作服、工业滤布、不燃烧降落伞及海底电缆外套等。CPVC 纤维可制作防治关节炎等多种疾病的内衣材料。此外，CPVC 还可制成透明材料，作为载体用于制造聚乙二醇相转移催化剂等。

第**7**章 PVC/无机纳米粒子复合树脂

7.1 PVC/无机纳米粒子复合树脂的研究现状

聚氯乙烯树脂作为化学建材使用具有明显的缺陷：抗冲击性较差，纯硬质 PVC 制品的缺口抗冲击强度只有 $2\sim3kJ/m^2$，属于硬脆性材料；特别是低温韧性差，降低温度时迅速变硬变脆，受冲击时极易脆裂；软质 PVC 的增塑剂迁移性较大，使用过程中小分子的增塑剂容易逸出，导致制品脆裂。热稳定性差，在较低温度下开始明显分解、降解。难加工，未添加增塑剂的聚氯乙烯熔体黏度大，流动性差。这些缺陷都大大制约了 PVC 材料应用范围的进一步拓宽。

为了提高聚氯乙烯的冲击韧性并扩展其应用，研究人员进行了大量的工作，共混、填充是增韧聚氯乙烯树脂的主要途径。传统的 PVC 增韧改性方法是在基体树脂中加入 CPE、ACR、MBS 等橡胶弹性体，其增韧机理的研究也日趋完善。橡胶弹性体能够增韧改性 PVC 的理论有许多，主要有以下两种理论：弹性体粒子应力集中诱发大量银纹或剪切带，从而吸收能量，同时弹性体粒子及剪切带都可终止银纹发展，阻止其扩展成裂纹；弹性体通过自身破裂，延伸或形成空穴作用吸收能量，弹性体粒子与聚合物形成的离散型核-壳结构就可以桥连裂纹，阻止裂纹增长，高延伸性可使界面不易完全断裂，空穴作用导致应力能够集中引发剪切带，导致聚合物的韧性大幅提高。但是，橡胶增韧聚合物使聚合物复合材料的韧性大幅度提高的同时，其刚度、强度、热变形温度大幅降低并且成本提高。

20 世纪 80 年代 Kurauchi 等提出了刚性粒子增强、增韧聚合物的概念，这种想法强调加入刚性粒子在保证不降低基体塑料强度和刚性的同时可提高基体冲击性能，而且改性材料的加工流动性和热变形温度也不受影响。

随着纳米材料技术研究的逐步深入，纳米级的结构材料如高性能涂料、催化剂、电子器件、光学器件以及磁性材料和生物药物等相继问世。20 世纪 90 年代，开展了大量的纳米复合材料的研究开发，用纳米复合材料制造的工业产品陆续上市。

纳米复合材料是由两相或多相物质混合制成的，它们在复合中所提供的性能是其单独存在时所不能具有的。纳米复合材料中至少有一相物质是在纳米级（1～100nm）范围内。因为在此范围内，原子间和分子间的相互作用可以强烈地影响材料的宏观性能。由于纳米微粒的小尺寸效应、表面效应、量子尺寸效应和宏观隧道效应等特点，与高分子材料复合可以明显改善高分子材料的力学性能、热稳定性、气体阻隔性、阻燃性、导电性和光学性能等。

无机纳米粒子很小、比表面积很大，与塑料复合，会产生很强的界面相互作用，使无机粒子的刚性、热稳定性、尺寸稳定性和塑料的韧性、介电性、加工性等有机地结合起来，得到性能优异的复合材料，实现塑料的功能化、通用塑料的工程化，无机纳米粒子/塑料复合材料已经成为材料学的一个研究热点。

PVC 虽然综合性能优良，在许多领域有广泛的应用，但作为结构材料时暴露出韧性和热稳定差的缺点，必须进行增韧耐热方面的改性。开发高强、高韧、耐热、低成本的 PVC 复合材料是当前的一项重要课题。

7.1.1　无机纳米粒子增韧增强 PVC

很多人将无机纳米粒子用于 PVC 的改性研究之中，期待 PVC 获得优异的韧性和强度，良好的加工流动性和热稳定性。目前，应用于 PVC 增强增韧研究的无机纳米粒子主要有纳米 SiO_2 和纳米 $CaCO_3$。

由于纳米材料具有极大的表面能和大量的悬空键，所以彼此之间极易团聚，团聚体会使材料出现缺陷，导致性能大幅下降，而且像纳米 SiO_2 和纳米 $CaCO_3$ 等无机纳米颗粒表面亲水疏油，很难与 PVC 基体相容，会发生相分离或相反转，使材料性能进一步下降，所以人们利用各种方法对纳米颗粒表面进行处理，使其减少团聚并且和 PVC 有良好的相容性。Sun 等[105] 采用偶联剂 KH570 和 DMCS（二甲基二氯硅烷）对纳米 SiO_2 进行表面处理，通过熔融共混的方法制备了 PVC/SiO_2 纳米复合材料。研究结果表明：与未经处理的和用 DMCS 修饰过的纳米 SiO_2 比较起来，经 KH570 处理的纳米 SiO_2 可以更好地在基体中分散，复合材料的拉伸、冲击强度均有明显的提高，纳米 SiO_2 含量为 4% 时，综合性能最好。

从目前的研究结果来看，单一使用纳米材料或是利用弹性体来改性 PVC 效果并不是很理想。弹性体可以使 PVC 的抗冲击能力提高，但同时材料的强度、刚性会降低，无机刚性的纳米填料也无法使 PVC 的性能达到要求。所以很多人开始把弹性体和刚性的无机纳米粒子结合起来使用，以发挥二者的协同效应。Xiong 等[106] 利用球磨法制备 $CaCO_3$/ACR 和 $CaCO_3$/PMMA/ACR 具有核壳结构的改性粒子，然后与 PVC 进行共混加工。发现弹性体层的存在增强了纳米 $CaCO_3$ 与 PVC 基体的界面结合力，使缺口的冲击强度有显著的提高，拉伸强度也略有提高。

Marianne 等[107] 利用溶胶凝胶原位聚合法合成了具有互穿网络结构的 PVC/SiO_2 杂化薄膜材料，通过场发射扫描电镜和力学性能的测试发现：SiO_2 在薄膜中均匀分散，拉伸强度和断裂伸长率略有降低，当 SiO_2 含量为 20% 的时候，薄膜的水汽渗透率有 45% 的增加。无机纳米材料改性 PVC 的研究已经从实验阶段走向了工业化生产[108]。山西太化和杭州华纳联合成功开发纳米 $CaCO_3$ 原位聚合 PVC 树脂项目，所产树脂的性能大幅度提高，冲击强度提高 2~4 倍，拉伸强度提高 76.9%，大大拓宽了它的应用领域。

Li 等[109] 通过采用硅烷 KH550 对纳米 SiO_2 表面改性后，采用共混方法制得 SiO_2/PVC 复合材料。经过测试发现，改性 SiO_2 的添加量为 1% 时，材料的力学性能最好。与纯的 PVC 对比，复合材料拉伸强度、断裂强度、弯曲强度和冲击强度均有不同程度的提高，其中冲击强度提升了 1841.84%。王帆等[110] 通过偶联剂处理纳米 SiO_2，然后通过球磨机共混的方法使纳米 SiO_2 在 PVC 基体中均匀分散，制备了性能优异的 SiO_2/PVC 复合材料。经试验得出：纳米 SiO_2 起到了增强增韧的双重作用，同时经偶联剂处理的纳米 SiO_2 比未改性的纳米 SiO_2 增韧效果明显。

比较各种用于 PVC 材料改性的无机纳米粒子，纳米 $CaCO_3$ 由于原料易得、性能优异且已经产业化等优点，目前应用最为广泛。纳米 $CaCO_3$ 广泛用于树脂、黏合剂、涂料、造纸、油漆、油墨等行业。纳米 $CaCO_3$ 突破了原有的填充作用，起到增韧增强的功能性填料的作用。

7.1.2　层状无机物对 PVC 增韧增强改性研究

自 1987 年日本丰田研究所成功合成尼龙 6/蒙脱土纳米复合材料以来，聚合物/层状硅酸盐纳米复合材料的研究受到世界各国的广泛关注，合成了各种聚合物/蒙脱土纳米复合材料，包括环氧树脂、聚酰亚胺、橡胶、聚己内酯等。聚氯乙烯/蒙脱土纳米复合材料的研究也取得了很大的进展。

胡海彦等[111] 制备了聚氯乙烯/黏土纳米复合材料，分别采用 X 射线衍射、透射电子显微镜对其结构与形态进行了表征。结果表明，黏土片层已基本被剥离，均匀分散于聚氯乙烯树脂基体中。复合材料的力学性能和耐热性能测试结果表明，拉伸强度和维卡软化温度均较纯聚氯乙烯有较大提高。郭汉洋等[112]用甲基丙烯酸甲酯、丙烯酸等极性小分子对钠基蒙脱土进行处理，得到改性的有机蒙脱土，用熔融复合法制备了聚氯乙烯/蒙脱土纳米复合材料。力学性能测试发现，复合材料的拉伸及冲击性能较纯PVC都得到提高。通过XRD、TEM等方法对材料的微观结构进行表征，发现所得材料为剥离型复合材料。

王海娇[113]采用阴离子表面活性剂和稀土元素对蒙脱土进行改性，通过熔融插层的方式制备有机酸镧基蒙脱土/聚氯乙烯（La-OMMT/PVC）纳米复合材料，TGA和刚果红实验结果表明，La-OMMT可以有效提高PVC树脂的热稳定性，当添加量为3份时，PVC的起始分解温度可提高31.64℃，刚果红热稳定时间可提高15min以上；拉伸和冲击测试表明，随着La-OMMT的添加，拉伸强度和冲击强度都呈现出先增大后减小的趋势，当添加量为3份时，冲击强度达到了（6.56±0.49）kJ/m²，较纯PVC提高了69.51%；阻燃抑烟性能测试表明，La-OMMT在PVC燃烧的过程中起到了显著的阻燃作用，可以使PVC的峰值热释放速率降低到131.48kW/m²，但对其抑烟效果表现得并不理想。

宋燕梅[114]对蒙脱土（MMT）进行有机化处理，利用原位聚合法制备PVC/OMMT纳米复合材料，研究结果表明：改性后的树脂外形更规整，圆形度提高，MMT在PVC基体中分散性好；获得的纳米复合材料热性能提高、冲击强度和断裂伸长率增加，带有双键或氨基的材料冲击强度较PVC分别增加51.7%和39.13%，材料的韧性得到提高。

除了较多的利用蒙脱土来改性聚氯乙烯以外，还有人利用层状的纳米水滑石、白泥等，如包永忠[115]等发明了一种聚氯乙烯/水滑石纳米复合材料的制备方法，利用此方法生产出的树脂具有良好的热稳定性及力学、阻燃和阻隔性能，主要用于PVC农膜、电缆和建材的生产。

7.1.3 PVC的其他纳米改性研究

目前，利用纳米材料对PVC的改性研究主要集中于改善它的加工和力学性能。为了满足不同需求，人们还利用纳米材料的特殊功能对PVC进行改性，期待获得特殊的性能。

塑料制备技术[116]，利用钛酸酯偶联剂和硬脂酸对载银二氧化钛抗菌粉体进行复合改性，改善了抗菌粉体在PVC基体中的分散性和界面相容性，增强材料抗菌能力的同时也提高了其力学性能。

晶须是一种具有针状外形的物质，它的长径比很高，其直径一般在几纳米到几十纳米之间，而且由于它具有特殊针状外形，在与 PVC 复合时，与树脂基体的相容性好。尚文宇等[117] 研究了利用 $CaCO_3$ 晶须填充 PVC 复合材料的力学性能，结果表明：冲击强度、拉伸强度均有提高，而且加工扭矩值变小。对晶须进行适当的表面处理以后，性能进一步提高，冲击强度由原来的 $8.3kJ/m^2$ 提高到 $19kJ/m^2$。

　　分子复合[118] 是指用刚性高分子链或者微纤作为增强剂，将其均匀地分散在其他高分子基体中，分散程度接近于分子水平，从而得到高强度高模量的聚合物/聚合物纳米复合材料。

7.2　PVC/无机纳米粒子复合树脂增韧机理

　　近年来，刚性粒子增韧 PVC 越来越引起人们的重视，其新颖之处在于它不同于传统的弹性体增韧，刚性粒子可以在提高 PVC 抗冲击性能的同时保持 PVC 的模量、强度等不下降，为 PVC 材料的增韧开拓了新思路。刚性粒子增韧分为有机刚性粒子增韧和无机刚性粒子增韧。

7.2.1　有机刚性粒子增韧机理

　　有机刚性粒子增韧机理主要有两种："空穴增韧机理"和"冷拉机理"。他们分别适用于相容性较差的体系和相容性较好的体系[119,120]。

　　空穴增韧机理[121,122]：刚性粒子与 PVC 基体相容性较差时，粒子与 PVC 两相之间黏结力较弱，会形成明显的界面甚至空穴。当基体受到冲击时，粒子从基体中脱离形成空穴，空穴的形成吸收大量的能量，同时空穴的存在会促进 PVC 基体的屈服，因此可以提高 PVC 的韧性。

　　冷拉机理[123]：刚性粒子与 PVC 基体相容性较好时，刚性粒子在 PVC 基体中连续均匀地分散，由于刚性粒子与 PVC 两相之间杨氏模量和泊松比的不同，两相之间的赤道面上会形成较大的静压力。静压力使得作为分散相的刚性粒子产生屈服并出现较大的形变，这种形变使得刚性粒子发生脆韧转变，在冲击时可以吸收较多的外界能量。同时，由于刚性粒子在基体中均匀分散，刚性粒子的屈服会促进 PVC 基体的屈服，基体屈服同样吸收外界能量，因此刚性粒子产生较明显的增韧效果。

7.2.2　无机刚性粒子增韧机理

　　目前，无机刚性粒子增韧的机理尚不成熟，需要继续探讨更为合适的增韧机理，以试图将无机刚性粒子与弹性体增韧的机理结合起来[124]。目前比较流行的有"粒子空穴机理"和"粒子销钉机理",他们都能对某些特定的实验体系给出合理的解释[125,126]。

粒子空穴机理[127]:由于无机刚性粒子和聚合物基体的模量、弹性不同,当材料受到外力冲击时,纳米粒子在聚合物基体中作为应力集中体引发材料在粒子周围产生塑性形变。随着材料的变形,应力集中使纳米粒子周围产生三维应力,导致纳米粒子和基体脱黏形成微小的空洞和空穴。由于脱黏所造成的空洞和空穴进一步诱发基体产生塑性形变,从而耗散大量的能量,提高了复合材料的韧性。Kemal 等[128] 采用纳米碳酸钙对 PVC 进行增韧研究,通过原子力显微镜观察 PVC/CaCO$_3$ 体系的微观结构,发现在裂纹的尖端,可以看到纳米粒子脱黏后形成的大量空穴。

粒子销钉机理:粒子销钉机理是由 Lange 等[129] 提出来应用于微米级粒子的增韧体系。在聚合物基体受到外力冲击时,基体会出现裂纹并在基体中传播,裂纹前端由于遇到无机粒子的阻碍会产生弯曲现象形成销钉。裂纹的弯曲使裂纹的长度增加,从而消耗大量的能量,同时形成了二次裂纹和新的断裂面。Zhang 等[130] 采用纳米 SiO$_2$ 增韧环氧树脂(SiO$_2$ 的平均粒径约为 25nm),经过实验研究证明了该理论的正确性。同时他还指出粒子销钉机理与粒子的间距有着明显关系,粒子间距越小越容易发生粒子销钉现象,所以纳米粒子比微米级粒子销更容易引起粒子销钉机理。

7.3 PVC/无机纳米粒子复合树脂的制备方法

目前纳米复合材料制备的几种主要方法有共混法、插层复合法、原位合成法和母料法。

7.3.1 共混法

共混法就是首先制备出纳米粒子,然后直接通过共混设备对聚合物和纳米粒子进行加工复合。该法是最简单、最常见的方法,适合各种形态的粒子。为防止粒子团聚,共混前要对粒子进行表面处理。

共混法包括溶液共混、悬浮液或乳液共混和熔融共混。溶液共混:把基体树脂溶解在适当溶剂中,然后加入纳米粒子,充分搅拌溶液使粒子在溶液中分散混合均匀,除去溶剂或使之聚合制得样品。悬浮液或乳液共混:与溶液共混方法相似,只是用悬浮液或乳液代替溶液。熔融共混:将表面处理过的纳米材料与聚合物熔体混合,经过塑化、分散等过程,使纳米材料以纳米水平分散于聚合物基体中,达到对聚合物的改性目的,该方法的优点是与普通的聚合物改性方法相似,易于实行工业化生产。

7.3.2　插层复合法

插层复合法是目前制备聚合物片状、层状、针状无机物纳米复合材料的主要方法。其原理是：片层结构的无机物，如硅酸盐类、滑石、云母、黏土、高岭土、蒙脱土、泥灰石、磷酸盐类、石墨、金属氧化物等，其片层之间的结合力比较弱，并具有一定的活性，在一定的条件下，加入有机、无机或金属有机物分子产生化学反应即插层预处理，使其片层间距离扩大，然后将聚合物或其单体，在一定条件下插入经插层预处理后的层状无机物的片层之间，进而破坏其片层结构，将片层剥离成厚为 1nm，长、宽为 100nm 左右的层状单元微粒，并均匀地分散在聚合物基体中，以形成聚合无机纳米复合材料。

插层法可分为插层聚合、溶液或乳液插层和熔体插层。插层聚合：也叫单体插入原位聚合法，即单体先嵌入片层，再在光、热、引发剂等作用下聚合。溶液或乳液插层：通过将聚合物大分子和层状无机物一起加入某溶液或制成乳液，通过搅拌等将聚合物嵌入片层。这一方法的最大好处是简化了复合过程，制得的材料性能更稳定。熔体插层：将聚合物和层状无机物混合，再将混合物加热软化到软化点以上，实现熔体直接嵌入。它无需任何溶剂，适合大多数聚合物。

7.3.3　原位合成法

原位合成法是首先在单体溶液中分散纳米粒子，采用的方法有超声波分散、机械共混等，然后进行聚合，形成纳米粒子良好分散的纳米复合材料的一种制备方法。这一方法制备的复合材料的填充粒子分散均匀，粒子的纳米特性完好无损，同时这一过程只经过一次聚合成型，不需热加工，避免了由此产生的降解，保证基体各种性能的稳定。

7.3.4　母料法

母料法也可说是一种折中的作法。这种方法克服了其他一些方法的缺陷，因为一般改进力学性能，纳米粒子用量很小，所以此法可以方便地进行配比，而且大大降低了成本和工艺上的难度。

7.4　PVC/纳米碳酸钙复合树脂

纳米 $CaCO_3$ 具有特殊的表面效应、量子尺寸效应和小尺寸效应，使其与常规的填料相比具有优异的补强性、透明性、分散性和流平性[131,132]。纳米碳酸钙是应用最广泛的 PVC 增韧剂[133]，具有来源广泛、无污染且已经成功产业化的优点，是最廉价的纳米材料。纳米碳酸钙作为 PVC 的填充剂可以提高 PVC 制品的尺寸稳定性、耐热性、加工性能以及力学性能。

7.4.1 纳米 $CaCO_3$ 增韧 PVC 的研究进展

纳米 $CaCO_3$ 一般是指粒子尺寸在纳米数量级（$1\sim100nm$）的 $CaCO_3$ 颗粒，它具有粒子形状多样、粒子细、比表面积大和表面活性能高等特性，经过表面活化处理后，具有不同的功能和用途[134-136]。纳米 $CaCO_3$ 粒子在填充过程中可以与 PVC 基体形成较强的界面黏结作用，从而提高聚合物的力学性能、加工性能、耐热性[137]。

胡圣飞等[138-140] 采用熔融共混的方式制得了纳米 $PVC/CaCO_3$ 复合材料，探究碳酸钙粒径以及表面性质对 PVC 复合材料力学性能的影响。实验结果表明，将粒径为 30nm 的碳酸钙颗粒经铝酸酯偶联剂改性后添加至 PVC 基体中，可以使 PVC 材料的冲击性能、拉伸强度分别提高 213% 和 23%。而轻质碳酸钙对 PVC 复合材料的增韧效果有限，同时没有增强效果。刘晓明等[141] 采用经硬脂酸钠表面处理的纳米 $CaCO_3$（粒径为 70nm）制备了纳米 $PVC/CaCO_3$ 复合材料，探究纳米碳酸钙的添加量对 PVC 复合材料力学性能的影响。经过试验得出：PVC 复合材料的拉伸强度随着纳米 $CaCO_3$ 添加量的增大而不断减小，当纳米 $CaCO_3$ 添加量为 45 份时，PVC 复合材料的冲击强度达到最大值，与纯 PVC 冲击强度相比提高了 7 倍。王志东等[142] 通过在 PVC 基体中添加纳米碳酸钙粒子进行流变性能、力学性能等方面的研究。研究结果表明：在 PVC 复合材料中添加纳米碳酸钙粒子后，复合材料的塑化时间明显缩短，最大和最小扭矩均有不同程度的下降，说明纳米碳酸钙粒子能改善复合材料的塑化性能。纯 PVC 的抗冲击强度约为 $25.7kJ/m^2$，而添加 10 份纳米 $CaCO_3$ 粒子后的复合材料冲击强度可达 $65.3kJ/m^2$，PVC 复合材料的拉伸强度没有明显下降。

Ying[143] 等通过在纳米 $CaCO_3$ 表面分别包覆 PMMA、ACR 以及 PMMA-ACR 制得具有核壳结构的复合改性粒子，其中纳米 $CaCO_3$ 为核，高分子聚合物为壳，探究复合改性粒子对 PVC 的力学性能的影响。结果证明：核壳结构的纳米 $CaCO_3$ 复合改性剂可以在基本不降低 PVC 复合材料拉伸强度的同时大幅提高 PVC 材料的抗冲击强度。对比几组复合改性剂可以发现，采用 PMMA-ACR 包覆处理的复合改性剂增韧效果最好。Ling[144] 等通过合成三种不同分子结构的纳米 $CaCO_3$ 的表面改性剂 H928、JN198 和 JN114，采用湿法改性对纳米 $CaCO_3$ 进行表面处理，然后采用熔融共混的方法制得 $PVC/CaCO_3$ 复合材料，探究纳米碳酸钙不同改性剂对复合材料性能的影响。结果表明，经 JN114 表面处理的纳米碳酸钙粒子均匀地分散于 PVC 基体中，粒子与 PVC 有良好的界面作用，复合材料的抗冲击强度提高了 3 倍。JN114 改性效果优于 H928 和 JN198。

7.4.2　纳米 $CaCO_3$ 增韧 PVC 的缺陷

纳米碳酸钙由于具有较小的粒径、较大的表面活性能以及比表面积，使其可以在 PVC 基体中发挥增韧增强的作用。但是同样出于较小的粒径和较大的表面活性能，纳米 $CaCO_3$ 直接应用于 PVC 基体时也存在着明显的问题：一是难以均匀分散，由于纳米 $CaCO_3$ 表面活性能较高，处于热力学非稳定状态，因此在加工过程中纳米粒子极易聚集成团，从而难以发挥增韧的效果[145,146]；二是纳米碳酸钙与 PVC 基体亲和性较差，由于纳米 $CaCO_3$ 粒子表面亲水疏油，与 PVC 之间没有结合力，易造成界面缺陷[147,148]，导致复合材料的力学性能下降。

因此，必须对纳米碳酸钙进行表面处理，实现纳米 $CaCO_3$ 表面亲水到亲油的转变，改善纳米粒子与 PVC 基体的相容性[149,150]。同时改善纳米粒子与 PVC 基体的结合强度以及分散程度，最大程度地发挥纳米 $CaCO_3$ 粒子增韧增强的效果。因此探索合适的表面改性方法对纳米 $CaCO_3$ 粒子进行表面改性具有重要意义。

7.4.3　纳米 $CaCO_3$ 的表面改性

纳米 $CaCO_3$ 由于粒径较小、表面活性能较高，极易发生团聚，很难在基体中均匀分散。同时纳米 $CaCO_3$ 为无机亲水化合物，其表面含有丰富的羟基，体现出较强的亲水疏油性。其亲水疏油的特性导致在填充过程中与基体亲和性较差，易形成团聚体，造成在基体中分布不均匀，从而形成两相间的界面缺陷。随着填充量的增加，界面缺陷更加明显。为了充分地发挥纳米 $CaCO_3$ 的纳米效应，改性纳米粒子在聚合物中的分散性，提高纳米粒子与基体间的润湿性和结合力，必须对纳米 $CaCO_3$ 进行表面处理[151]。纳米碳酸钙的表面改性主要是通过物理或化学方法将改性剂吸附、反应在纳米 $CaCO_3$ 表面，形成包膜，从而降低粒子间的结合力，改善纳米粒子与基体的亲和性能。国外在纳米 $CaCO_3$ 表面改性领域开发了许多新的方法，表面改性 $CaCO_3$ 品种日益增多。由于表面改性使得 $CaCO_3$ 粒子具有许多优异的性能，可以产生巨大的经济效益，因此纳米碳酸钙的表面改性具有广阔的前景。目前，纳米碳酸钙的表面改性主要包括机械化学改性法和化学包覆改性法。

7.4.3.1　机械化学改性

机械化学改性主要是利用粒子粉碎以及强烈的机械作用，有目的地激活粒子表面，从而改变粒子的晶体结构和物理化学性质，同时使粒子表面晶格发生移动，增强粒子与改性剂的反应活性。但是机械化学改性对于较大颗粒的纳米碳酸钙比较有效，而对于颗粒较小的纳米碳酸钙效果不太理想，同时由于技术和实验条件要求较高，因此很少在工业上应用[152-154]。

7.4.3.2 化学包覆改性

化学包覆改性是纳米 $CaCO_3$ 最常用的改性方法，它主要是利用改性剂中的有机官能团通过表面吸附或者化学反应使有机分子包覆于纳米碳酸钙粒子表面，通过调节改性剂的分子结构来改变纳米 $CaCO_3$ 粒子的表面性质。常用的化学改性剂主要包括：偶联剂、表面活性剂、聚合物改性剂等。

（1）偶联剂

偶联剂为两性化合物，其一端为亲无机物的基团，可以和纳米碳酸钙粒子的官能团反应，形成牢固的化学键。另一端为亲有机物的基团，可与高聚物分子链发生化学反应。偶联剂的存在把两种极性相差较大的材料紧密结合起来。偶联剂根据结构不同可分为硅烷偶联剂、钛酸酯偶联剂、铝酸酯偶联剂和磷酸酯偶联剂等。

硅烷偶联剂是目前应用最多、用量最大的偶联剂，对于表面具有羟基的无机粒子改性效果较好。硅烷偶联剂通式为 $RSiX_3$，其中 R 主要是可以与高聚物进行化学反应或者有亲和性的有机基团，X 代表可水解的烷氧基（甲氧基、乙氧基等）。采用硅烷偶联剂对纳米 $CaCO_3$ 进行改性时，X 发生水解形成可与纳米 $CaCO_3$ 发生反应的 Si—OH、R 和 PVC 基体具有良好的相容性，因此硅烷偶联剂起着连接纳米粒子和 PVC 基体的作用，赋予复合材料良好的力学性能、物理性能和电学性能。余海峰等[155] 采用钛酸酯偶联剂对纳米 $CaCO_3$ 进行表面改性，探究改性纳米粒子在 PVC 基体中的分散性能以及复合材料的力学性能。研究发现：改性的纳米粒子表面活性能明显减小，粒子间团聚倾向降低，粒子在 PVC 基体中均匀分散。同时当添加量 $m(CaCO_3):m(PVC)=20:100$ 时，PVC/$CaCO_3$ 复合材料的抗冲击性能提高了 5 倍多，而拉伸强度仅下降了 3%。

（2）有机酸

有机酸由于具有羧基，可以与纳米碳酸钙表面的 Ca^{2+} 进行反应，同时脂肪酸的一端由于具有长的 C 链，因而和 PVC 基体具有较好的相容性。常用的有机酸改性剂主要为硬脂酸（盐），它价格低廉，且对碳酸钙改性较好，改性后碳酸钙活化度较高。吴仁金等[156] 采用硬脂酸对纳米碳酸钙进行改性，探究改性条件对纳米碳酸钙表面性质的影响。研究发现，改性的最佳条件为：硬脂酸用量为 2.5%，改性时间 50min，改性温度 85℃。经改性后纳米粒子的沉降体积、吸油值和黏度比均有不同程度的下降。韩跃新等[157]在采用硬脂酸对纳米碳酸钙进行表面改性时，通过研究发现硬脂酸成功地与纳米 $CaCO_3$ 表面产生化学键合，改性后的纳米 $CaCO_3$ 表面由亲水疏油变为亲油疏水，并且活化指数达 94% 以上，纳米碳酸钙的分散性能以及和聚合物的相容性得到了提升。

（3）磷酸酯类

磷酸酯类改性剂主要是通过磷酸酯（$ROPO_3H$）与 $CaCO_3$ 表面的 Ca^{2+} 形成磷酸钙盐，沉积在纳米碳酸钙表面，使纳米 $CaCO_3$ 表面由亲水变为亲油型，提高纳米粒子与 PVC 的相容性，从而增强复合材料的力学性能、加工性能以及阻燃性能。史春薇[158]等合成了四种磷酸酯钠盐 BDP、HDP、PDP 和 DGDP，通过湿法改性对纳米碳酸钙进行表面处理。试验得出最佳改性条件为：改性剂浓度为 1mol/L，反应温度为 30～35℃，反应时间为 6h，经改性后的纳米粒子与未改性的相比，表面吸水率和吸油值明显降低，分散性能得到改善。

（4）聚合物

聚合物改性是近年来发展的一种新方法，主要分为聚合物包覆改性和原位聚合包覆改性[159,160]。聚合物包覆改性主要是通过将合成的聚合物溶解在适当的溶剂中，然后在溶剂中加入纳米碳酸钙，使聚合物逐渐地吸附在纳米碳酸钙表面从而形成包膜。原位聚合包覆改性主要是通过把单体吸附在纳米碳酸钙表面，然后在碳酸钙表面引发聚合反应而形成一层包膜。聚合物改性主要是通过物理吸附或化学键合的方法在纳米碳酸钙表面形成一层包膜，可以阻止纳米碳酸钙表面团聚，改善分散性，使碳酸钙粒子可以在聚合物基体中均匀地分散。包永忠等[161]首先采用 γ-甲基丙烯基三甲氧基硅烷对纳米碳酸钙进行表面改性，然后通过原位乳液聚合方法将甲基丙烯酸甲酯（MMA）接枝包覆在纳米碳酸钙表面。通过熔融共混方法制得 PVC/$CaCO_3$ 复合材料，研究了改性 $CaCO_3$ 粒子在 PVC 基体中的分散性能以及和 PVC 的界面结合。通过研究发现：与未改性的纳米碳酸钙相比，经 PMMA 原位聚合包覆的纳米 $CaCO_3$ 粒子在 PVC 基体中分散性能得到改善，与 PVC 界面相容性提高，同时 PVC/$CaCO_3$ 复合材料的冲击强度均有提高。Ma 等[162]通过在纳米碳酸钙表面进行无皂乳液聚合制得 $CaCO_3$/PMMA 复合改性粒子，试验表明：和未改性的纳米碳酸钙相比，经 PMMA 包覆处理的纳米碳酸钙粒子在 PVC 基体中的分散性能和耐酸性能得到改善。

7.4.3.3　改性方法综合比较

常用的纳米碳酸钙表面改性方法较多，但均各有利弊。应用最广泛的是采用硬脂酸对纳米碳酸钙进行表面改性，经硬脂酸改性的纳米粒子表面变为亲油疏水，活化度较高，可以改善纳米粒子与基体间的相容性，但对于提高纳米碳酸钙粒子与基体之间的界面黏结作用不大，因此采用硬脂酸改性纳米粒子会使得复合材料的强度下降。采用偶联剂改性过程中偶联剂可以与碳酸钙表面的 Ca^{2+} 进行化学键合，形成较强的作用力，同时偶联剂所具有的有机基团可与聚合物基体发生化学反应或者高分子链的缠绕。偶联剂可以提高纳米碳酸钙粒子在基体中的分散性能，提高材料的加工性能、力学性能。但是偶联剂价格较为昂贵，使得材料的生产成本上升，因而限制了偶联剂作为碳酸钙偶联剂的应用。聚合物改性主要是通过原位乳液聚合在碳酸钙表面形成一层聚合物包膜，可以提高纳米碳酸钙在基体中的分散性能，提高复合材料的力学性能。但聚合物改性所采用的原位乳液聚合改性纳米碳酸钙粒子工艺较为复杂，难以在工业生产中运用。

通过小分子改性剂对纳米碳酸钙粒子进行表面改性，合成、改性工艺较简单，便于在工业生产中运用。通过分子设计，合成一种新型的表面改性剂，改性剂在具有功能官能团的同时具有和基体相容性极好的有机链，从而提高改性纳米粒子在基体中的分散性能，提高纳米颗粒与基体的界面作用，改善复合材料的综合性能。

7.5 PVC/蒙脱土纳米复合材料

7.5.1 PVC/蒙脱土纳米复合材料的研究现状

最近几年，PVC/蒙脱土纳米复合材料方面的研究备受瞩目，添加少量蒙脱土就可以显著提高聚合物材料的热性能、力学性能、阻隔性能和光学性能等。1987年，日本丰田中央研究所首次报道了尼龙6与蒙脱土的纳米复合材料，采用原位插层聚合的方式将蒙脱土以纳米级别分散在尼龙6基质中，在添加很少蒙脱土的情况下尼龙6的性能就得到了很大的提高，力学性能测试表明，与纯尼龙6相比，复合材料的强度和模量得到了大幅度的提高，其热变形温度也比纯尼龙6提高12℃[163]。Wang等[164]以熔融共混的方式将少量蒙脱土添加到聚氯乙烯中，实验结果表明，提高了聚氯乙烯的力学性能，起始分解温度和600℃时的残炭量也略有提高。Awad等[165]用三乙醇胺酯有机化改性蒙脱土，然后与聚氯乙烯共混后制备的纳米复合材料，模量提高的同时断裂伸长率并没有显著降低，而且还有一定的抑烟效果；Gong等[166]用季铵盐有机化改性蒙脱土，通过原位聚合的方式得到了有机化聚氯乙烯/蒙脱土纳米复合材料，热重分析发现复合材料的起始分解温度有所降低，继续研究表明，季铵盐有机化改性的蒙脱土在聚氯乙烯原位聚合或后续加工过程中会分解生成氨，而这促进了聚氯乙烯分子链的脱氯化氢过程，加速聚氯乙烯材料的降解和变色；Xie[167]等采用热重-红外-质谱联用分析季铵盐有机化改性蒙脱土的热降解过程，发现在季铵盐存在的情况下，有机化层状硅酸盐表面发生了霍夫曼降解；Zhu 等[168] 通过热重-红外分析发现，季铵盐有机化改性蒙脱土后存在的酸位点的确可以加速聚氯乙烯的降解和变色。随后，Sarier 等[169] 分别用十二烷基羧酸钠和十八烷基羧酸钠有机化改性蒙脱土与聚氨酯原位聚合，制备的纳米复合材料拥有较好的热性能；Wang 等[170] 研究表明，有机化蒙脱土在 2% 的用量下就可以将复合材料的断裂伸长率提高 40%，但随着有机化蒙脱土用量的增多，材料的力学性能呈现下降趋势。Wan 等[171] 采用弹性体与有机化蒙脱土复合改性聚氯乙烯，发现两者具有协同作用，能够明显地提高材料的冲击韧性。Du 等[172] 分别用阳离子表面活性剂十八烷基铵盐和阴离子表面活性剂十二烷基磺酸钠有机化改性蒙脱土，然后与 ABS 熔融共混制备了 ABS/纳米黏土复合材料，研究结果表明，用阴离子表面活性剂改性的复合材料阻燃性能更优异。Zhang 等[173] 采用超声波辅助的方法，用十二烷基硫酸钠和硬脂酸钠有机化改性蒙脱土，研究发现，超声波辅助后，蒙脱土的层间距明显扩大，说明超声波可以使有机化试剂在蒙脱土中更好分散。

总结近些年来，学者对聚氯乙烯/蒙脱土纳米复合材料的研究可以发现，利用蒙脱土来增强聚氯乙烯的力学性能、热学性能的研究很多。为了提高蒙脱土与聚氯乙烯的相容性，大多数学者都是采用阳离子表面活性剂对蒙脱土进行有机化改性，然而采用阴离子表面活性剂和稀土元素对蒙脱土进行有机化改性从而同时提高聚氯乙烯的热性能、力学性能和阻燃抑烟性能的研究报道还较少。因此，关于聚氯乙烯/蒙脱土纳米复合材料方面的研究具有重要意义。

7.5.2　蒙脱土及其改性

7.5.2.1　蒙脱土结构及其特性

蒙脱土是一种层状的硅酸盐矿物，其中 Ca^{2+}、Na^+ 为片层间可交换的阳离子，蒙脱土的片层厚度约为 1nm，比表面积较大，长度和宽度的范围在 $10\sim10^3$nm 之间。蒙脱土晶体属于 2∶1 型层状硅酸盐材料，结构中的晶胞是由两层硅氧四面体中间夹着一层铝氧八面体构成。特殊的结构赋予了 MMT 阳离子交换特性，用阳离子交换容量（CEC）表示，MMT 的 CEC 通常在 $65\sim150$meq/100g（1meq=1mmol×原子价）之间[174]。

蒙脱土这个阳离子交换能力的特性使其层间具有很强的吸水膨胀性以及对周围溶液中的阳离子和极性有机分子有强吸附能力，蒙脱土的有机化插层改性就是应用此机理[175]。蒙脱土经过有机化改性后，极性发生改变，由亲水变为亲油，层间距增大，片层能在与单体或聚合物发生原位插层聚合、熔融插层或溶液插层过程中剥离，或均匀分散在聚合物基体中，从而形成纳米复合材料。

7.5.2.2 蒙脱土的有机化改性

蒙脱土为无机硅酸盐物质，片层间存在大量亲水性无机离子，不利于其在聚合物基体中的分散，所以要对蒙脱土进行有机化改性。有机化改性的目的在于改变蒙脱土表面高极性，使蒙脱土层间由亲水变为亲油性，降低其表面能，同时增大蒙脱土层间距，使得高分子链或单体更易进入其层间，从而制备出纳米复合材料。所以蒙脱土有机化改性对制备聚合物/蒙脱土纳米复合材料起着决定性作用。

有机化改性剂又称插层剂，它们所起的作用是利用离子交换的原理进入蒙脱土片层之间，有机化改性剂以离子键、氢键、共价键以及范德华力与蒙脱土结合形成有机改性蒙脱土，扩张其片层间距，改善层间微环境，使蒙脱土表面由亲水变亲油[176]。

一般来讲，有机化改性剂应符合下列条件[177]：首先，有机化改性剂能与MMT 的表面形成较强的化学或物理作用，并且易于进入 MMT 片层之间，能够增大 MMT 片层间距离。其次，有机化改性剂分子与单体或聚合物具有良好相容性，或者携带活性基团，可与聚合物反应形成较强的物理或化学作用，从而利于单体或聚合物的插层，改善聚合物与 MMT 的相容性，并能增强两相间的界面结合，有助于提高复合材料的性能。最后，价廉易得，以现有工业品为主。

7.5.3 PVC/蒙脱土纳米复合材料制备方法

PVC 材料在机械强度，阻燃方面有很大优势，但 PVC 材料脆性较大、冲击强度低、热稳定性差限制了这类材料更广泛的应用。为进一步提高其力学性能，通过形成纳米复合材料来增韧增强材料性能近年来成为研究热点之一。根据复合材料的微观结构，可以把 PVC/蒙脱土纳米复合物分成下面两类[178]：插层型纳米复合材料；剥离型纳米复合材料。插层型纳米复合材料是指 PVC 分子插层进入蒙脱土的层间，片层间距明显扩大，但还保留原来的方向，片层仍然具有一定的有序性。而剥离型纳米复合材料，蒙脱土片层完全被聚合物撑开，无规分散在PVC 基体中。此时蒙脱土片层与 PVC 基体可以无限制地混合均匀。剥离型纳米复合材料是从插层型纳米复合材料发展而来。

7.5.3.1 原位插层法

原位插层法是指先将氯乙烯单体分散、插层进入蒙脱土片层中，然后进行原位聚合。利用聚合时放出的大量的热量，克服蒙脱土片层之间的库仑力使其剥离，从而蒙脱土与 PVC 以纳米尺寸复合，形成纳米复合材料。原位插层法是一种非常有效的插层方法，通过原位插层而得到的 PVC/蒙脱土纳米复合材料一般都是剥离型纳米复合材料。胡海彦[179] 通过原位插层法制备了 PVC/蒙脱土纳米复合材料，并与熔融插层法制得的 PVC/蒙脱土纳米复合材料性能进行对比，通过 XRD、TEM 对复合材料的结构进行表征，发现原位插层复合材料中蒙脱土片层基本剥离，均匀存在于 PVC 树脂基体中。而熔融插层体系中蒙脱土以一定量片层堆积的形式存在。刘青喜等[180]，通过对原位插层聚合制备的 PVC 蒙脱土纳米复合材料的 X 射线衍射（XRD）、扫描电子显微镜（SEM）和电子探针技术分析，也得到结论：采用原位插层聚合法制得的 PVC/蒙脱土复合材料为剥离型纳米复合材料。

7.5.3.2　熔融插层法

通过原位插层法制备的 PVC/蒙脱土纳米复合材料，蒙脱土以剥离态分散在 PVC 基体中，分散均匀，因而制备的纳米复合材料性能较好。但原位插层法工艺过程复杂，工作效率低，且能够应用这种方法的高聚物并不多。自从 Richard 等[181] 第一次阐述利用熔融插层法能够制备聚合物/蒙脱土纳米复合材料以来，由于该方法工艺过程简单、操作方便、无单体困扰、不需要使用溶剂的优点[182]，熔融插层法成为制备聚合物/蒙脱土纳米复合材料的主要方法。熔融插层是指在聚合物的玻璃化转变温度 T_g（非晶聚合物）或熔融温度 T_m（结晶聚合物）以上，在强剪切力的作用下实现高聚物直接插层到无机物体系中，从而形成纳米复合材料。Ren[183] 和 Wang 等[184] 用双辊混炼机将改性蒙脱土与 PVC 熔融共混，得到插层型 PVC/蒙脱土纳米复合材料。闫平科等[185] 选用钠基蒙脱土和 3 种烷基季铵盐改性的蒙脱土，采用熔融共混的方法制备聚氯乙烯/蒙脱土纳米复合材料，并研究了蒙脱土种类和用量对复合材料力学性能的影响。结果表明：3 种复合材料均具有插层型结构，有机蒙脱土含量小于 3.0% 时，复合材料的综合力学性能均有明显提高；有机蒙脱土用量大于 7.0%，材料的力学性能降低。

7.5.3.3　溶液插层

溶液插层法显而易见，借助于溶剂将聚合物大分子链插入层状 MMT 层间，溶剂经挥发除去得到聚合物/MMT 纳米复合材料。溶液插层法优点是制备出的纳米复合材料结构很均一，缺点是需要大量的有机溶剂，且溶剂回收困难，不适合大规模工业生产。此方法制备的纳米复合材料结构具有很好的均一性，但此种方法只适用于实验室基础研究。Wang 等[186] 研究了将 PVC 和有机改性 MMT 溶于四氢呋喃（THF）溶液里，通过溶液插层方式制备 PVC/MMT 纳米复合材料，溶液插层的特点是不需要熔融插层法加入很多助剂，但是很难应用于实际生产中。

7.5.4 PVC/蒙脱土纳米复合材料结构表征

PVC/蒙脱土纳米复合材料的结构表征主要指对复合体系中蒙脱土结构形态的表征，包括蒙脱土的分散情况、蒙脱土层间距大小以及蒙脱土与聚合物的结合情况的表征。广角 X 射线衍射（XRD）是表征分析 PVC/蒙脱土纳米复合材料最有效的方法。XRD 能够在不同的角度显示出不同蒙脱土片层的衍射峰，根据布拉格方程（$2d\sin\theta = \lambda$，d 为片层间的平均距离，θ 为半衍射角，λ 为入射 X 射线波长）可以计算出蒙脱土层间距，从而得知聚合物有没有进入到蒙脱土的层间，制备出纳米复合材料。透射电子显微镜（TEM）是表征聚合物/蒙脱土纳米复合材料结构最直观的方法。透射电镜的分辨率大，放大倍数高，能够达到观测纳米尺度的要求，结合图像处理技术可确定粒子的尺寸、形状及粒间距。可以通过 TEM 清晰地看出蒙脱土片层的分散情况。此外，还可以通过傅里叶变换红外光谱（FT-IR）来分析复合材料的界面有没有形成化学结合，产生新的化学结构；也可以通过差示扫描量热法（DSC）、动态热力学谱仪（DMA）来表征复合材料中界面层的性质。

7.5.5 PVC/蒙脱土纳米复合材料的性能特征

PVC/蒙脱土纳米复合材料中，分散相蒙脱土的片层达到纳米级，分散相的表面与体积比急剧增大，两相间的相互作用也大大增大，表现出纳米复合材料的特性；同时，蒙脱土为层状结构，以纳米级的片层分散在基体中，带来复合材料的各向异性。因此，对 PVC/蒙脱土纳米复合材料性能的研究十分有必要。

7.5.5.1 力学性能

在 PVC/蒙脱土纳米复合材料中，蒙脱土以插层或剥离的形式分散在基体中，可以有效地终止基体中裂纹的出现。因此，相对原 PVC 材料而言，PVC/蒙脱土复合材料的力学性能有较大程度的提高。戈明亮等[187] 对 PVC/钠基蒙脱土和 PVC/有机蒙脱土纳米复合材料的研究结果表明：复合材料的拉伸强度随蒙脱土含量的增加而急剧上升，PVC/钠基蒙脱土复合材料在钠基蒙脱土含量为 3 份时达到最大值，为 55.17MPa；而 PVC/有机蒙脱土在有机蒙脱土含量为 1 份时，达到最大值，为 59.16MPa，它们分别比纯聚氯乙烯提高 16.86% 和 25.31%。但是 PVC/有机蒙脱土复合材料的拉伸强度总是优于聚氯乙烯/钠基蒙脱土复合材料。张惠敏等[188] 采用熔融共混的方法制备了 PVC/蒙脱土复合材料，并对其强度和韧性进行了研究。结果表明 PVC/蒙脱土复合材料的强度和韧性分别提高

17%和 489.2%。Wan[189] 和 Gong 等[190]，通过实验均得出：PVC/蒙脱土纳米复合材料的拉伸、弯曲和冲击性能比原 PVC 材料都有较大的提高，其中冲击性能提高最大。

7.5.5.2　耐热性

PVC/蒙脱土纳米复合材料由于无机纳米粒子蒙脱土的引入，使得复合材料的耐热性得到提升。若 PVC 与蒙脱土形成插层型复合材料，PVC 分子部分插层到蒙脱土层间，高温下，插层到蒙脱土层间的 PVC 分子受温度影响变化相对较少，复合材料中刚性部分增加，耐热性也会得到提升。若 PVC 与蒙脱土形成剥离性复合材料，蒙脱土片层均匀地分散在 PVC 基体中，蒙脱土的耐热性比 PVC 基体高很多，因此，也会使得 PVC/蒙脱土纳米复合材料耐热性提高。对 PVC/蒙脱土纳米复合材料耐热性方面的研究国内外也有很多。闵惠铃等[191] 采用原位聚合法研究了 PVC/有机蒙脱土纳米复合材料，并用热重分析（TGA）研究了材料的热稳定性。结果显示：复合材料为部分插层部分剥离的纳米复合材料，并且热稳定性随着有机化蒙脱土加入量的增加而提高。Lepoittevin 等[192] 研究 PVC/蒙脱土纳米复合材料的热稳定性表明：复合材料的热降解一半时的温度要比纯 PVC 高出 25℃。

7.5.5.3　阻隔和阻燃性

蒙脱土的片层结构赋予了 PVC/蒙脱土纳米复合材料新的特性。由于 PVC 基体中均匀分散的蒙脱土片层具有很大的长径比，这种结构表现出明显的气体阻隔性，气体分子通过聚合物时，必须绕过蒙脱土的片层，沿着曲折的通道前进，从而增大了小分子的通过路径，起到气体阻隔的作用。

正是由于蒙脱土起到阻隔热量和空气的作用使得 PVC/蒙脱土纳米复合材料的阻燃性比原 PVC 材料好。PVC/蒙脱土纳米复合材料在燃烧过程中结构被破坏，在燃烧的材料表面形成了多层的硅酸盐纳米复合结构炭层。该炭层起到了很好的屏障作用，能起到阻止物质的迁移，以及保护内部聚合物的作用，阻止或者减缓复合材料被进一步燃烧。对于蒙脱土复合结构的炭层的形成，目前有沉淀析出假说和迁移假说两种假说理论[193]。前者认为，纳米复合材料如同一种饱和溶液，熔融的聚合物是溶剂，蒙脱土是溶质。随着溶剂蒸发蒙脱土溶质处于过饱和状态而沉淀析出，当整个溶剂蒸发完，整个的溶质也就全部析出了。而蒙脱土的迁移假说认为，改性后的蒙脱土片层具有较低的表面自由能，而这种自由能是蒙脱土在聚合物熔融状态下向表面迁移的主要驱动力，而且燃烧时材料表面产生的温度梯度、气泡和蒸汽都加速了蒙脱土向燃烧材料表面的迁移，最后蒙脱土在材料表面聚集。

7.5.6 PVC/MMT 纳米复合材料增韧机理

MMT 等无机粒子用于增韧聚合物，不仅能够提高材料力学性能，还可降低材料成本，但由于 MMT 无机粒子比表面积大，随着添加量的增加在聚合物基体中不能达到很好的分散而团聚。同时，无机粒子的表面疏水性与聚合物表面性能不同，这导致在复合材料两相界面结合较差。因此，使 MMT 无机粒子增韧聚合物，首先是 MMT 能够均匀地分散在聚合物基质中，并与聚合物基质具有良好的界面黏结作用。

近年来，研究者对于 MMT 无机刚性粒子增韧 PVC 机理进行探讨，存在以下几种理论：

① "裂缝与银纹相互转化" 机理：当 MMT 无机刚性粒子在 PVC 基体中均匀分散，同时 MMT 片层与基体有一定黏结强度时，基体在受到外力作用时产生应力集中效应，引发基体产生微裂纹，而 MMT 片层可以吸收部分能量，有效终止裂纹的扩展而向原银纹转变。

② 从分子间作用角度提出物理化学作用增韧机理：MMT 以纳米尺寸分散在 PVC 基体中，纳米粒子与大分子尺寸属同一级别，甚至更小，两相间存在物理作用力、范德华力，可以改变原有高分子间的作用力，同时 MMT 纳米粒子表面原子数增多。量子隧道效应在粒子表面形成的活性点增多。当两相间同时存在物理和化学作用，界面结合作用强，由于 MMT 高的比表面积，其与聚合物作用面积大，具有增强增韧效果。

③ "微裂纹化" 增韧机理：首先 MMT 刚性粒子在 PVC 基体中均匀分散，当外力作用时，MMT 产生应力集中效应，引发基体产生微裂纹吸收变形功，同时引发周围 PVC 基体屈服，吸收冲击能，并且 MMT 片层存在使基体裂纹扩展受阻或钝化，降低破坏性裂纹产生，达到增韧作用。

在聚合物纳米复合材料研究中发现，无机粒子增韧 PVC 过程中不会对材料强度和刚度造成严重损失，是改善 PVC 复合材料的韧性、强度和刚度的良好方法。而无机粒子对于材料的增韧和增强也是有限的，当添加量超过一定值时性能反而降低。

7.6 PVC/SiO$_2$ 纳米复合材料

SiO$_2$ 是一种目前应用最广泛的无机材料之一，特别是纳米 SiO$_2$ 具有高刚度、高强度、吸光性好、资源广等特点，在众多材料研究领域得到应用，成为材料学研究的热点材料[194]。SiO$_2$ 可用于 PVC 的填充改性，可以改善 PVC 材料的冲击性能、拉伸强度、热性能、消光性能等；其中需要解决的关键技术问题一方面是 SiO_2 与 PVC 之间的相容性问题，另一方面是 SiO_2 粒子的分散性问题。对 SiO_2 进行表面改性的目的是提高其与 PVC 的相容性，进而改进 PVC/SiO_2 复合材料综合性能。

7.6.1　SiO_2 的表面改性

表面改性是在 SiO_2 粒子表面接枝疏水基团，目的在于改善 SiO_2 与基体材料之间的相容性，同时减少 SiO_2 粒子间的团聚。按 SiO_2 粒径大小分为纳米级和微米级，其中纳米级 SiO_2 用于 PVC 力学改性，微米级 SiO_2 用于 PVC 消光改性，两类 SiO_2 均需要进行表面处理。SiO_2 粒子的表面改性方法很多，根据改性剂与 SiO_2 粒子的键接方式不同，分为氢键结合及共价键结合。如采用油酸对 SiO_2 粒子改性是通过氢键结合的方式使油酸包覆在 SiO_2 粒子表面，从而达到改性的目的；采用硅烷偶联剂对 SiO_2 粒子改性则是形成共价键。根据改性剂种类不同分为硅烷偶联剂改性、高分子改性剂改性等[195-197]。

（1）硅烷偶联剂改性

硅烷偶联剂可起到有机-无机材料间的中介作用，提高 SiO_2 粒子与 PVC 材料间的相容性。有机硅偶联剂的结构通式为 $Y(CH_2)_n SiX_3$，其中 X 代表可水解的活性基团，可以是氯或烷氧基。烷氧基水解成羟基，可以和 SiO_2 粒子表面的羟基或其他基团缩合形成醚键，从而将偶联剂接枝到 SiO_2 表面。

Hedayati 等[198] 采用球磨法制备了纳米 SiO_2 粒子，然后采用硅烷偶联剂 γ-甲基丙烯酰氧基丙基三甲基硅烷对纳米 SiO_2 粒子进行表面处理改性，通过透射电镜观察了 SiO_2 粒子的形貌，发现改性后的纳米 SiO_2 粒子分散性变好。

毋伟等[199] 研究了硅烷偶联剂对超细 SiO_2 表面聚合物接枝改性的影响及其机制，认为硅烷偶联剂 KH570（γ-甲基丙烯酰氧基丙基三甲氧基硅烷）和 KH858［双（γ-三乙氧基硅基丙基）四硫化物］都是有效的预处理剂。硅烷偶联剂的种类对改性影响很大，使用 KH570 预处理的超细 SiO_2 表面含有的聚合物更多，分散性更好，KH570 更适合用作超细 SiO_2 表面接枝聚合改性的预处理剂。

Jesionowski 等[200] 分别采用乙烯基硅烷、疏基硅烷和氨基硅烷偶联剂对 SiO_2 进行了表面改性。结果表明：用乙烯基硅烷和疏基硅烷改性后 SiO_2 粒子表面羟基数目减少，疏水性增强，粒子的团聚减少，而氨基硅烷偶联剂由于与 SiO_2 形成氢键，导致其对 SiO_2 的分散性改进作用不明显。

（2）高分子改性剂表面修饰

高分子改性剂表面修饰通过聚合反应或高分子反应在 SiO_2 粒子表面包覆聚

合物来实现。一种方法是将纳米 SiO_2 分散到单体中，然后引发聚合，将高分子与 SiO_2 接枝，从而将高分子包覆在 SiO_2 表面；另一种方法是将合成的聚合物接枝到 SiO_2 表面。其中用于改性 SiO_2 的高分子包括聚甲基丙烯酸甲酯（PM-MA）、聚苯乙烯（PS）、PVC 等。

PMMA 与 PVC 具有良好相容性，杜鸿雁[201] 以甲基丙烯酸甲酯（MMA）为单体，通过无皂乳液聚合的方法对 SiO_2 进行表面高分子化改性，接枝 PMMA分子，研究了单体浓度、温度、引发剂用量等对乳液聚合的影响。结果显示：经过表面改性的纳米 SiO_2 粒子分散良好，并且表面接枝有 PMMA 分子，为其在PVC 改性中的应用打下基础。

赵辉等[202] 通过超支化聚（胺-酯）对纳米 SiO_2 进行改性，然后制备纳米 SiO_2/PVC 复合材料，发现超支化聚（胺-酯）改性明显提高了 SiO_2 在 PVC 材料中的分散性，同时改善了复合材料的力学性能和加工性能。

束华东[203] 利用原位聚合的方法制备了纳米 SiO_2/PVC 杂化复合材料，通过红外分析表明，原位聚合可以使 SiO_2 与 PVC 很好地结合在一起，其中经过活性表面修饰的 SiO_2 表面含双键，因此可与 PVC 形成化学键，而未改性的 SiO_2表面与 PVC 之间无化学键结合。

7.6.2 SiO_2 改进 PVC 力学性能

用于改进 PVC 力学性能的 SiO_2 为纳米 SiO_2。纳米材料用于改进高分子力学性能，可以实现其强度和韧性的同时提升，而弹性体增韧塑料的同时却可能损失材料的强度。通常认为，无机粒子的粒径越小，粒子比表面积越大，表面缺陷会越多，从而改变基体材料的应力集中现象，起到增强增韧的效果[204-206]。

通过 PMMA 接枝改性纳米 SiO_2 填充的 PVC 材料，随着纳米 SiO_2 用量增加，材料拉伸强度增大，在纳米 SiO_2 用量为 4% 时，拉伸强度达到最大值（62.5MPa），为未改性 PVC 材料（46MPa）的 136%。当纳米 SiO_2 用量较少时，材料的冲击强度没有明显的变化，当纳米 SiO_2 用量为 4% 时达到最大值，冲击强度达到纯 PVC 材料的 8 倍，增韧效果显著[206]。

Sun[204] 等分别采用二甲基二氯硅烷和 γ-甲基丙烯酰氧基丙基三甲基硅烷（KH570）对纳米 SiO_2 粒子进行表面改性处理，然后与 PVC 熔融共混制备复合材料；研究了纳米 SiO_2/PVC 复合材料的力学性能、加工性能、有效的界面相互作用及 SiO_2 分散性。结果表明：处理后的分散性和相容性均优于未处理的SiO_2，表面处理的纳米 SiO_2 对 PVC 复合材料有明显的增强和增韧作用，在纳米SiO_2 与 PVC 质量比为 4:100 时，纳米 SiO_2/PVC 复合材料的冲击强度最大。随着处理后无机颗粒含量的增加，拉伸屈服应力增大；纳米 SiO_2/PVC 复合材料的平衡扭矩都高于纯的 PVC；另外，与二甲基二氯硅烷相比，用 KH570 处理的纳米 SiO_2 粒子与 PVC 基质具有更强的有效界面相互作用。

Nagat[205] 等采用氨基硅烷偶联剂对 SiO_2 纳米粒子进行化学改性，然后制备了不同 SiO_2 含量的 SiO_2/PVC 复合材料，通过 SEM 及红外表征了样品的结构，其力学性能测试显示：改性 SiO_2 的加入提高了材料的拉伸强度和杨氏模量。

束华东[203] 的研究表明：未改性的纳米 SiO_2 粒子对 PVC 复合材料的韧性影响很大；改性纳米 SiO_2 使杂化复合材料的缺口冲击强度显著提高，可达到纯 PVC 材料的两倍以上，而材料的拉伸强度并未发生明显的变化；但表面活性的纳米 SiO_2 粒子对 PVC 复合材料的韧性和拉伸强度均有提升作用；与熔融共混的纳米 SiO_2/PVC 复合材料相比，通过原位聚合制备纳米 SiO_2/PVC 复合材料可以保证 SiO_2 在 PVC 基体中形成网络结构，充分发挥纳米特性，有效提升材料力学性能。

由于分散于 PVC 基体中的纳米 SiO_2 与 PVC 之间形成无数个物理交联点，当材料受到拉伸等作用力时，这些物理交联点起到分散传递载荷的作用，从而避免载荷造成的应力集中现象，避免材料的破坏，起到提高材料拉伸强度和冲击性能的作用。

7.6.3　SiO_2 改进 PVC 热性能

PVC 阻燃性能较好，但是维卡软化温度仅 80℃ 左右，玻璃化转变温度仅 80～85℃，长期使用温度不超过 65℃。PVC 热稳定性不好，高温流动性欠佳，在高温加工过程中会出现分解释放 HCl 气体，分解后的 PVC 分子主链上产生不饱和双键，导致 PVC 变色，力学性能下降。PVC 热性能不好限制了其在工程领域的应用拓展，因此提高 PVC 耐热性能十分必要，是实现其塑料工程应用的重要因素。

一般认为纳米粒子对 PVC 分解释放的 HCl 具有吸附作用，并具有阻止 HCl 对 PVC 分解的催化作用，从而达到提高热稳定性的目的。纳米粒子的比表面积越大，其作用效果越好。

束华东[203] 通过热重分析研究了纳米 SiO_2/PVC 复合材料的稳定性，发现纳米 SiO_2 可以使 PVC 的热分解温度提高 10℃ 以上，经加工成型的纳米 SiO_2/PVC 复合材料在脱除氯化氢后的碳链分解过程变缓，分解残余物的含量增加，复合材料的阻燃性能得到提高。

杜鸿雁[201] 通过 DSC 研究了 SiO_2/PVC 复合材料的热性能，发现通过 PM-MA 改性的纳米 SiO_2 可以使 PVC 材料的玻璃化转变温度提高 2～3℃，原因是 PVC 分子链的运动受到纳米粒子限制，分子链的活动降低。另外，SiO_2 的热导率明显高于 PVC，可以用于改进 PVC 材料的导热性能。

郑康奇研究了改性硅微粉对软质 PVC 导热性能的影响，发现硅微粉的加入使 PVC 的热扩散系数及热导率均有所提高，当硅粉用量低时，热导率增长速率较缓慢；当硅粉用量超过 20％（体积分数）以后，热导率迅速增大[207]。

7.6.4　SiO$_2$ 改进 PVC 制品消光性能

PVC 可以用于服装、装饰、家具等领域，这些场合对 PVC 材料的消光性能有要求，特别是皮革制品表面的光泽度低，需要材料具有消光效果，因此 PVC 的消光性能越来越受到重视。消光即降低制品表面的光泽，制品的消光机制是利用物理或化学的方法，使其表面形成极微小的凹凸，这些凹凸对光具有漫反射和散射作用，能降低光线的反射作用，从而降低制品表面光泽度。提高 PVC 消光性能的方法包括物理法及化学法，化学法即合成消光树脂，物理法包括共混改性、表面涂饰及印花等方法。SiO$_2$ 可以用作 PVC 材料的表面消光涂饰剂，或通过共混加入 PVC 材料中提高 PVC 制品的消光性能。

人们在研究中发现：当颜料颗粒的直径小于 0.3μm 时，可以获得高光泽的涂膜。原因为：分散在涂料中的颜料颗粒在制成一定厚度的涂膜并干燥后，仅有最上层的颜料颗粒局部地上突，颗粒直径小于 0.3μm 的颜料粒子所造成的涂膜表面粗糙度不会超过 0.1μm。当颜料的平均颗粒直径在 3～5μm 时，可以得到消光效果较好的涂膜。也就是说，采用 SiO$_2$ 改性 PVC 树脂消光性能，应采用微米级的 SiO$_2$，纳米级的 SiO$_2$ 并不能改善 PVC 树脂的消光性能。

采用微米级 SiO$_2$（俗称"消光粉"）改性 PVC 树脂消光性能一般以涂料的形式，涂覆在 PVC 树脂基体材料表面。消光效果最好的是能够构成与光波波长相近的较小的粗糙度，入射光的散射度强，消光效果也强，即消光粉的平均粒径与涂膜的厚度相近。对于 SiO$_2$ 消光粉，平均粒径为 5～7μm 的适用于薄膜涂层、皮革涂料及油墨。另外，消光粉具有一定孔隙度，一般可达到 1.8～2.0mL/g，较高孔隙度的颗粒较轻，因而单位质量下颗粒的体积和数量增大，高孔隙度可以产生高的消光效率[208,209]。

第**8**章　高抗冲聚氯乙烯树脂

8.1　高抗冲 PVC 树脂概述

　　PVC 制品可粗略分为软质 PVC 制品和硬质 PVC 制品，20 世纪 70 年代，联邦德国从设备角度解决了硬质 PVC 的加工问题后，美国又从配方上解决了用料配合问题，硬质 PVC 的生产和应用得到快速发展。制品具有硬度大、刚性高、强度强、耐老化、耐腐蚀、耐磨和阻燃性等优点，且加工容易，价格低廉，使得硬质 PVC 制品广泛用于建筑、化工、机械、电子、轻工、农业等领域。

　　但纯硬质 PVC 的简支梁缺口冲击强度只有 $2\sim6kJ/m^2$，属于硬脆材料，特别是低温韧性差。作为结构材料，PVC 材料存在抗冲击性能差、易热变形、加工流动性不佳等缺点。为了进一步扩大硬质 PVC 制品的应用范围，尽可能满足结构材料的使用要求，人们采用物理或化学方法对 PVC 树脂进行改性，使其韧性和抗冲击性得到显著提高，这类特殊性能的树脂被称为高抗冲 PVC 树脂。

　　一般来说，物理改性技术由于不涉及分子结构的改变，比化学改性技术容易实现得多，在一般塑料成型加工工厂都能进行，且容易见效，一直都是 PVC 抗冲击性能改性最经济实用的主流工艺。但物理改性由于各种抗冲改性剂的加入，存在分散相在基体中分散不均、分散相和基体树脂间相容性差、分散相易渗出、改性效率低等缺点，制品长时间使用后易出现性能下降的问题。所以，长期以来人们始终致力于在不损害 PVC 树脂其他性能的前提下提高冲击强度和韧性。通过化学改性可使 PVC 树脂同时具有高强度、高韧性、高耐热性等特点，能较好地解决上述问题，但化学改性工艺复杂，投资高，具有一定的实现难度，所以一般采用化学改性获得的高抗冲聚氯乙烯树脂主要用于特殊制品的基料，有很好的开发前景和经济效益，一直以来是人们研究的重点，也是本章节介绍的重点。

8.2 国内外高抗冲聚氯乙烯树脂发展与现状

20 世纪 50 年代，国外通过化学方法将苯乙烯和丙烯腈单体（SAN）接枝于聚丁二烯或丁苯橡胶上可制得丙烯腈-丁二烯-苯乙烯共聚物（ABS），成功开发作为硬质和增塑 PVC 的抗冲改性剂[210,211]。1960 年，Brog-Warner 申请了一篇关于用作 PVC 抗冲改性剂的 ABS 接枝聚合物的专利[212]，1964 年德国 Bayer 公司采用悬浮法首先进行了工业生产，之后日本住友公司、钟渊化学公司都进行了自主研发，这些技术均基于 CPE 与 VC 的接枝聚合。20 世纪 80 年代初，日本学者 Okubo[213] 提出"粒子设计"的新概念，进一步推动了核-壳结构丙烯酸酯类共聚物的发展。目前，国外的 ACR-VC 接枝共聚物生产厂家有 Wacker、Huls、BASF、LONZA 等。国外采用共聚物接枝的专利有 JP95-316241、JP95-330839 和 EP472852，采用核-壳接枝技术的专利有日本 JP96-225622 和欧洲 EP700965，专利所描述方法中都提到用丙烯酸酯类聚合物接枝改性 PVC[214]。

目前，世界上已经工业化的接枝共聚型增韧改性 PVC 树脂有 EVA-g-VC、CPE-g-VC、EPR-g-VC、TPU-g-VC 和 ACR-g-VC 等，被广泛应用于电脑、传真机、扶手、坐垫等办公用品以及门窗、地板、管材等的制备[215]。

我国高抗冲 PVC 树脂的化学改性研究起步比较晚。20 世纪 80 年代浙江化工研究院和江苏北方氯碱集团首先进行了 EVA-g-VC 共聚物的研究[216]，但由于 EVA 原料等问题，未形成产业化。1985 年以后安徽省化工研究所、潍坊化工厂、浙江大学、北京化工研究院、河北盛华和天津化工厂等先后成功开发了 CPE-g-VC、EVA-g-VC 和 ACR-g-VC 等共聚树脂[217-221]。由于加工应用等原因，我国开发的接枝共聚树脂性能还不能满足 PVC 抗冲改性的需求，所以我国的接枝共聚树脂大部分以研究报道为主，而工业化生产还不多。

鉴于化学改性方法能有效改进物理改性混合均匀性和相容性较差的缺点，获得抗冲击性能优良的 PVC 树脂，具有良好的开发前景和经济效益，国内在该领域的研究活动一直以来都相当活跃。

8.3 高抗冲聚氯乙烯树脂的合成原理

目前 PVC 采用化学增韧改性方法，改进硬质 PVC 的抗冲击性能的主要方法是接枝共聚。高抗冲 PVC 树脂的生产主要采用该方法来实现。

接枝共聚法是将乙烯-醋酸乙烯共聚物（EVA）、氯化聚乙烯（CPE）、聚丙烯酸酯（ACR）、热塑性聚氨酯（TPU）、乙丙橡胶（EPR）等弹性体与氯乙烯接枝共聚，明显改善 PVC 的韧性[222]，而且能够有效提高增韧改性剂与 PVC 之间的相容性[223]。该类接枝共聚物，基体聚合物大多是 PVC 的抗冲改性剂，含量不高，PVC 是接枝产物的主要成分，并以均聚物和接枝到基体聚合物上形成的接枝共聚物两种形式存在，接枝产物具有 PVC 的主要特征。接枝聚合物的存在能提高分散相与基体聚合物间的相容性，从而提高接枝共聚产物的抗冲击性能。

VC 接枝共聚可以采用悬浮、乳液及溶液等聚合方法，由于 PVC 树脂以悬浮法产品的应用最为广泛，因此对其进行改性生产高抗冲树脂也主要采用悬浮接枝共聚合方法。根据 VC 与基体聚合物的溶解（溶胀）特性及两者配比，悬浮接枝共聚又可分为溶解法、溶胀法和低压法等。表 8-1 列举了不同接枝共聚方法的主要特征及应用实例。

表 8-1　VC 接枝共聚主要方法

聚合方法		主要特征	实例
溶液接枝共聚		基体聚合物溶于 VC 单体，或基体聚合物和 VC 同溶于另一溶剂中，采用油溶性引发剂引发聚合	TPU-VC 接枝共聚（溶剂甲乙酮）
悬浮接枝共聚	溶解法	基体聚合物溶于 VC 单体，分散于分散介质中聚合，引发剂和分散剂类似于 VC 悬浮聚合	VC/EVA>5 时的 EVA-VC、TPU-VC 接枝共聚
	溶胀法	VC 单体全部或部分溶胀于基体聚合物中，分散于分散介质中聚合。引发剂和分散剂类似于 VC 悬浮聚合	EVA-VC、CPE-VC、EPR-VC、ACR-VC 接枝共聚
	低压法	VC 单体全部溶胀在基体聚合物中，无液相 VC 存在，一般采用分步或连续加 VC，分散介质、引发剂、分散剂等类似于 VC 悬浮聚合	VC/EVA<1 时的 EVA-VC 接枝共聚
乳液接枝共聚		接枝单体全部或部分溶胀于基体聚合物胶乳中，分散介质、引发剂和乳化剂同 VC 乳液聚合	ACR-VC 接枝共聚

以上方法中，采用悬浮聚合方法得到的 VC 接枝共聚树脂的颗粒特性与通用 PVC 树脂相似，加工应用方便，因此是最常用的制备方法。目前常见的提高抗冲击性能的接枝共聚物有下列几种：

① 乙烯-醋酸乙烯酯共聚物（EVA）与氯乙烯接枝共聚，即 EVA-g-VC。

② 氯化聚乙烯（CPE）与氯乙烯接枝共聚，即 CPE-g-VC。

③ 聚丙烯酸酯（ACR）与氯乙烯接枝共聚，即 ACR-g-VC。

④ 乙丙橡胶（EPR）与氯乙烯接枝共聚，即 EPR-g-VC。

⑤ 热塑性聚氨酯（TPU）与氯乙烯接枝共聚，即 TPU-g-VC。

以上几种接枝共聚物在国内大都处于开发研制中，尚未形成大规模生产。以下主要就 EVA-g-VC、CPE-g-VC、ACR-g-VC 作简要介绍。

8.4 EVA-g-VC 共聚树脂

在世界已经工业化的氯乙烯共聚树脂中，EVA-g-VC 共聚物是开发最早、产量最大的接枝共聚改性 PVC 品种，其产量仅次于氯乙烯-醋酸乙烯酯共聚树脂，居第 2 位[224,225]。

EVA-g-VC 共聚树脂是将氯乙烯链节接枝到 EVA 链节上，在 EVA 骨架聚合形成的接枝共聚物产品中实际包含未接枝 EVA、均聚 PVC 和 EVA-g-VC 共聚物三种组分。EVA 作为弹性体改善了体系的增韧效果，并使其加工性良好，同时兼有内增塑性和抗冲改性性能。随着 EVA 含量不同，不加增塑剂就可加工成硬质、半硬质或软质制品；亦可以任意比例与 PVC 共混。

8.4.1 产品开发基本状况

EVA-g-VC 共聚树脂由联邦德国的 Bayer 公司于 1964 年首先工业化，主要采用悬浮溶解接枝共聚技术。1968 年日本住友等公司开始从联邦德国引进技术生产软质 EVA-g-VC 共聚树脂，其中发展较快的是日本东洋曹达公司，该公司通过使用不同牌号的 EVA 与氯乙烯接枝共聚，生产出多种用途的新型树脂，进一步扩大了产品的应用领域。之后，钟渊化学公司又开发了悬浮溶胀接枝共聚技术，生产硬质 EVA-g-VC 树脂，并将技术出口到欧美。在欧洲，以 Bayer 公司产量最大，品种也较多[226]。从 20 世纪 80 年代初开始，国内的浙江化工研究院和徐州电化厂开展了 EVA-g-VC 共聚物的研究，由于 EVA 原料等问题，并未形成大的生产能力[227]。

8.4.2 EVA-g-VC 共聚树脂合成方法

8.4.2.1 原料的选择

EVA-g-VC 接枝共聚树脂体系中影响增韧效果的主要因素是 EVA 弹性体含量、EVA 共聚物的 VAc 含量和分子量。

EVA 分子量一般用熔融指数（MI）表征，当 EVA 中 VAc 含量较高（如 33%～45%）、MI<60g/10min 时，EVA-g-VC 共聚物的改性效果良好；而当 MI>60g/10min 时，即使 VAc 保持较高的含量，接枝共聚后的改性效果也不明显。

在生产硬质和半硬质 EVA-g-VC 共聚物时，可使用 VAc 含量 30%～50% 的 EVA，在共聚物中可起到显著的增韧作用；使用 VAc 含量为 13%～15%、MI 为 3.5g/10min 的 EVA，对改进制品抗冲击强度效果也较好，而且可降低生产成本。用于 PVC 内增塑时，一般选择 VAc 含量为 45%、MI<60g/10min 的 EVA 较为适宜。

只有当共聚树脂中 EVA 达到一定含量时，EVA-*g*-VC 共聚物才具有较好的抗冲击强度，含量过高，抗冲击强度增加趋缓，而拉伸强度、耐热温度等随 EVA 含量增加持续降低。

因此，选择合适的 EVA 品种和添加量，是生产出性能优良的高抗冲 PVC 树脂的关键。

8.4.2.2 聚合方法

EVA-*g*-VC 共聚树脂的合成主要采用悬浮聚合法和乳液聚合法生产。乳液法生产 EVA-*g*-VC 共聚树脂主要用于涂料和胶黏剂，产量较少，多数产品采用悬浮法生产[228]。

EVA 可被 VC 溶胀或溶于 VC 单体中，对 VC 接枝聚合反应影响小，树脂后处理也容易，符合接枝共聚的三个基本要求，所以接枝共聚过程与氯乙烯的均聚过程基本相似。接枝共聚方法可细分为溶解法、溶胀法和低压法三种。各种聚合方法的工艺特点简介如下。

（1）溶解法

悬浮溶解接枝共聚法由 Bayer 公司最早提出，其主要特点是在反应前期首先将 EVA 溶解在 VC 中，然后加入引发剂引发聚合；也可一次将 VC、EVA、水、引发剂和分散剂同时加入聚合釜中，先冷搅一段时间，使 EVA 溶解于 VC 中，然后升温进行聚合反应，待压降后加入终止剂，同时降温回收单体，经离心、水洗、干燥得到成品树脂。

溶解法一般可用于 VC 与 EVA 加料比≥3 的体系，在体系中 EVA 含量<8%（质量计），EVA 中 VAc 含量较高（如 45% 时）。该法生产操作较为简单，缺点是聚合初期 EVA 溶解在氯乙烯单体中，在聚合过程中 EVA 再次被相分离出来，沉积在 PVC 粒子表面。

（2）溶胀法

溶胀法一般多适于生产 VC 与 EVA 加料比在 2 以下的树脂，通过调整加料步骤也可生产出 VC 含量达 95% 的共聚物，产品的透明度高，具有网状和半网状结构的相态，物理性能好。日本钟渊化学公司的技术较为成熟。

在采用溶胀法生产 EVA-*g*-VC 接枝共聚物时，EVA 分子量不宜太高，一般选择熔融指数 MI 为 1.5～20g/10min 之间较为合适。

聚合前先将水、EVA 和分散剂加入聚合釜中，抽真空后再加入 VC 单体，升温到较高的温度，使 EVA 粉化溶胀一段时间，然后降温回收部分 VC 单体，加入引发剂进行反应。为减少树脂中未接枝 VC 均聚树脂的量，适当延长溶胀时间，有利于聚合时产生分子间缠结，形成接枝共聚物，使生产的树脂具有良好的物理性能。

日本东洋曹达公司的新技术溶胀时间为 3h，溶胀温度为 60℃，聚合时间 4h，由于使用了复合引发剂，进一步提高了生产效率。该公司使用含 25% VAc 的 EVA 与 VC 共聚，可生产出性能良好的抗冲改性 PVC，EVA 与 VC 加料比为 50：50 时，可生产柔软的内增塑 EVA-g-VC 共聚物。使用溶胀法生产硬制品树脂，且使用 90% 的 VC 与 EVA 共聚时，共聚目的主要是提高聚氯乙烯制品的抗冲击性能。在生产这种共聚树脂时，聚合前，先将 EVA 浸入 VC 逐渐溶胀，然后加入引发剂开始聚合，在聚合过程中再连续补加剩下的氯乙烯单体，继续聚合，可生产半网状结构的接枝共聚树脂，达到改进 PVC 抗冲击强度的目的。溶胀法可以生产出 VC 含量为 50%～95% 的接枝共聚树脂。

在聚合过程中，VC 单体在 EVA 中溶胀的程度直接影响 VC 在 EVA 上的接枝率和接枝效率，从而影响 EVA-g-VC 共聚树脂的冲击强度等性能。商品 EVA 大多是直径为几毫米的粒料，必须经过粉化才能用于接枝共聚。粉化可以采用低温机械粉碎和 VC 溶胀搅拌粉化方法。采用 VC 溶胀法粉化 EVA，可实现 EVA 粉化和接枝共聚一体化，设备简单，操作方便，成本较低。

德国一家公司，在生产用于 PVC 抗冲击改性剂的 EVA-g-VC 共聚树脂时，采用粉状 EVA 先与引发剂一起加入聚合釜搅拌 0.5h 后再加入 VC 单体，升温到 20℃ 左右，先搅拌反应 0.5h，然后再升到聚合温度继续反应。反应完成以后，脱除残留单体，经干燥得到改性的 EVA-g-VC 共聚树脂。

溶胀法的优点是操作初期 EVA 被 VC 溶胀，然后 VC 单体在 EVA 颗粒间隙中聚合，易于形成网状结构的聚合物，产品物理性能好，国外多数厂家采用溶胀法生产这种树脂。

（3）低压法

低压法适于氯乙烯与 EVA 加料比<1 的聚合体系。操作时，先将粉化后的 EVA 和引发剂加入聚合釜，然后加入 VC 升温聚合，聚合中为保持釜压，连续补加 VC 单体，直到得到共聚树脂。该法的缺点是由于反应温度低、生产效率差，现在还没有实现工业化。

8.4.3　产品种类和特性

EVA-g-VC 共聚树脂产品有 2 种规格，即硬质抗冲型和软质增塑型（包括改性剂型）。在生产软质增塑型树脂时，通常采用 VAc 含量为 45%（质量分数）的 EVA 共聚物，EVA 含量为 30%～50%（质量分数）；在生产用于抗冲改性剂的 EVA-*g*-VC 共聚树脂时，EVA 含量为 60%～80%（质量分数），其中 VAc 含量为 12%～25%（质量分数）。在生产硬质级 EVA-*g*-VC 共聚物时，一般选择 VAc 含量为 13%～15%（质量分数）的 EVA 共聚物 1～15 份，可提高制品的抗冲击强度[229-231]。

EVA-*g*-VC 共聚物低温性能好，塑化温度低，硬度对温度的依赖关系小，制品适用温度范围宽，在较高温度条件下能保持一定强度和形状，具有永久性或结构内增塑作用，产品无迁移性，耐老化和耐候性好，显著提高了制品的质量。此外，以 EVA 为基体的改性剂类 EVA-*g*-VC 共聚物，可以任意比例与 PVC 共混，组分间相容性好，比单独使用 EVA 改性的 PVC 材料抗冲击强度提高了 1.3 倍，具有良好的抗冲击性能和耐候性能。

8.4.4　产品主要用途和加工方法

EVA-*g*-VC 共聚树脂主要用于制造要求抗冲击强度高、耐候性好的制品。经过 50 多年的发展，EVA-*g*-VC 共聚树脂生产工艺日益成熟，品种也逐渐增多，使用该树脂生产的产品具有更加广泛的综合性能，应用领域逐步扩大。

硬质抗冲型产品主要用于挤塑成型制造上下水管、电缆护套、窗框、门板、板条、家具等，注塑成型制造管件、室外标牌、配电盘、电器外壳等，压延成型制造包装用片材或再压制成板材；软质增塑型产品可制造半硬质片板和软质薄膜，用于制作车辆挡泥板、包装材料、高级壁纸和器具装饰品、医用制品、片材、高级电缆和鞋底、硬质抗冲建材、发泡制品、涂料和黏合剂等。EVA-*g*-VC 共聚树脂还可与 PVC 共混，共混物中 EVA 质量分数一般约为 6%，可改进 PVC 的加工性能、抗冲击性能和其他性能。

EVA-*g*-VC 共聚树脂可用加工 PVC 的通常方法和设备来加工，加工性能好，生产效率高。但接枝树脂对加工配方敏感，制品的抗冲击强度对稳定剂的种类具有较高的选择性，并且对加工条件也很敏感，加工温度不宜太高，加工时间不宜太长，混炼时间不宜过长，否则抗冲击强度反而降低，一般以 170～180℃、混炼 4～6min 为宜[232]。

8.5　CPE-*g*-VC 共聚树脂

氯化聚乙烯（CPE）是由高密度聚乙烯（HDPE）经氯化而制成的高分子合成材料，氯含量较高、氯化均匀的 CPE 是一种热塑性弹性体。CPE 具有优良的耐热、耐臭氧、耐热老化、耐化学品和耐油性能，是一种重要的 PVC 抗冲改性剂，应用很广。

采用 PVC/CPE 共混方法，当 CPE 达到一定含量时，可大幅度提高 PVC 的抗冲击强度。但采用共混的方法存在着 PVC 与 CPE 的相容性问题，对 CPE 的选择性较高，抗冲改性效果受组分相容性和加工条件的影响较大。

采用 CPE 与 VC 接枝共聚的方法，使 CPE 与部分 PVC 以化学键相连共聚而成的共聚树脂，称为 CPE-*g*-VC 共聚树脂。CPE-*g*-VC 共聚树脂把 CPE 的弹性和抗冲击性同 PVC 刚性结合在一起，具有优良的综合物理性能，如具有较高的机械强度和抗冲击强度，良好的耐候性、耐低温性、阻燃性、高填充性和耐溶剂萃取性等特点。它改善了纯 CPE 与 PVC 的相容性、提高了对 PVC 的增韧效果，既可以作为硬质 PVC 等多种树脂的改性剂，又可以作为软质 PVC 的永久型增塑剂，用途十分广泛[233]。

8.5.1 产品开发基本状况

国外对 CPE-*g*-VC 共聚树脂的研究较早，美国孟山都公司和 Hooker 化学公司、德国 Nobel 公司、日本电气化学和日矢公司等先后对 CPE-*g*-VC 共聚树脂进行了研究。国内安徽省化工研究院、山东潍坊化工厂、浙江大学和重庆万达塑胶有限公司等单位进行了 CPE-*g*-VC 共聚树脂的研究，其中，安徽省化工研究院承担的"七五"国家科技攻关项目"CPE/VC 接枝共聚树脂"于 1990 年 8 月结题鉴定，并在潍坊化工厂开发了年产 500 吨"CPE/VC 接枝共聚树脂"生产工艺[234]。1996 年安徽省化工研究院采用水相悬浮法，成功地放大于 $7m^3$ 聚合釜[235]。浙江大学包永忠等建立氯化聚乙烯/氯乙烯悬浮溶胀接枝共聚聚合温度-压力-转化率模型[236]，但该类接枝共聚树脂依然存在较多问题，首先热稳定性没有明显改善，加工时仍需添加足够的热稳定剂和光稳定剂，并且对加工条件要求较高，截至目前尚未工业化生产。

8.5.2 CPE-*g*-VC 共聚树脂的合成方法

氯含量在 $25\%\sim48\%$ 之间的 CPE 均可用于合成 CPE-*g*-VC 共聚树脂。CPE-*g*-VC 共聚树脂产品性能受聚合方法、原料 PE 制备方法和 CPE 中氯含量、共聚物中 CPE 用量、粒径及接枝率的影响。

CPE 与 VC 接枝共聚，可以采用水相悬浮法、气相法和本体法，一般采用水相悬浮法制备。在水相悬浮法中，根据对 CPE 不同的预处理方法又可分为溶胀法、溶解法和溶剂浸渍法。对此进行了对比试验，结果如表 8-2 所示。

表 8-2 数据表明，溶剂浸渍法的接枝物的抗冲击强度较低。溶解法的接枝物颗粒较粗，不利于加工应用，聚合操作不方便。溶胀法接枝物的抗冲击强度较高，颗粒度较细，耐热性能也好，有利于加工应用。因此，通常采用水相悬浮溶

胀接枝共聚法合成 CPE-g-VC 共聚树脂。

表 8-2　不同聚合方法的接枝物性能

聚合方法	缺口冲击强度 /(kJ/m²)	热分解温度/ ℃	热稳定时间/s	不同粒径颗粒比例/%	
				粗于 20 目	细于 20 目
溶胀法	166.0	170	580	1	99
溶解法	108.0	156	196	76	24
浸渍法	38.7	144	134	1	99

采用国内各厂家生产的不同品种（主要以含氯量为指标）CPE 得到的 CPE-g-VC 的抗冲击强度结果列于表 8-3。

表 8-3　CPE 含氯量对 CPE-g-VC 抗冲击强度的影响

CPE 含氯量/%	CPE-g-VC 中 CPE 含量/%	CPE-g-VC 冲击强度(缺口)/(kJ/m²)
25.00	11.1	74.3
30.70	12.2	88.2
34.53	11.5	102.0
36.00	12.3	92.1
36.80	12.6	84.5
39.60	11.3	43.2
40.26	12.2	24.6
44.47	12.3	16.6
48.00	12.1	16.5

可见采用表 8-3 中含氯量在 25%～48% 之间的 CPE 均可得到抗冲击强度较高的接枝共聚物，但常用的是氯含量为 35% 左右的 CPE，它不溶于 VC 单体，但能被 VC 溶胀。

CPE-g-VC 采用悬浮溶胀法接枝共聚，其工艺过程与 VC 悬浮聚合相似。但在接枝共聚前 CPE 要经 VC 充分溶胀，以减少 VC 均聚物的形成，提高接枝率。CPE-g-VC 悬浮溶胀接枝共聚的典型配方如表 8-4 所示。操作工艺为：先在聚合釜内加入水和分散剂，再加入 CPE 粉末和其他助剂，密封抽真空，压入 VC 单体，升温 40℃搅拌使 CPE 被 VC 溶胀 0.5h 以上，然后加入引发剂溶液进行聚合，聚合过程和后处理工艺与 VC 悬浮聚合相似。

CPE-g-VC 共聚物树脂的加工和力学性能直接受共聚物的粒径和接枝率等的影响。

表 8-4　CPE-*g*-VC 悬浮溶胀接枝共聚配方（聚合温度为 57℃）

物料	用量/份		物料	用量/份	
	1	2		1	2
VC	100	100	分散剂	适量	适量
CPE-35	20	100	润湿剂	适量	适量
去离子水	150	250	其他助剂	适量	适量
EHP	0.04	0.04			
LPO	0.03	0.03			

共聚树脂的平均粒径和分布与 CPE 粒径分布、CPE/VC 比例、分散剂用量、溶胀条件和聚合条件等有关。由于聚合过程中通常只有部分 VC 溶胀进入 CPE，溶胀 VC 的 CPE 难以被分散成更小液滴，因此 CPE 与 VC 接枝共聚时通常存在两类成粒单元：溶胀有 VC 的 CPE 粒子和纯 VC 液滴。聚合产物往往由粒径较大的 CPE-*g*-VC 共聚树脂粒子和粒径较小的纯 PVC 树脂颗粒组成，产物呈现双峰粒径分布。随着溶胀时间和温度增加，粒径有增大的趋势。随着 CPE 含量增加，粗粒子的比例和共聚树脂的平均粒径也增加。这主要是由于随着溶胀时间、溶胀温度和 CPE 含量的增加，溶胀 VC 量增加，聚合后粒径增加越多。

CPE-*g*-VC 共聚树脂的接枝率与接枝效率与 CPE/VC 配比、溶胀和聚合条件有关。当溶胀时间较短时，共聚物接枝率和接枝效率均随溶胀时间的增加而增大，当溶胀达到一定时间后，均趋于定值。提高溶胀温度也可提高接枝率和接枝效率。随着 CPE/VC 配比的增加，接枝率增加，而接枝效率则逐渐降低。为了提高 CPE 与 VC 接枝共聚的接枝效率，可加入少量的链转移剂，也可采用两段聚合温度的方法，如美国孟山都公司采用两段聚合温度法进行接枝共聚得到的 CPE-*g*-VC 共聚物，其抗冲击强度与 CPE 含量相同的共混物相比提高了 10 倍左右，拉伸强度、透明度、加工性和耐候性均较好。

8.5.3　CPE-*g*-VC 共聚物的种类和特性

CPE-*g*-VC 共聚物的相态结构与 EVA-*g*-VC 共聚物类似，由于 CPE 与 PVC 部分相容和接枝共聚物对 CPE 和 PVC 的相容作用，体系呈网状两相结构特性。CPE-*g*-VC 共聚树脂产品性能受聚合方法、原料 PE 制备方法和 CPE 中氯含量、共聚物中 CPE 用量、粒径及接枝率的影响。

比较 CPE-*g*-VC 共聚物与 PVC/CPE 共混物的性能发现，室温下接枝共聚物的抗冲击强度是相同 CPE 含量的共混物的 2～5 倍；一般来说，当 CPE 含氯量低于 30% 时，共混物的低温抗冲击强度下降明显，而 CPE-*g*-VC 共聚物的低温抗冲击强度明显高于共混物。因 CPE-*g*-VC 接枝物优越的抗冲击性能，它可以作为 PVC 硬制品的抗冲改性剂，制备型材、板材、管材等。因 CPE-*g*-VC 接枝物的高抗冲、阻燃、耐寒的特点，其可代替高冲型、阻燃、耐寒及电镀 ABS 等产品。CPE-*g*-VC 共聚物在软制品上应用于防水卷材时，手感好、软硬适中，制作中可不用或少用增塑剂，而制品具有柔软性、耐寒性好，耐紫外线照射好，拉伸和撕裂强度上升，伸长率下降的幅度不大等特点，可用于多种室外制品。经交联的 CPE-*g*-VC 接枝物可不用增塑剂而具有良好的可挠性，电性能比 PVC 的其他改性品种优越，因此可应用在电线电缆绝缘护层上。

8.5.4　CPE-*g*-VC 共聚物的主要用途和加工方法

CPE-*g*-VC 共聚物可以采用 PVC、PVC/CPE 共混物的加工配方和加工工艺与 PVC 一样，CPE-*g*-VC 共聚物也是含氯聚合物，受热、光作用会分解，因此必须加入足够的热稳定剂和光稳定剂，以提高加工热稳定性及耐候性，PVC 用的各类热稳定剂均可用于 CPE-*g*-VC 共聚物的加工。共聚物可以采用挤出、注塑及压延等方法进行加工，加工温度和加工时间对制品性能有一定的影响，如混炼温度为 175～185℃时，制品的缺口冲击强度较高，低于 175℃ 或高于 185℃ 时冲击强度较低[237]。

CPE-*g*-VC 共聚树脂应用较广，可以直接应用，也可以作为增韧改性剂，特别适用于 CPE 改性 PVC 而冲击强度仍不能满足要求的场合。低 CPE 含量的 CPE-*g*-VC 树脂通常用于制备硬质制品，如硬板、硬片、硬管、工业管道、地下管道、波纹管及户外适用的门窗、楼梯扶手等。高 CPE 含量的 CPE-*g*-VC 树脂具有增塑作用稳定、耐低温性好、耐溶剂萃取及电绝缘性优良等特点，可以生产弹性密封条防水卷材、塑料地板及耐油电缆等[238,239]。

8.6　ACR-*g*-VC 共聚树脂

ACR-*g*-VC 共聚树脂是近年来发展起来的一种复合树脂，既具有良好的加工性，又具备优良的力学与热学性能，是一种优良的抗冲 PVC 品种。它是以丙烯酸酯类（ACR）聚合物弹性体为基体，接枝 VC 而形成的包含以 ACR 分子为主链、VC 为支链的接枝共聚物，主要是针对 PVC 树脂的缺口抗冲击强度低，共混改性时抗冲改性剂分散不均、分散相易渗出，改性效率低而开发的抗冲改性 PVC 专用树脂。

ACR-*g*-VC 共聚树脂由于 ACR 的引入不但可以改善 PVC 树脂的塑化时间及其熔融温度，而且增韧效率高。其对加工过程要求低，且由于复合树脂不含双键，故耐候性好，可以用于户外，因此在建材行业得到了广泛使用[240-243]。

8.6.1 ACR-g-VC 共聚树脂开发基本情况

ACR-g-VC 共聚树脂最早由德国 Hüls 公司开发成功，牌号为 Vestolit P1982K，其后 Wacker 开发了牌号为 Vinnol VK602/64 的 ACR-g-VC 共聚树脂，其 K 值为 64，ACR 含量为 6%；Solvay 公司开发了牌号为 Solvic 465SE、聚丙烯酸丁酯（PBA）含量为 6.5% 的 PBA-g-VC 共聚树脂；赫斯特公司开发了牌号为 Vinnolit H2264Z、ACR 含量为 7% 的 ACR-g-VC 共聚树脂[244-247]。近年来，有关不同 ACR 组成的 ACR-g-VC 共聚树脂的国外专利报道很多。

我国在"八五"期间，先是由北京化工研究院与天津化工厂合作进行 ACR-g-VC 共聚树脂的开发，之后浙江大学、河北工业大学也进行了该树脂的研究[248,249]但由于该工艺操作复杂、工艺流程较长，而且影响产品性能的因素较为复杂，导致工业化进程缓慢。河北盛华化工有限公司在 2012 年已在 30m³ 聚合釜进行生产[250]，但在悬浮过程中还存在粘釜现象、颗粒形态不佳等问题，现已停产。2016 年中泰集团技术研发中心与河北工业大学开展产学研合作，对高抗冲 PVC 复合树脂的开发进行课题攻关，以河北工业大学的小试研发技术为依托，中泰集团技术研发中心进行消化吸收和再创新，并结合国内外高抗冲 PVC 树脂的研发技术资料，自主设计并建设一套年产 1500t ACR（丙烯酸酯类）乳液聚合生产线，利用 ACR 乳液与 VC 进行原位悬浮接枝聚合，实现 PVC 的高抗冲击性能，并在中试基础上成功开发出高抗冲 PVC 树脂。2019 年通过种子乳液合成工艺配方、悬浮接枝聚合工艺配方调整，实现在高抗冲 PVC 树脂聚合装置连续稳定生产。

8.6.2 ACR-g-VC 共聚树脂的合成方法

ACR-g-VC 树脂的合成方法很多，主要包括两个过程：ACR 乳胶的合成；ACR-VC 接枝共聚。目前主要开发的合成方法有三种：第一种为 ACR 乳液经喷雾干燥后与 VC 进行共聚；第二种为在 ACR 乳液存在下，VC 乳液聚合进行接枝共聚；第三种为 ACR 乳液与 VC 利用悬浮聚合方法进行接枝共聚。其中第二和第三种方法操作过程便于控制，省去乳液干燥过程，是目前研究开发最广的 ACR-g-VC 树脂制备方法[251]。

8.6.2.1 ACR 乳胶的合成

ACR 乳胶的合成通常采用乳液法。尽管早期有直接采用 PBA 均聚胶乳的报道，但目前大多采用由两（多）步乳液聚合制备的核-壳型 ACR。通常选择 T_g

较低的聚合物，如 PBA、聚丙烯酸乙基己酯（PEHA）等作为 ACR 的内核。ACR 内核只有经过适当的交联，形成具有一定弹性模量的粒子，才能成为高性能抗冲改性剂。常用交联剂有乙二醇二甲基丙烯酸酯、邻苯二甲酸二烯丙基酯、二乙烯基苯等。交联剂的用量一般控制在 0.5%～1.5%（相对内核单体质量）。壳层一般由与 PVC 相容性好、T_g 较高的聚合物组成，常用的是聚甲基丙烯酸甲酯（PMMA）。

制备 ACR 胶乳时，一般先通过乳液聚合合成交联 PBA 内核，再以此为种子，由 MMA 单体的连续或半连续聚合，合成壳层聚合物，得到核-壳型 ACR。根据需要也可在 PBA 核层外合成过渡层，最后形成 PMMA 壳层，得到多层核-壳型 ACR。因乳液聚合反应参数的控制和聚合配方设计的不同，导致制备的乳胶粒具有不同粒径、核壳比和形态，为了合成壳层包覆完全的 ACR，应选择合适的 BA/MA 比例，一般为 40:60～60:40 之间。

ACR 内核和整个 ACR 粒子的粒径和粒径分布对抗冲改性效果有较大影响，是合成过程所要控制的参数，一般 ACR 粒径控制在 100～400nm。

8.6.2.2　ACR-g-VC 接枝共聚机理

ACR-g-VC 树脂是具有"核-壳"结构的共聚产品，它以 ACR 为主链的接枝反应机理只能是单体自由基夺取 ACR 分子链的活泼氢原子。

加入交联剂后的 ACR 只溶胀于 VC 中，不会分散于体系中，其中内核 PBA 形成三维网络结构。交联剂的引入使 PBA 基团中的 α-氢原子（PBA 酯基中的邻位 α-碳上的氢原子）活性更强。随着 PBA 交联度增加，它在体系中的局部化程度也越来越高，致使体系的自动加速效应也越来越明显，接枝速度也就大于 PVC 均聚反应速度；VC 单体进入 ACR 中，在其表面和内部与 α 氢发生接枝反应，接枝效率提高。

ACR-g-VC 接枝共聚可以采用乳液、悬浮聚合方法。

（1）乳液接枝共聚

乳液法以瑞士 LONZA 公司为代表，以合成 B6805 系列树脂为例，第一步由丙烯酸酯合成 ACR 胶乳；第二步，ACR 同 VC 进行乳液接枝共聚，得到 ACR 含量为 5% 的共聚物，树脂性能如下：K 值 68±1，表观密度（0.62±0.05）g/cm³，挥发分≥0.20%，氯含量 53.6%，粒径在 0.1～0.25μm 之间的粒子占 40%。

国内潘明旺等合成了以 BA-EHA 共聚物为核、MMA-St 共聚物为壳的互穿网络结构型 ACR 胶乳，再通过乳液接枝共聚合成 ACR-g-VC 共聚物。另外，还报道了一种有机/无机复合 ACR 胶乳及其与 VC 接枝共聚物的制备方法，其中

ACR 的制备分三步，第一步为含蒙脱土或无机纳米粒子的 ACR 种子的合成；第二步是向种子胶乳滴加丙烯酸丁酯/交联剂混合物，形成橡胶相壳层；第三步是向以上胶乳中滴加含交联剂的单体，半连续乳液共聚合成塑料相壳层。最后在复合 ACR 胶乳存在下进行 VC 乳液接枝共聚，得到 ACR-g-VC 共聚物。采用以上方法合成的 ACR-g-VC 共聚物具有高的抗冲击强度，相对 PVC 均聚物，维卡热变形温度和拉伸强度下降小。

河北工业大学对 ACR/VC 乳液接枝共聚开展了研究。Pan 等先采用乳液聚合法合成了 BA 与 EHA 的交联共聚物 P(BA-EHA) 乳液，再以 P(BA-EHA) 乳液为种子合成 P(BA-EHA)/P(MMA-St) 复合胶乳，分别以 P(BA-EHA) 和 P(BA-EHA)/P(MMA-St) 为种子，与 VC 聚合制备了具有高抗冲 P(BA-EHA)-g-VC 和 P(BA-EHA)/P(MMA-St)-g-VC 复合树脂。

（2）悬浮接枝聚合

悬浮接枝聚合是制备 ACR-g-VC 共聚树脂的主要方法，又可分为两种，一种是以破乳后 ACR 粒子与 VC 悬浮接枝共聚，另一种是直接加入 ACR 胶乳，与 VC 悬浮接枝共聚。ACR 胶乳破乳干燥，工艺过程烦琐。为此有公司提出先使 ACR 胶乳在反应釜中凝聚，再加 VC 单体悬浮接枝共聚的方法，得到的 ACR-g-VC 共聚物具有较好的粒径分布和性能。采用的凝聚方法是加入金属盐、铵盐、金属氢氧化物，或采用低温（$\leqslant 10℃$）凝聚方法。表 8-5 为典型的悬浮接枝聚合配方。

表 8-5　ACR 胶乳与 VC 悬浮接枝共聚配方

物料	用量/份	物料	用量/份
去离子水	14000	脱水山梨糖醇单月桂酸酯	12
VC 单体	9500	过氧化二月桂酰	12
交联 ACR 胶乳(固含量 25%)	2300	巯基乙醇	4
聚乙烯醇	55		

德国 Hüls 公司最早开发了 ACR-g-VC 悬浮树脂，牌号为 Vestolit P1982K，其理化指标如表 8-6 所示。

表 8-6　牌号为 Vestolit P1982K 的 ACR-g-VC 树脂的理化指标

指标	测试标准	数值
K 值	DIN EN ISO1628-2	65
黏数/(mL/g)	DIN EN ISO1628-2	106
表观密度/(g/cm³)	DIN EN ISO60	0.62
0.063mm 筛末过率/%	DIN EN ISO4610	$\leqslant 10$

续表

指标	测试标准	数值
0.200mm 筛未过率/%	DIN EN ISO4610	≥90
灰分含量/%	DIN ISO3451-5	≤0.1
挥发分含量/%	DIN ISO1269	≤0.3
丙烯酸酯含量/%		≤6.3

制备性能优异的 ACR-g-VC 悬浮树脂的关键：一是要合成稳定性好、抗冲击改性效果优异的 ACR 乳液；二是选择合适的聚合工艺，以制备接枝效率高、颗粒形态好的 ACR-g-VC 共聚树脂。

在 VC 悬浮聚合体系中加入 ACR 胶乳，对聚合稳定性有一定影响。温绍国等研究发现，ACR 胶乳的引入容易使聚合失稳出粗料，这是由于乳化剂的存在影响 VC/水界面张力和液-液分散，通过调节分散体系可以得到颗粒特性较好的 ACR-g-VC 共聚树脂。霍金生合成了 St/BA 型 ACR 乳液并通过悬浮共聚接枝氯乙烯，发现乳液加料方式、乳液 pH 值对聚合稳定性和接枝共聚树脂颗粒特性有很大影响，采用乳液在 VC 预分散后加入、聚合介质和乳液分别调节 pH 值至碱性，对提高聚合稳定性和树脂粒径分布有利，另外，分散体系的选择对树脂颗粒特性也有很大影响。

近年来，一些专利提出了采用多层核-壳结构 ACR 制备 ACR-g-VC 共聚树脂，如日本 Sekisui 化学公司专利报道了先由 MMA 乳液聚合得到交联内核，然后形成交联 PBA 层，再在外面形成 PMMA 层，将得到的三层 ACR 乳液与 VC 接枝共聚，得到高抗冲 PVC 树脂。

8.6.3　ACR-g-VC 共聚树脂产品的种类和特性

ACR-g-VC 共聚树脂一般采用 ACR 胶乳或 ACR 粒子存在下的 VC 聚合制得，因制备过程中不可避免存在未接枝的 ACR 和 VC 均聚物，所以 ACR-g-VC 共聚树脂实际是 ACR-g-VC 接枝共聚物、ACR 和 VC 均聚物的混合物。

ACR 弹性体是赋予接枝共聚物优异抗冲击性能的重要因素，ACR 的含量、结构和组成，对抗冲击性能有很大影响。如前所述，ACR 内核通常为交联的 PBA，是常见的增韧弹性体，它在 ACR-g-VC 共聚物中分散分布，当材料受到冲击时，弹性相能吸收能量，提高 PVC 材料的抗冲击性能。ACR 壳层对核层具有保护作用，同时又与 PVC 相容。商品化 ACR-g-VC 共聚物中 ACR 含量高时，可作为抗冲改性剂与 PVC 共混使用，ACR 含量在 10% 以下时，可直接使用。

与其他橡胶增韧 PVC 树脂相比，ACR-g-VC 共聚树脂有很多优点。

① ACR 具有核-壳结构，改性效果优于 CPE 和 EVA，用量较少时就能使 PVC 材料具有较高的抗冲击强度，同时具有完善的以 ACR 为分散相和以 PVC 为连续相的"海-岛"结构，避免了诸如 CPE-*g*-VC、EVA-*g*-VC 中橡胶网状结构的形成，能最大限度地保持 PVC 基体的拉伸强度和耐热变形性能；克服了 CPE-*g*-VC、EVA-*g*-VC 共聚树脂抗冲击强度对加工温度敏感的缺点，在较宽加工温度内都能获得高抗冲击性能的 PVC 制品；ACR 具有促进 PVC 塑化的特性，使 ACR-*g*-VC 共聚树脂具有良好的加工性能。

② 耐候性和大气老化性优良，使用寿命长。

8.6.4　ACR-*g*-VC 共聚树脂的主要用途和加工方法

ACR-*g*-VC 共聚树脂可以采用类似 PVC 的加工配方和加工技术。由于 ACR 不仅有抗冲改性作用，而且还有改进加工性能的作用，因此 ACR-*g*-VC 共聚物的加工性能优于纯 PVC，塑化时间较短、熔体强度较高，注塑性、吹塑性、挤出加工性和发泡成型性都较好。与 EVA-*g*-VC、CPE-*g*-VC 共聚物相比，ACR-*g*-VC 共聚物的加工范围宽，即加工温度、加工时间等参数对性能的影响较小，加工条件的选择和控制相对容易。

ACR-*g*-VC 共聚物可用于生产抗冲击性能要求的 PVC 硬制品，同时由于 ACR-*g*-VC 不含双键，耐候性优异，因而特别适合制造户外使用的制品，如壁板、门窗框、雨水槽、输送管和导线管等。

第**9**章 掺混树脂

随着现代加工技术的进步、加工方法和制品要求的不同，在 PVC 糊树脂加工过程中除了加入不同牌号的通用 PVC 糊树脂、增塑剂、热稳定剂等之外，还需加一些特殊的聚氯乙烯树脂，如增塑糊专用掺混树脂、低温熔融共聚树脂、特细树脂及黏结树脂，以改善加工条件、提高产品性能、改善增塑糊的性能，从而适应各种加工设备和条件、降低成本、提高企业经济效益。

在糊制品加工厂中，PVC 增塑糊专用掺混树脂已成为和 PVC 糊树脂同等重要的原料，因而引起人们重视，并进行了深入而广泛的研究和开发。国外对掺混树脂开发较早，已发展成为系列产品，牌号品种较多，成为专用型树脂。而掺混树脂在国内的发展较晚，作为一种增塑糊的添加剂，其使用受到限制，许多最早开始研究掺混树脂的企业纷纷转产生产其他通用型号的树脂，目前国内生产掺混树脂的企业主要有：上海氯碱化工股份有限公司、云南博骏化工有限公司和天津渤天化工有限责任公司等。

9.1 掺混树脂主要特性

常规 PVC 树脂从加工方面划分，主要有两大类。一类为通用型树脂，由悬浮法或本体法生产，颗粒粒径在 $80\sim240\mu m$。该类树脂与各种加工助剂按照特定的配方，经过高速混合器进行充分的搅拌形成均匀的配混料，通过压延、挤出、注塑等工艺加工成型。另一类为糊树脂，由乳液法或微悬浮法生产，颗粒直径为 $5\sim30\mu m$。该类树脂通常与增塑剂类助剂配混形成增塑糊，通过刮涂、浸渍、喷涂、搪塑等手段，经过加热塑化定型成产品。而掺混树脂是介于以上两种树脂之间的特种 PVC 树脂，其颗粒直径为 $10\sim80\mu m$，是一种在配制 PVC 增塑糊时通过掺混来替代部分糊树脂的特种 PVC 树脂，简称 BPVC。

掺混树脂成糊性差，不能单独用来配制 PVC 增塑糊，而必须与糊树脂配合使用[252]。

聚氯乙烯糊用掺混树脂按一定的比例（30%～70%）加入 PVC 糊树脂中，能有效地降低增塑糊的黏度，减少增塑剂用量，从而大幅降低 PVC 增塑糊的成本。在降低糊黏度的同时，掺混树脂可以通过共聚、改变分子量和聚合方法等手段改善糊流动性（吻合牛顿流体），降低塑化温度，提高制品韧性和刚性，增强制品的表面滑爽性和色泽柔和感，从而提高制品的商业价值和降低制品生产成本。

掺混树脂能广泛应用于 PVC 糊树脂的各种制品中，如墙纸、地板、钢板涂层、人造革、浇注、浸渍手套、鞋靴、窗纱、各种发泡制品、搪塑制品及模型制品等；又可直接烧结制成蓄电池隔板。

粒度细小的掺混树脂，常用于刮刀涂布和逆辊涂布等工艺。在刮刀和辊之间或涂布辊之间不能有任何粗粒子掺混树脂，只要有粗粒子存在，就会积聚在涂布机的涂料槽中，并且有时粗粒子能通过涂布辊与刮刀，在涂布的纸张或布料上造成条纹的痕迹。所以，粒度控制是掺混树脂用于涂布的主要条件。细粒子掺混树脂另一优点是不容易沉降，糊稳定性好。

在大粒子掺混树脂中有一种分子量高的品种，它有助于提高室温下的拉伸强度。尤其是用于搪塑套鞋时，要求无黏滞感的内表面，以便于穿、脱，而高分子量的粗粒子掺混树脂，能在塑化时形成不熔融的粗糙表面，并能降低糊黏度和改善脱气性能。

在掺混树脂中还有一种能降低增塑糊凝胶温度的牌号，它常用于以合成纤维作底材的地板革和壁纸中，面上涂布 PVC 糊树脂配制的增塑糊，受热易收缩变形，为此必须降低其凝胶温度，掺混树脂通常能使其降低 20～30℃。

用于化学发泡的增塑糊用掺混树脂，一般要求其分子量低，对粒度没有特殊要求，而在发泡增塑糊的涂布中或浸渍加工中，对 PVC 掺混树脂有一限制性的要求，只能增加而不能降低其糊黏度，以此来控制增塑糊的淌流。

当在配方中掺混树脂取代份数过多时，制品的一些性能将取决于所用的掺混树脂，如可减少黏性，尤其是拉伸强度、断裂伸长率等都与掺混树脂有关[253]。

PVC 均聚掺混树脂塑化加工性能同聚氯乙烯糊树脂相比有一定差距，在加工过程中，掺混树脂和糊树脂的塑化性能存在差异，只能用提高塑化温度、延长塑化时间予以补偿，这受到加工条件的限制，不宜用于性能要求高的制品场合。为此，许多厂家开发出共聚掺混树脂，以改善加工性能。共聚反应单体的选择原则是该单体具有可进行自由基反应的官能团。共聚单体竞聚率小于1，共聚的单体趋于共聚，同时共聚单体还应该具有—COOH 基团，以便同增塑剂有良好的互溶性。具有上述结构的单体，以嵌段形式进入到 PVC 分子聚合链中，从而破坏氯乙烯分子链的规整性，降低其结晶度及分子间的作用力，增加了分子链运动的自由空间，同时起到了内增塑作用及促进增塑剂溶解性。共聚物这种微观结构及特性，赋予其良好的塑化性能、加工流动性和成糊状态，从而改进掺混树脂的适用性。其中，氯乙烯与醋酸乙烯共聚掺混树脂是常用的共聚掺混树脂，它不仅大幅度降低了糊加工塑化温度，同时增加了糊制品及糊制胶体的韧性和抗冲击性能并对各种基质的黏着力有显著提高。目前我国共聚 PVC 掺混树脂的性能与国外相比仍存在很大差距。

9.2 聚氯乙烯掺混树脂发展概况

9.2.1 国外掺混树脂概况

国外在 20 世纪 50 年代末开始研究 PVC 掺混树脂，1960 年美国波登化学公司（Broden）、德国瓦克（Wacker）及美国古德里奇公司（B. F. Goodrich）等相继开发了掺混树脂的均聚及共聚产物。而共聚产品以氯乙烯-醋酸乙烯酯最为普遍，其次是偏氯乙烯、马来酸酯及丙烯酸酯类共聚物。国外许多公司都有自己的 PVC 糊用掺混树脂牌号，有些公司将掺混树脂与糊树脂混合，形成多种牌号，以各种糊树脂专用料出售。所以许多公司不愿意出售掺混树脂的生产技术或专利，仅仅出售掺混好的聚氯乙烯糊树脂[254]。

在开发聚氯乙烯新品种中，几乎所有生产 PVC 树脂的大公司都有掺混树脂及其他专用的新牌号树脂。可根据市场变化灵活调整专用牌号生产比重，既保证通用树脂的需要，又以多种牌号的专用树脂占有市场。比利时 Solvay 公司除有 120m³ 的大型聚合釜外，也有小型釜生产掺混树脂，如牌号为 Solvic266SF 的掺混树脂，主要作为塑料分散体，该产品占市场的 4％左右（分布在西欧、远东地区及巴西部分地区），日本三井的掺混树脂及新牌号树脂的生产量占总量的 5％。由上可见，国外生产 PVC 树脂的大厂，除了拥有本公司一系列的通用型 PVC 树脂外，还从 20 世纪 60 年代相继开发掺混树脂及专用牌号树脂，到目前发展为一系列的产品牌号，并在 PVC 树脂产品中占有一定比例，约占 3％～5％。这些专用树脂虽然产量不大，但都有先进的制备技术、优良的产品性能，占有稳定的市场[255]。典型 PVC 国外掺混树脂生产厂家和牌号见表 9-1。

表 9-1　典型 PVC 国外掺混树脂生产厂家和牌号

序号	生产厂家	产品牌号	树脂性能
1	美国吉昂	Geon100×13	降低糊黏度,透明碎粒子
		Geon100×29	凝胶性能好,透明碎粒子
		Geon106	比 Geon100×29 粒径大,无定形粒子
		Geon202	粒径大,偏氯乙烯共聚物,降低糊黏度
2	德国瓦克公司 (Vinnolit)	C65V	通用型掺混树脂,降低糊黏度
		EXT	降低糊黏度,增强制品的力学性能
		100V	抗粘连,消光磨砂效果
		PA 5470/5	氯醋共聚树脂,低温固化,增加黏合强度
		E 70 LF	氯醋共聚树脂,低温固化,增加黏度
		E 70 TT	糊稳定,高透明,低吸水性
		E 70 CQ	生产假塑流动性浆料
		P 80	高聚合度型号,高透明、高亮度、力学性能优良
3	日本钟渊 (Kanevinyl)	PBM-6	氯醋共聚树脂,凝胶性能好,作消光剂
		PBM-B	降低糊黏度效果最佳,降黏剂
		PBM-4	降黏剂,力学性能好
		PBM-10	凝胶性能好,作消光剂
4	韩国 LG 公司	LB110	黏度稳定性,低光效果,脱泡性能优
		LB110M	降黏剂

9.2.2　国内掺混树脂概况

我国的掺混树脂研究起步较晚,大约在 20 世纪 70 年代末才开始,当时只将紧密型悬浮 PVC 树脂的细料部分作为掺混树脂的代用品,这仅能用于要求降低糊黏度的加工过程,而对于要求防"淌滴"或防渗透的使用场合就不适用了。为此,在 80 年代中期以后,哈尔滨化工研究所首先开发了掺混树脂;1986 年,哈尔滨化工二厂实现工业化;后来吉林电石厂、无锡县电化厂、合肥化工厂等单位相继生产掺混树脂。他们均采用悬浮法,且只有均聚产品。由于当时市场尚未成熟、产品质量档次不高、产品种类单一,因此得不到用户的青睐。进入 90 年代之后,这些厂家就不再生产掺混树脂,或转产其他通用型的 PVC 树脂。

从 20 世纪 90 年代开始,为了改变国内掺混树脂生产供应的落后状况,我国将研究、开发掺混树脂列为"八五"重点攻关项目。此后,沧州化工厂、上海天原化工厂、杭州电化厂等单位都积极开发了掺混树脂的均聚产品,并先后通过了鉴定。但是共聚掺混树脂生产厂家很少,产品质量也很不稳定,品种也极少,与国外存在不少差距。高质量的共聚掺混树脂几乎完全依靠进口。

2000 年以来，有多家企业开发了掺混树脂的共聚产品，上海天原、锦西化工研究院、天津渤天化工均开发并生产氯乙烯-醋酸乙烯酯共聚掺混树脂。近年来，天津渤天化工开发出蓄电池隔板专用掺混树脂，上海氯碱化工开发出涂料专用聚氯乙烯掺混树脂。

目前，天津渤天化工生产的天工牌掺混树脂有 PB-700、PB-1000、PB-1300。其中，PB-700 主要与 MP-1000F、P450 搭配使用，主要用于生产发泡制品如发泡革、运动地板、发泡壁纸等；PB-1000 为通用型，一般与 P440、MP-1300L 搭配使用，主要用于生产致密革类、玩具类、汽车胶、输送带等；PB-1300 主要与 MP-1700G、R1069 搭配使用，主要用于生产需要改善光泽、耐磨性等性能的人造革、地板革等制品及输送带。通过加入不同比例的降黏树脂与糊树脂制糊后，能够有效地降低增塑糊的黏度，改善增塑糊的脱气性能，提高增塑糊的存储稳定性，有助于加工中增塑糊流型的改善，降低膨胀性，改善凝胶性能，改善发泡制品的泡孔结构，改善制品光泽性能，减少制品异味，增加制品出材率，从而降低生产成本。云南博骏化工有限公司生产的 BJ65 掺混树脂采用特殊悬浮法制备，粒径范围在 $50\mu m$ 左右，吸收增塑剂量低，与增塑剂具有一定的亲和力，在制备增塑糊时，不但可以替代 PVC 糊树脂，以降低制品成本，还可以大幅度降低增塑糊的糊黏度，改善糊的加工性能，提高了制品内在质量。

9.2.3　国内掺混树脂应用领域

国内掺混树脂主要应用领域有汽车胶黏剂、PVC 人造革、搪胶玩具、壁纸、塑胶地板、蓄电池隔板等。

PVC 汽车密封胶的主要成膜物质为聚氯乙烯糊树脂。在糊树脂中加入 $30\%\sim40\%$ 掺混树脂后可降低糊黏度，有利于脱气使涂层无气泡，增加了增塑糊的贮存稳定性，改善膨胀性流动；增加糊制品的韧性和抗冲击性能，显著提高糊对各种基质的黏着力。

PVC 人造革广泛用于装饰革、汽车革等方面。PVC 人造革具有优良的耐磨性、阻燃性、刮涂性、耐折性、耐候性等优势，加上环保增塑剂的使用，生产中提高废气回收等，性能和环保方面的共同改善，使 PVC 人造革仍将占据人工皮革行业较为重要的位置。在 PVC 人造革加工过程中，加入 $20\%\sim40\%$ 掺混树脂可显著降低增塑糊黏度，提高增塑糊流动性，改善制品性能。

塑胶玩具占玩具市场约 2/3 市场份额，而搪胶玩具又是塑胶玩具中的佼佼者，已经覆盖了娱乐生活的各个角落。生产搪胶玩具的主要原料为糊树脂，而添加掺混树脂可以显著提高玩具制品的加工硬度，使制品更加干爽，添加比例可在 $30\%\sim40\%$。

壁纸是带有文化色彩的一种装饰材料,其特点是价格低、花色多、透气性好、适用面广、隔声、耐擦洗、防霉、隔热、防潮、阻燃等;因花纹图案是印刷在塑胶上并经过压花,因而更具有独特的华丽风格和高雅效果,被家庭寓所、宾馆、酒店、娱乐场所广泛使用,极大地美化了人们的居住环境。壁纸加工中,掺混树脂可以替代10%～20%糊树脂,目的是降低糊黏度并提高消光效果。

PVC塑胶运动地板是建材行业中最新颖的高科技铺地材料之一,已在国外装饰工程中普遍使用,因其性能好、用途广泛、性价比高等优点而得到大力推广。PVC塑胶地板具有弹性、干净、整洁、美观、吸声、大方等功能,与实木运动地板相比,具有更好的安全性、减震性。主要适用于羽毛球场、篮球场、乒乓球场、排球场、网球场以及各类健身房、舞蹈室、幼儿园、商店、多功能厅、办公室等任何平整的地面。近几年PVC塑胶运动地板应用非常广泛,逐渐成为众多国际球类正式比赛运动场地的最佳选择。PVC塑胶运动地板的主要原料为糊树脂,添加20%～30%的掺混树脂可以显著降低糊黏度,提高发泡性能,使这种地板运动性能更为优秀,最大限度保护运动员的身体,市场发展前景广阔。

用于铅酸蓄电池内的PVC塑料隔板,可由细微的PVC掺混树脂直接烧结成型,加工制成疏松多孔绝缘的片状物体。它在蓄电池中的作用是保证正负极板间绝缘并隔离,防止电池内部电路短路,同时保证电化学反应时的离子能正常移动,使电池内的离子电路电畅通,20世纪90年代以后,国内厂家就开始研究适合生产蓄电池隔板用的掺混树脂,并在生产中应用,质量均能达到要求。经过多年的发展,我国铅酸蓄电池行业已经形成完整体系,但在生产过程中污染问题没有得到很好的解决,面对铅的回收和再生问题,特别是众多的部分中型及小型企业品质参差不齐、污染严重,对生态环境和生产人员均造成了危害,因此掺混树脂在此应用领域将逐步减少[256]。

9.3 掺混树脂的降黏机理和技术指标

9.3.1 掺混树脂的降黏机理

掺混树脂降低糊黏度的机理在于它都是单个颗粒的粒子,而且粒径比较大,在20～60μm;糊树脂粒径较小,在0.2～2μm。掺混树脂加入糊树脂后,粒子之间的空隙被填充,堆积变得致密。掺混树脂颗粒较紧密,表面较光滑,孔隙率低,表面积小,具有较优的表面积与体积比,所以在同样重量下,掺混树脂的表面积比糊树脂小。掺混树脂的颗粒大小与糊黏度有直接关系,在某个范围内,颗粒越大,糊黏度下降越大,当掺混粒子粒径超过这个范围,过大的颗粒会使增塑糊发生沉降,影响制品的加工和应用性能。同时,粒径不是影响糊黏度的唯一因素，由于糊树脂、掺混树脂、增塑剂品种和性能的不一，在相同粒径下，糊黏度也有很大的差异。

9.3.2　掺混树脂的技术指标

掺混树脂的粒子结构紧密、呈球形，外表光滑，粒度分布窄，表观密度大于 $0.6g/cm^3$，平均粒径在 $20\sim60\mu m$，K 值为 $57\sim75$。

掺混树脂的分子量越高，制品的机械强度越高，但塑化加工困难，因此掺混树脂的 K 值应控制在 $57\sim75$ 为好。掺混树脂粒径对配制增塑糊黏度有一定影响，通常粒径越大，糊黏度越低，但太粗的粒子在糊中易发生沉降，影响制品性能，因此一般要求掺混树脂粒度分布窄一点为好，且粒径一般控制在 $20\sim60\mu m$ 范围内。同时掺混树脂的增塑剂吸收率对制品质量也有影响，增塑剂吸收率低，则所配制的糊黏度低，且黏度的陈化稳定性好。但增塑剂吸收率低会导致塑化加工困难，因此掺混树脂的增塑剂吸收率要综合考虑，不要为了使掺混树脂的降糊黏度作用增大而单纯降低掺混树脂的增塑剂吸收率，从而导致塑化性能恶化使制品变劣。掺混树脂特征之一是结构紧密，一般表观密度比通用型大，热稳定性好，白度与通用型优级品指标相同。

采用特殊的聚合及后处理工艺制得的掺混树脂，杂质含量少、结构紧密、表面光洁、对增塑剂吸收率低，与增塑剂具有一定的亲和性。一般可通过均聚和共聚的方法制得。掺混树脂作为特种专用树脂，一般认为应具备如下的技术性能：

① 合适的粒径大小及良好的粒度分布；
② 紧密的颗粒结构，表观密度大，增塑剂吸收率低；
③ 适宜的分子量和良好的发泡性；
④ 具有一定的防沉降性，糊稳定性好；
⑤ 良好的热稳定性。

关于掺混树脂的其他性能，如白度、挥发分含量等，为了不降低原制品的性能，至少不低于糊树脂的指标。

9.3.3　国内外掺混树脂生产厂家及牌号

国内外目前生产的厂家及牌号列于表 9-2。

表 9-2　国内外 PVC 掺混树脂的生产厂家及牌号

厂家	牌号	用途
上海氯碱化工股份有限公司	SB-100	降低体系糊黏度,糊稳定性增强,用于涂料、皮带、涂层

厂家	牌号	用途
云南博骏化工有限公司	BJ-65	结构紧密，通常与糊树脂掺混使用，可部分代替糊树脂以降低黏度，改善加工性能，提高制品消光性能
韩国 HANHWA 公司	KBM-4	蓄电池隔板用
	KBM-10	共混树脂，粒径约 $28\mu m$，具有降黏和亚光效果
	BH-65	共混树脂，粒径约 $30\mu m$，降黏效果优异且有亚光效果
	BH-100	共混树脂，粒径约 $30\mu m$，具有降黏和亚光效果
韩国 LG 化学公司	LB110	用于塑料溶胶、汽车车身底涂、织物涂层、地板、搪塑、浸渍
	LB100M	粒径小、粒径分布窄，降黏效果明显
中国台湾塑胶工业股份有限公司	SPR-D	VAc 3%(质量分数，下同)，粒径约 $50\mu m$，降黏效果良好，通常与 PR-500、PR-415、PR-450、PR-1069、PR-F 等牌号的 PVC 糊树脂混合，制品具有消光效果
日本钟渊株式会社	PBM-6	VAc 3%，粒径约 $36\mu m$，具有良好的成胶性
	PBM-B5F	粒径约 $40\mu m$，降黏、消光效果好，物理性能、化学性能好
	PS-300K	粒径约 $26\mu m$，具有良好的圆网涂布特性
	XPS-300L	粒径约 $26\mu m$，具有良好的圆网涂布特性和消光效果
德国 Vinnolit 公司	EXT	主要用于低或中等增塑剂含量的 PVC 糊料，可降低黏度、延长保质期
	C100V	具有良好的降黏性能、显著的消光效果
	C65V	可降低糊料的黏度和膨胀性
	SA1062-7	VAc 7%，降黏效果良好，且凝胶温度较低
	C12/62V	VAc 12%，降黏效果良好，且凝胶温度较低
中国台湾塑胶工业股份有限公司美国分公司	F260	用于化学膨胀泡沫、织物涂层、瓶盖和股线涂层
	F265	VAc5%，用于地毯衬垫、汽车密封剂和浸渍涂层
	F2612	VAc12%，用于地毯衬垫、汽车密封剂和浸渍涂层

9.4　掺混树脂的开发生产

9.4.1　掺混树脂的制备方法

掺混树脂的工业制备方法，目前一般有三种：本体法、乳液法、悬浮法。

本体法是法国阿托（ATO）化学公司的独有专利，该法制备的掺混树脂杂质少，熔融和耐水性均好，但树脂的颗粒偏大，其平均粒径约为 $60\mu m$，易在糊料中发生沉降而影响透明性，热稳定性也不理想，所以较少采用。本体法聚合生产的掺混树脂可用原有本体法装置,只需对原有本体聚合配方稍加改变。其聚合过程一般分为两步:首先将氯乙烯总量的 1/3～1/2 与一定量的高效引发剂加入抽真空脱氧塔后的预聚合釜中,并加入部分雾化剂,然后开始以高于普通 PVC 树脂生产的搅拌速率搅拌,聚合温度根据型号而定,控制聚合转化率为 10% 左右。其次,预聚合中未反应的氯乙烯及所含 PVC 初级粒子一同送到后聚合的顶部装有条式搅拌器和底部装有刮刀式搅拌器的聚合釜中,并补加剩余的单体、引发剂,搅拌聚合转化率达 70%～80% 后停止聚合,回收单体。

采用乳液法生产的掺混树脂不用离心脱水工序,与增塑剂 DOP 有亲和性,树脂的熔融性和润水性好,颗粒形态易于控制,但平均粒径不大,在干燥上要求严格,树脂杂质多,加工时热稳定性、制品的透明性和耐水性差。瑞士克马诺尔法公司等少数生产厂拥有此项技术。

采用悬浮法制备的掺混树脂的平均粒径为 20～40μm,树脂的颗粒形状基本为球形,制品的透明性、耐水性、加工热稳定性好,只是熔融性差,但可以通过共聚等方法加以改进。

由于悬浮法生产掺混树脂只需在原有通用型 PVC 树脂的原料配方及工艺条件、加料方式上稍作改变,不需要更换大部分工艺设备,因此实施较方便且悬浮法的生产成本比本体法和乳液法低,具有明显的优势,是较普遍的 PVC 掺混树脂生产方法[257]。

9.4.2　悬浮法掺混树脂的配方开发

采用悬浮法制备掺混树脂,可应用原生产通用型 PVC 树脂的悬浮聚合生产装置。影响掺混树脂特性的因素很多,如分散剂、引发剂、聚合度、搅拌桨叶结构、搅拌转速以及聚合工艺条件等均对树脂质量产生不同程度的影响。分散剂是关键的助剂,制备掺混树脂所使用的分散剂,如同生产通用 PVC 树脂一样,应具有降低水与氯乙烯单体之间的界面张力,有利于液滴的分散和具有保护能力,以减弱液滴或颗粒聚并的双重功能,通常分散剂水溶液与单体间的界面张力越小,则氯乙烯液滴分散得越细,形成的颗粒较细,反之,分散剂的保护能力越强,所得的 PVC 树脂颗粒越紧密,颗粒间聚并越困难,易形成"单细胞"的亚颗粒树脂,根据分散剂的分散、保胶能力强弱搭配的原则,选择与聚合釜搅拌强弱、聚合釜釜型相适宜的复合分散剂,才能达到理想的表观密度、增塑剂吸收量、树脂的颗粒大小、颗粒分布及消除静电的效果[258]。搅拌对产品质量影响显著,一般来讲,搅拌速率高,所得分散液滴小,最终产品颗粒小,但搅拌速率高,形成的液滴得不到良好的保护,产品形状不规则,粒径较大,且物料粒子严重黏结。而且生产掺混树脂选定的分散剂不同,搅拌情况也应作调整,许多厂家还采用变频、变搅拌速率、根据聚合情况改变聚合方法等，以生产出粒径较小、表观密度较高、基本球形的高质量掺混树脂。

悬浮法掺混树脂的成粒机理有别于乳液树脂，是液滴成粒。掺混树脂本质上是紧密型树脂，不同的是在制备掺混树脂时聚合体系的搅拌强度较紧密型树脂强，聚合配方中除使用分散剂外，还需添加调粒剂等助剂，目的是在有效地降低体系的界面张力的同时，对氯乙烯单体液滴也有强的保护能力。因此，采用悬浮聚合生产的掺混树脂颗粒具有以下特征。

① 颗粒尺寸。颗粒直径比紧密型树脂小，比乳液树脂大，平均粒径一般为 $20\sim40\mu m$，粒度分布较集中。

② 外观形貌。根据所用分散剂及助剂的用量不同，树脂粒子外观有透明粒子、球形粒子和不规整细粒子等不同形貌，但都是单细胞的亚颗粒。

③ 表面皮膜。与其他悬浮树脂一样，颗粒表面也有一层皮膜，由于分散剂种类及用量不同，皮膜有厚薄之分，也有光滑、多孔和半多孔之分。另外，由于在聚合中添加乳化剂、调粒剂等助剂，使得颗粒表面带有一些憎油基团。

④ 内部结构。树脂内部初级粒子堆砌紧密。

9.4.2.1 聚合基本配方

掺混树脂悬浮聚合的基本配方主要构成为：去离子水、氯乙烯单体、引发剂、分散剂、乳化剂、致密剂、调粒剂、pH 调节剂、抗静电剂、消泡剂、终止剂等。表 9-3 为 $13.5m^3$ 聚合釜生产掺混树脂（均聚）时的基本配方。

表 9-3 聚合温度 57℃ 下的生产掺混树脂时的基本配方[6]

序号	物料名称	单位	用量	备注
1	氯乙烯单体	m^3	4.0	
2	去离子水	m^3	6.0	
3	引发剂	%	0.05～0.06	复合引发剂
4	分散剂	%	0.25～0.35	复合分散剂
5	调粒剂	%	0.15	
6	乳化剂	%	0.5～0.7	
7	致密剂	%	0.008	
8	品质剂	%	0.01～0.02	
9	助剂		适量	
10	抗静电剂		适量	
11	终止剂	kg	2.0	
12	消泡剂	kg	1.0	

9.4.2.2 配方确定依据

（1）分散剂

掺混树脂聚合体系内，分散剂是决定树脂颗粒形态、分布、粒径及其内部结构的关键因素。制备掺混树脂所用的分散剂，与生产通用型 PVC 树脂一样，应具有降低水和分散剂之间的界面张力，以减弱液滴或颗粒聚并的双重功能。

因掺混树脂要求粒径细、颗粒规整、孔隙率低，故聚合配方体系选择分散剂时，应选择保胶能力和分散能力均较强的分散剂。一般选用不同纤维素醚类、高醇解度的聚乙烯醇复合作主分散剂，少量助分散剂或胶体保护剂等助剂以获得满意的产品。由于掺混树脂的粒径较细，故其分散剂的用量要远远大于通用的疏松型树脂。一般采用不同聚合度、醇解度的聚乙烯醇与羟丙基甲基纤维素进行复配。

（2）乳化剂

乳化剂是掺混树脂聚合体系中不可或缺的助剂，它配合分散剂起到稳定聚合体系、均匀分散氯乙烯单体液滴的作用，以保证树脂颗粒的细度和均匀。同时还可以确保树脂颗粒的低孔隙率和颗粒形态。乳化剂的选择十分重要，它必须与分散剂相匹配，既不能影响分散剂的稳定性，又要增强分散剂的保胶能力。一般采用适当的非离子乳化剂，可以起到协助分散剂保胶、分散作用。可采用十二烷基苯磺酸钠或石油苯磺酸钙、混合酸钙（$C_{14}\sim C_{16}$ 烷基酸）、琥珀酸二辛基磺酸钠等。

（3）引发剂

生产通用型 PVC 树脂所用的有机过氧化物、偶氮化合物等引发剂，原则上均可以用来制备掺混树脂，但不同品种的引发剂对掺混树脂的主要质量指标影响不同。故在制备过程中，采用不同种类的引发剂，合理匹配，以达到良好的协同效应。可采用 IPP（过氧化二碳酸二异丙酯）、BPP（偶氮二异庚腈）、DCPD（过氧化二碳酸二环己酯）及 AIBN（偶氮二异丁腈）、ABVN（偶氮二异庚腈）。

必须注意的是，由于反应中的双基歧化链终止反应的存在，导致引发剂的用量大大增加，为常规聚合反应的 1.6～2.5 倍。

（4）致密剂

致密剂的主要作用是降低掺混树脂的增塑剂吸收量、调整颗粒形态。在聚合过程中，极性基团和单体液滴表面吸附，非极性基团在单体液滴（树脂颗粒）周围形成一层非极性分子膜，这层膜不仅促进聚合体系的稳定，而且在树脂加工生产过程的调糊过程中屏蔽了树脂，使树脂的表面呈极性，从而削弱了增塑剂对树脂颗粒表面的浸润、渗透作用和溶剂化作用，使树脂的增塑剂吸收量下降，同时也提高了增塑糊的稳定性。因此，聚合体系中常选择含有极性和非极性基团的有机物作为致密剂。可采用氯化石蜡（含氯量42%）或环氧乙烷与环氧丙烷嵌段聚合物等。

（5）调粒剂

掺混树脂的粒径要求较特殊，但由于聚合分散剂的调粒能力有限，所得树脂粒径往往达不到所需的数值范围，故需要在聚合体系内添加调粒剂来调整树脂的颗粒细度。调粒剂对掺混树脂的性能影响较大，树脂的颗粒形态好坏、最终粒径大小及颗粒致密程度都是由它来控制调节的。调粒剂的用量过大，会造成聚合体系不稳定；用量太小，则不仅不能使树脂的粒径下调，还会对树脂的其他性能如表观密度、增塑剂吸收量等有负面影响。掺混树脂的调粒剂一般采用亲油型表面活性剂。可采用聚氧乙烯壬烷基苯酚醚、聚氧乙烯辛烷基苯酚醚、蓖麻油等。

（6）品质剂

聚合体系中添加品质剂，可以提高树脂的表观密度和热稳定性。可采用$C_{14} \sim C_{18}$烷基醇、靛蓝等。

（7）搅拌转速和桨叶方式

一般而言，搅拌转速高，所得的分散液滴小，最终产品颗粒小，但搅拌转速过高，形成的液滴得不到良好的保护，制得的产品形状不规则，粒径较大，且物料粒子严重黏结。液滴一旦稳定后，采用较低的搅拌转速可获得粒子均匀的产品。故掺混树脂生产时，宜采用变速搅拌控制。掺混树脂生产时，在冷搅拌期间，搅拌转速应比聚合中后期快，这样引发剂可以均匀地分散在液滴中，且液滴小，传热效果好，时空利用率高，液滴稳定不易变形破裂。

不同的搅拌桨叶，大致可以分为低黏度桨叶和高黏度物料的桨叶。不同的桨叶形式，釜内物料的流动状况也不同，因此，必须根据试验，确定最合适生产掺混树脂的搅拌桨叶方式。

9.4.3 工业生产装置的设计改造

国内引进10000t/a的PVC掺混树脂成套的生产技术及装置，需耗资超过1.2亿元，投资额太大，一般厂家难以承受，而中小型PVC生产企业可根据实际情况，只需对现有的悬浮法树脂生产装置进行适当的改造，再增加少量的关键设备，即可将通用型PVC树脂生产装置改造成为PVC掺混树脂的生产装置，节省大量的项目建设投资费用和时间。

9.4.3.1 生产工艺流程简介

掺混树脂的研制技术关键在于聚合反应过程。这种特殊的悬浮聚合主要是采用数种具有多功能的特种聚合助剂和特殊的聚合反应及后处理工艺，这样工业化生产时完全可以在原有的悬浮聚合 PVC 生产装置的基础上，略加改造，生产掺混树脂，其工艺流程简介如图 9-1 所示。

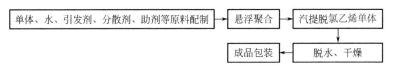

图 9-1　生产掺混树脂的工艺流程

9.4.3.2　工业生产装置的设计及改造

与原有的悬浮聚合通用型 PVC 树脂生产装置相比，主要有以下几个方面需进行改造。

（1）原料配制单元改造

由于掺混树脂生产的分散度要求高，加入的助剂必须均匀分散，为此，要求将所有助剂尽可能地制成溶液加入。在掺混树脂生产中，聚合配方要求添加的乳化剂、调粒剂、调节剂等需要完全溶解后再加入聚合釜内；因此，在原有的生产装置中，需新增或改制配制槽若干台，掺混树脂生产配方中的原辅材料情况决定配制槽的数量、容积、安装位置和受压条件等。

（2）增设部分加料罐与加料泵

掺混树脂生产配方中，有些助剂需要在起始加入，而有的则要求在聚合过程中加入，此时需增设加料罐或加料泵及计量槽，且有的是一次性加入，有的要分批加入，同时要求严格控制加入量或加入速度。

（3）聚合釜系统改造

聚合釜是关键设备，它将对产品的质量产生影响。目前国内的掺混树脂生产厂，主要利用现有的聚合釜进行改造后生产掺混树脂，其釜型有 $7m^3$、$13.5m^3$、$30m^3$。

聚合釜的搅拌应改造为变速控制，便于生产掺混树脂时，根据不同的聚合生产阶段，采用不同的转速，以利于形成稳定的分散体系，使聚合物液滴分散均匀，且保持聚合物粒子规整、均匀。

（4）槽式汽提

与通用型悬浮 PVC 树脂相比，掺混树脂的汽提要困难得多，因为它不是疏松型，表观密度大，颗粒紧密，树脂颗粒内的氯乙烯单体脱除较困难。而且由于掺混树脂与通用型悬浮树脂相比，颗粒特别细，若采用塔式汽提脱除氯乙烯单体，则掺混树脂浆料夹带大量的泡沫，易造成汽提塔液泛滥，生产难以控制，故宜采用槽式汽提。对此工艺，可以采用适当提高处理温度、增加通风量、增加处理液（包括增加消泡剂用量抑制跑料）等方法，以保证汽提脱氯乙烯单体效果。

因掺混树脂的粒径较细，在生产过程中其静电作用势必十分明显，故应在汽提装置中添加一定量的表面活性剂作为抗静电剂。

（5）离心脱水

离心脱水是树脂干燥前的重要环节，脱水效果直接影响到干燥的能力及干燥装置的能耗。掺混树脂的颗粒细、紧密，导致其脱水过程与通用型悬浮树脂相比较困难。为此，可以采用适当提高离心脱水处理温度、降低离心机处理负荷以强化离心脱水等方法，以保证一定的脱水效果。国内 PVC 生产装置中的转鼓式离心机，滤饼含水量不稳定，树脂颗粒易堵塞滤布排水孔，需经常清理，既增加劳动强度，又造成离心母液固含量高，导致污水处理负荷增大及树脂损失；因此，应采用具有大锥角、高离心因子、高差速且差速在一定范围内可以进行无级调速的沉降式离心机，以克服掺混树脂粒径小、扭矩高易损坏离心机的弊端，取得更好的脱水效果。

（6）干燥装置改造

掺混树脂干燥时，由于颗粒较细，若采用气流与沸腾串联的老式干燥工艺，因沸腾床内部的沸腾室死角较多，易使掺混树脂在床内停留过久而造成局部过热，使树脂受热分解，形成黑黄点，甚至燃烧起来。国外在掺混树脂生产装置中使用的干燥器一般为旋风干燥器或旋转干燥器。因此，根据国内的生产情况，掺混树脂干燥装置应采用目前较普遍的气流与旋风干燥串联的干燥工艺，采用此工艺既有节能效果，干燥床内又没有死角，不会积料，更换树脂型号也方便。

掺混树脂的颗粒细，也容易造成螺旋输送器在输送离心下料时，湿料受挤压结团，导致螺旋输送器的阻力大，影响输送及料封，因此，螺旋输送器需进行特殊设计，以满足掺混树脂湿料的输送要求。

在螺旋输送器将离心下料送入气流干燥塔时，掺混树脂湿料在输送器内易受挤压结团，影响干燥效果，并使气流干燥塔底的积料增多，引起黑黄点。故掺混树脂干燥装置中应增加湿料团的破碎装置。

通用型 PVC 树脂气流输送后，一般采用旋风分离器捕集细料，而糊树脂生产装置一般采用袋式除尘器进行捕集。掺混树脂的颗粒介于通用型树脂和糊树脂之间，国外的掺混树脂生产装置一般采用袋式过滤器。但在掺混树脂干燥装置中，若采用袋式除尘器，则设备庞大、仪表配套要求高，投资费用大，且又需经常更换过滤袋，检修维护的成本较高，因此可采用经过特殊设计的旋风分离器；这样，既可使干燥装置满足掺混树脂的生产要求，又可在这套干燥生产线上生产普通树脂或其他的特种树脂，灵活面对市场的不同需求。

因掺混树脂料细，易在干燥过程中产生静电作用。尽管聚合配方中已添加了抗静电剂，为消除静电，仍可以考虑在干燥装置中增加蒸汽喷雾除静电装置。

（7）包装

因掺混树脂的流动性差，容易造成堵塞，故应在料仓上安装仓壁振荡设备。由于掺混树脂的颗粒较细，因此在成品包装过程中，易产生树脂粉尘飞扬，既污染环境，又会损失树脂，影响产品的收率，使生产成本增加。所以，在成品包装装置中，应设置粉尘收集装置。

9.5 掺混树脂的作用与应用

随着掺混树脂的广泛应用，研究逐渐深入，数量不断扩大，开发的品种增多，在不同的 PVC 糊制品中，使用掺混树脂的目的或作用是不同的。通常为：改善增塑糊的性能、改进增塑糊的加工性能、提高糊树脂制品性能等。掺混树脂在增塑糊中的作用主要有以下几种。

9.5.1 掺混树脂对增塑糊的性能影响

在 PVC 增塑糊中添加掺混树脂最明显的效果是降低糊黏度，改善糊流动性能，若要保持原来糊黏度不变则可以减少增塑剂用量。使用掺混树脂可以降低 PVC 糊的黏度，其理论解释如下。

① 粒径较小的 PVC 糊树脂（由 $5.0 \sim 70 \mu m$ "崩解" 成 $0.2 \sim 2\mu m$）与粒径较大的掺混树脂（$10 \sim 80\mu m$）混合以后，可以获得较好的填充效应（大颗粒之间的缝隙由小粒子填充代替）。

② 掺混树脂颗粒结构紧密，孔隙率低，因此，增塑剂吸收率低，为防止增塑剂渗透，颗粒上都带有一些憎油基团（聚合添加的助剂）。PVC 增塑糊黏度下降，使得涂刮加工的制品表面缺陷有所改善，并使浇铸与回转成型等加工制品尺寸稳定，而且，外形更加复杂化。在减少增塑剂用量时，可使制品硬质高、强度高、耐磨性好，同时，使得制品表面干燥光洁，减少发黏现象，起霜及基层渗油等问题得到解决[259]。

③ 研究发现，糊黏度随掺混树脂用量增加而减少，掺混树脂用量达 45%～55%时，黏度出现最低值。这为糊树脂配方的调配提供了指导依据[260]。

9.5.2 掺混树脂对 PVC 增塑糊加工性能的影响

一般均聚的掺混树脂，体系的凝胶化温度明显高于未加入掺混树脂的凝胶化温度。这是因为加入掺混树脂后，产生了明显的填充效应，即颗粒较小的糊树脂粒子填充在大的掺混树脂粒子中间,增塑糊中有较多的自由增塑剂,在等速升温过程中,树脂颗粒首先要将这部分游离的增塑剂吸收掉,才能发生凝胶化,而共聚掺混树脂如氯醋共聚型掺混树脂能使增塑糊凝胶化速度明显增加,同时凝胶化温度也明显降低。这是因为氯醋共聚型掺混树脂是一种低温熔融树脂,可改善增塑糊的加工条件,降低糊加工塑化温度。

9.5.3　掺混树脂对 PVC 增塑糊发泡性能的影响

PVC 糊树脂工业的发展,提供了仅经加热就变为聚氯乙烯制品的一种新型液态材料。在该液态材料中加入发泡剂就能得到发泡倍率高、泡孔均匀、柔软的制品(如发泡革、运动地板、发泡壁纸等)。在该液态材料中加入掺混树脂能够降低糊料的黏度同时能够提高糊料的稳定性,研究发现,随着掺混树脂替代比例的提高,样条的发泡倍率有所降低;掺混树脂替代比例≤30%时,样条表面质感得到改善,替代比例＞30%时,样条表面质感下降。因此,对于发泡制品来说,掺混树脂的最佳替代比例为30%左右[261]。

9.6　PVC 掺混树脂制品典型配方

9.6.1　地板生产配方

PVC 掺混树脂地板由基层、发泡层和面层三层叠合而成,各层的配方组成如下。

① 基层高填充剂含量,以降低成本,参考配方见表 9-4。

表 9-4　地板基层配方

原料名称	用量/份
糊树脂(低糊黏度,$K=60\sim70$)	50
氯化石蜡	$20\sim30$
掺混树脂	50
$CaCO_3$ 填充剂(低吸油性)	400
DOP	$70\sim80$
Ba-Zn 稳定剂	0.5

以上配方也可以作为一般中间层。

② 发泡层选用掺混树脂降低糊黏度,便于发泡,尤其可提高泡沫层回弹力。参考配方见表 9-5。

表 9-5　地板发泡层配方　　　　　　　　　　　　　　　单位：份

原料名称	配方 1	配方 2	配方 3	配方 4
糊树脂(低糊黏度,$K=68$)	70	70	60	60
掺混树脂	30	30	40	40
DBP	20	$0\sim10$	—	—
DOP	25	$40\sim50$	45	50
TXIB(2,2,4-三甲基-1,3-戊二醇二异丁酸酯)	—	—	5	—
十二烷基苯	5	5	—	—
氯化石蜡	5			
发泡剂(AC：DOP=1：1)	$4\sim6$	2.5	2.5	2.5
ZnO 配料(ZnO：DOP=1：2)	$3\sim6$	0.5	1	1
$CaCO_3$(低油数)	$25\sim50$	10	10	10
TiO_2	—	10	—	5
颜料	适量			

③ 面层选用掺混树脂，降低增塑剂用量以提高面层硬度和抗磨性，并可减少污染。参考配方见表 9-6。

表 9-6　地板面层配方　　　　　　　　　　　　　　　单位：份

原料名称	配方 1	配方 2	配方 3[③]
微悬浮糊树脂	33[①]	—	60[④]
乳液糊树脂($K=70\sim80$)	33[②]	60	
掺混树脂	30	40	40[⑤]
DOP		$30\sim45$	45
DBP	35	$0\sim15$	—
TXIB	—	—	5
十二烷基苯	7	5	
环氧增塑剂	2	3	
有机锡稳定剂	1	—	
Ba-Zn 稳定剂	—	3	3
紫外线吸收剂	0.1	0.1	1
EP828	—	—	1

① 低吸水性悬浮树脂，$K=7$。
② 低吸水性悬浮树脂，$K=70\sim80$。
③ 高消光地板可用 P-470(P-370) 及 90BX 相混。
④ 用 R1069 牌号（高聚合度）。
⑤ 用 75BX 掺混树脂。

9.6.2 人造革生产配方

旅游商品工业中需用硬发泡人造革,而其面层配方根据所需硬度及抗磨性进行调整,参考配方见表 9-7。

表 9-7　人造革面层配方　　　　　　　　单位:份

物料名称	硬发泡人造革配方	面层人造革配方
低糊黏度糊树脂	60	68～100
掺混树脂	40	0～40
DBP	5	—
DOP	35	40～60
发泡剂	4	—
促进剂	1～1.5	—
液体 Ba-Cd-Zn 稳定剂	—	2
颜料	—	适量

9.6.3 手套生产配方

以出租汽车司机使用手套为例,这种手套要求糊有足够低的黏度,以便随塑时涂层较薄,同时又不允许其黏度过低而造成糊透过纤维,手套参考配方见表 9-8。

表 9-8　手套参考配方

原料名称	用量/份
糊树脂(K 值为 70)	70
掺混树脂	30
DBP	0～60
DOP	65～130
环氧增塑剂	3
有机锡稳定剂	1～2
颜料	适量

9.6.4 玩具生产配方

玩具生产要求成品有一定自身支撑性,而糊又必须易流动,便于用泵输送和顺利流入模具花纹内,其硬、软质参考配方见表 9-9。

表 9-9　玩具用配方　　　　　　　　　单位：份

原料名称	配方 1	配方 2
糊树脂	80[①]	60[②]
掺混树脂	20	40
75BX	65	10
DOP	—	15
DOA	15	10
Ca-Zn 稳定剂	3	3
环氧增塑剂	2	2
TXIB 增塑剂[③]	—	5
脱臭煤油	—	7

① 用 P440 树脂。

② 用 P415 树脂。

③ TXIB 为 2,2,4-三甲基戊二醇-1,3-二异丁酸酯。

9.6.5　地毯基层生产配方

地毯一般要求有一定质量、耐磨、低温熔融及绒毛固着性等，地毯基层用配方见表 9-10。

表 9-10　地毯基层用配方　　　　　　　单位：份

	一般配方	低温成型配方	机械发泡配方
糊树脂	80[①]	80[②]	70[③]
掺混树脂 75BX	20	20	30
DOP	50	70	70
DBP	20	—	—
CaCO$_3$(10μm)	60	60	30
环氧增塑剂	3	3	3
稳定剂	3	3	3
颜料适量	适量	适量	—

① 用 P415 树脂。

② 用 P400 树脂。

③ 用 P440 树脂。

9.6.6　靴生产配方

鞋底或靴子生产就是将溶胶在阴模中铸造，凝胶化并得到最终产品，因此加入掺混树脂能够在低剪切速率下使溶胶更好地填充模具。参考配方见表9-11。

表 9-11　靴类配方

原料名称	用量/份
糊树脂	80
掺混树脂	20
DOP	80
环氧增塑剂	2
Ba-Zn-Sn 稳定剂	4
$CaCO_3$	10

9.6.7　汽车零件生产配方

汽车零件如头靠、臂靠等，参考配方见表9-12。

表 9-12　汽车零件生产配方

原料名称	用量/份
糊树脂 P410	80
掺混树脂 75BX	20
环氧增塑剂	3
DOP	65
Ba-Zn 稳定剂	3
$CaCO_3$	10

9.6.8　壁纸生产配方

使用掺混树脂可获得消光型壁纸并可提高涂刮速率。参考配方见表9-13。

表 9-13　壁纸生产配方

原料名称	用量/份
糊树脂(P450)	80～90
掺混树脂	10～20
DOP	60
TiO_2	10
ADC(偶氮二甲酰胺)	3
$CaCO_3$	50

9.6.9 喷涂料生产配方

加入掺混树脂主要改善涂料在高速喷涂时的流动性，并保持糊防触度相对稳定性。参考配方见表 9-14。

表 9-14 喷涂料生产配方

原料名称	用量/份
糊树脂(黏度为 1.16 相当于 P-1650)	80
掺混树脂(黏度 0.83 相当于 P-885)	20
DOP	35
DOS(癸二酸二辛酯)	15
环氧酯	5
二碱式亚磷酸铅	10～20
钛白粉分散糊	5
氧化硅细粉	1～3

9.6.10 汽车底盘生产配方

加入掺混树脂主要改善增塑糊在高速喷涂时的流动性，并保持糊防触度相对稳定性。参考配方见表 9-15。

表 9-15 汽车底盘生产配方

原料名称	用量/份
糊树脂(P500)	40
糊树脂(P440)	30
掺混树脂 85BX	30
DOP	120
稳定剂	5
黏结剂	5
稀释剂	10
$CaCO_3$	200

第**10**章 高耐热PVC树脂

PVC 树脂是目前应用最广、产量较大的通用树脂之一，其硬制品可以部分取代钢材和木材，用作建筑材料、工业管材等，具有力学性能好、密度小、价格较低等特点。发展 PVC 硬制品已成为我国今后 PVC 应用的一个重要方向。但 PVC 硬制品存在耐热性、抗冲击性和加工热稳定性差等缺陷，限制了应用领域的扩展。通用 PVC 的玻璃化转变温度为 80~85℃，最高连续使用温度仅 65℃左右，严重制约了其在特定领域的应用，因此，开展提高 PVC 耐热性的研究，开发适于有载荷的较高温度下使用的专用树脂，拓宽 PVC 硬制品的应用范围，部分取代价格昂贵的通用工程塑料，以提高产品的技术含量和附加值，不仅具有重要理论意义，也有广泛的实际应用前景。本章从提高树脂的耐热性的途径和方法出发进行介绍。

10.1 提高耐热性的方法

影响高分子耐热性的因素有两种，分别是化学因素和物理因素。化学因素有主链强度、范德华力、氢键、分子共振稳定性、键断裂机理、分子对称性、刚性主链结构、交联度、支化度等。物理因素则包括分子量及其分布、结晶度、分子偶极矩、纯度等。从耐热高分子的研究开发历史来看，提高高分子的耐热性可从两方面出发：

① 从高分子结构对其分子运动影响出发，探讨提高玻璃化转变温度或熔点的途径。

② 改变高分子结构（结晶、交联等），以提高其耐热变形的能力。对于 PVC 树脂，提高耐热性的方法主要有共混、共聚、交联、氯化等。

10.1.1　共聚

共聚合改性是指在氯乙烯聚合过程中添加第二种玻璃化转变温度（T_g）较高或空间位阻较大的单体来对聚氯乙烯进行改性的一种方法，共聚是提高 PVC 耐热性的最重要也是最常用的方法之一。下面将以 N-取代马来酰亚胺为例进行详细说明。

在 PVC 的耐热改性弹性体中，N-取代马来酰亚胺（N-MI）是被选用最多的一类单体，各种不同的单体因 N-取代基的不同而有所区别。酰亚胺环是一个五元平面环，嵌入高分子后将完全阻止侧链绕大分子主链的旋转，使分子链有很好的刚性和韧性，所以材料具有较高的氧化稳定性[262]。将 PhMI（N-苯基马来酰亚胺）和 ChMI（N-环己基马来酰亚胺）与 VC 进行自由基共聚合，得到的无规共聚树脂具有极高的耐热性和良好的加工性能。另外，在 PVC 树脂上接枝 ChMI、PhMI，或在 ChMI 和 PhMI 共聚物上接枝 VC，也是 PVC 树脂耐热改性的方法之一。

VC 与 N-MI 共聚时竞聚率相差很大，一般情况下 N-MI 消耗快，一次加料会造成刚性单体在高分子链段中分布集中，导致耐热改性效果不佳，通常把 N-MI、分散剂、胶态保护剂配成悬浮液，在反应釜降压之前，连续或分批加入，所得的共聚树脂的耐热性要比一次投料效果明显。

另一方面 VC 与 N-MI 共聚时，由于交叉终止速率大，生成低分子量共聚物，会使共聚树脂的热稳定性受到影响，通常在反应体系中加入抗酸化剂，使多烯结构的形成受到抑制。N-MI 先与反应活性相近的单体如 MMA 共聚，然后与 VC 接枝共聚，可减少低分子产物，提高加工性、耐热性和抗冲击性。还可以在共聚体系中加入少量的第三组分，如碳原子数为 1～4 的醇和不饱和羧酸的酯共聚。

对于聚合方式而言，共聚时一般采用悬浮聚合方法合成 N-MI 共聚改性 PVC 树脂，与乳液和溶液聚合方法相比，所得树脂具有杂质含量少、工艺简单、成本低等的优点。使用的分散剂主要是水解度为 80%～85% 的聚乙烯醇，还可以使用以聚乙烯醇为主要成分的聚乙烯醇-十二烷基磺酸钠、聚乙烯醇-壬基酚聚氧乙烯醚、聚乙烯醇-改性纤维素和聚乙烯醇-氨基酸复合分散剂，其中聚乙烯醇-改性纤维素和聚乙烯醇-氨基酸复合分散剂较好，得到的共聚物树脂性能优异。

对于共聚的条件而言，共聚反应温度与 VC 均聚反应温度相同，一般控制在 35～55℃，而投料方式对共聚特性也有较大的影响，最好采用连续或分批加入 N-取代马来酰亚胺，这样得到的共聚物的耐热性能、加工性能和抗冲击性能均优于一次性投料的产物，两者的软化温度及热变形温度可相差 10℃ 左右。

日本电气公司在 ChMI 占单体量的 15%～40% 的条件下，合成了耐热、加工和机械强度均优异的共聚物，如当 ChMI 占单体量的 15% 时，在 45℃ 下聚合，共聚树脂的维卡软化温度由通用 PVC 的 88℃ 提高到 130℃。

在共聚改性中除了利用 N-取代马来酰亚胺共聚外，氯乙烯-硅氧烷嵌段共聚树脂、氯乙烯-乙酸乙烯基苯基酯共聚物等都是共聚 PVC 的典型代表，均能在一定程度上改善 PVC 的耐热性能。采用悬浮法聚合生产，使用 100 份 VC 单体、可共聚的硅氧烷 5～20 份的氯乙烯-硅氧烷嵌段共聚树脂使用温度较通用 PVC 树脂有明显的提高和改善，加工制品具有高温热稳定性。由于体系中含有适量的有机硅材料，所以制品具有低表面能、高润滑性和高透氧性等优点，是生产薄膜的良好材料，也可用于涂料的生产加工。

另外英国威尔士工业大学科学和化学工程系新开发的氯乙烯-乙酸乙烯基苯基酯共聚树脂，采用乙酸乙烯基苯基酯作为改性单体，通过悬浮共聚来改进 PVC 材料的稳定性、着色性，加工制品透明，现已通过中试[263]。

通过 N-取代马来酰亚胺改性的 PVC 树脂，应用较为广泛，可作为管材、板材、片材，广泛用作建材、电缆管和化工热水管等，还可用于制造吹塑瓶、机械零部件等，比 CPVC 有更广泛的应用。共聚树脂也有许多更广泛的应用，如 VC-ChMI 共聚物与 LiClO₄ 溶液混合，可制得透明的导电聚合物膜；VC-PhMI 共聚树脂作为发泡隔热材料使用时，与通用 PVC 相比不仅密度小，而且高温收缩率也低很多，具有好的应用前景。

10.1.2 交联

使用交联剂来改性 PVC，是提高耐热变形性能和耐溶剂性能的一个重要方法[264]。化学交联方法有降解交联、光化学或辐射交联、交联剂交联等，其中交联剂可以与 VC 共聚形成交联 PVC，也可以与 PVC 主链发生反应形成交联 PVC，也可以与无规或者枝连在 PVC 上的基团发生反应生成交联 PVC。

10.1.2.1 辐射交联

辐射交联是最早采用的 PVC 交联方法之一，也是目前最广泛使用的 PVC 交联方法，国外早已大量生产，国内也有小批量生产。PVC 辐射交联所使用的高能射线，一般为钴-60 辐射源产生的 γ 射线和电子加速器产生的电子射线。当能量高达 1MeV 的高能射线照射到聚合物大分子时，大分子链被激发而产生活性中心。活性中心主要是自由基，也有少量正负离子。在活性中心的作用下，不同聚合物因分子结构的差异可进一步发生支化、交联、降解等多种化学反应。对 PVC 而言，它的辐射反应 G 值，即每吸收 100erg（1erg＝10^{-7}J）辐射能量后，产生辐射交联反应的数目是 0.33，而产生辐射降解反应的数目是 0.10。由此可以看出，PVC 仅在高能射线作用下，要产生交联反应是比较困难的，需要接受较大剂量的高能射线照射，因此会使生产成本提高。1959 年 Miller[265] 等发现在 PVC 中加入多官能团不饱和单体作为助交联剂，可以实现在较低辐射剂量下 PVC 的交联反应。

PVC 辐射交联所采用的助交联剂，通常为具有两个或两个以上碳碳双键结构的单体，如二乙二醇二丙烯酸酯（DGDA）、四乙二醇二丙烯酸酯（TGDA）、三羟甲基丙烷三甲基丙烯酸酯（TMPTMA）、季戊四醇四丙烯酸酯（TMMTA）等丙烯酸酯类单体以及邻苯二甲酸二烯丙酯（DAP）和异氰尿酸三烯丙酯（TA-IC）等烯丙基酯类单体。

PVC 辐射交联机理比较复杂，一般认为是自由基反应过程，最后生成的交联结构可表示为：PVC-（助交联剂）x-PVC。

影响 PVC 辐射交联反应的因素很多，如 PVC 的分子量、辐射剂量、反应气氛、助交联剂的性能和用量、增塑剂、填料与加工助剂的种类和用量等。图 10-1 表示辐射剂量、助交联剂用量对交联产物中凝胶含量的影响。

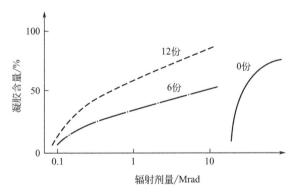

图 10-1　凝胶含量与辐射剂量的关系

配方：PVC 100 份，DOP 40 份，DBL 3 份，TUDA 用量如图所示

由图 10-1 中曲线可明显看出助交联剂对降低辐射剂量的作用。表 10-1 所示为 γ 射线照射下，加入不同种类助交联剂时，形成凝胶所需的最低辐射剂量数据。

表 10-1　助交联剂种类与辐射剂量的关系

助交联剂（约 20%）	引起交联的最低辐射剂量/Mrad
无	>10
癸二酸二烯丙酯	>7

续表

助交联剂(约 20%)	引起交联的最低辐射剂量/Mrad
甲基丙烯酸丙酯	0.25
三甲基丙烯酸甘油酯	0.5～1.0
氰尿酸三烯丙酯	1～3

注：辐射剂量 1rad=0.1Gy=1.07rep。

朱志勇[266] 等研究了以 ^{60}Co γ-射线为辐射源，三羟甲基丙烷三甲基丙烯酸酯（TMPTMA）为助交联剂，偏苯三酸三辛酯（TOTM）为增塑剂生产的 PVC的辐射交联电缆料，结果表明交联反应符合 Charlesby-Pinner 无规交联模型，当 TMPTMA 为 10 份，辐射剂量最好为 40kGy，此时材料凝胶含量为 51%，残余双键含量为 12%。辐射剂量对 PVC 热老化性能的影响见表 10-2。

表 10-2　辐射剂量对 PVC 热老化性能的影响

项目	辐射剂量/kGy						
	0	2	5	10	20	40	80
拉伸强度变化率/%	0.93	2.6	−1.3	4.4	3.4	−6.4	−4.8
断裂伸长变化率/%	−18	−28	−29	−18	−18	−23	−41
热老化失重/(g/m²)	24.3	14.7	14.6	14.5	13.5	13.0	12.3
120℃热变形率/%	23	27	24	21	19	15	11

注：1. 配方为 PVC100 份，TOTM45 份，TMPTMA10 份，稳定剂及润滑剂适量。
2. 老化条件为 155℃，72h。

数据表明，随着辐射剂量的增大，交联程度增加，因此热老化失重和 120℃热变形率都随之减小。

对于 PVC 实施辐射交联的方法而言，是先将加有助交联剂的物料用适当的成型加工方法做成所需形状制品，然后将该制品放入辐照室中接受一定剂量高能射线的照射，以使其产生辐射交联反应而得到辐射交联的 PVC 制品。辐射交联方法常用于交联 PVC 电线电缆的生产。

PVC 采用辐射交联技术具有以下优点：
① 交联反应工艺简单，成型工序和交联工序分开进行，生产灵活。
② 可在室温进行交联，交联时间短，交联度也易于控制。
③ 可对各种形状的制品进行交联，产品质量好，环境污染小。
④ 容易实现连续生产，效率高、成本低。

但也存在一些缺点，如设备投资费用大，制品的形状及厚度受到限制，辐射时在表面产生的静电积累影响制品的表面性能，另外还需要注意高能射线的防护等，而且 PVC 辐射交联制品的交联均匀性及热稳定性不是很理想，还需进一步研究实施。

10.1.2.2　过氧化物引发交联

　　过氧化物引发交联 PVC 是一个自由基反应过程。当过氧化物引发使 PVC 大分子链产生自由基后，除发生交联反应外，更容易发生脱 HCl 的自由基链式分解反应，使主链中产生共轭烯烃结构，产物迅速变色，因此只用过氧化物交联 PVC 实际上并无实用价值。为防止 PVC 降解变色，同时提高交联效率，一般采用过氧化物引发剂与具有两个或两个以上双键结构的多官能团不饱和单体作为助交联剂组成的交联体系。过氧化物引发剂常使用半衰期为 1min 时分解温度在 160～190℃ 的有机过氧化物，如过氧化二异丙苯（DCP）、过苯化苯甲酸叔丁酯（TBPB）、过氧化二叔丁基（DBP）等，其中以过氧化二异丙苯最为常用。助交联剂与辐射交联剂相同，可以为 DGDA、TGDA、TMPTMA、TMMTA 等丙烯酸酯类，DAP、TAIC 等烯丙基酯类，也可使用二乙烯基苯（DVB）和马来酰亚胺等单体，近年来研究较多的是 DCP 和 TMPTMA 体系[267] 及 DCP 和 TAIC 体系。

　　过氧化物引发剂和助交联剂一起以自由基机理交联 PVC。过氧化物受热分解产生自由基，自由基进攻 PVC 主链，产生主链自由基，主链自由基与一个或多个含双键的多官能团不饱和单体反应生成新的大分子自由基，这个新的大分子自由基与主链自由基或类似的大分子自由基偶合而使 PVC 交联。

$$ROOR \longrightarrow 2RO \cdot$$

$$PH + RO \cdot \longrightarrow P \cdot + ROH$$

$$P \cdot \xrightarrow{\quad (n+1)\ CH_2 = CHR' \quad} P \overset{}{\underset{}{\big[}} CH_2 - OHR' \overset{}{\underset{}{\big]}}_n CH_2 - \overset{\cdot}{C}HR'$$

$$(n = 0,\ 1,\ 2,\ \cdots)$$

$$P \overset{}{\big[} CH_2 - CHR' \overset{}{\big]}_n CH_2 - \overset{\cdot}{C}HR' + P \cdot \longrightarrow$$

$$P \overset{}{\big[} CH_2 - CHR' \overset{}{\big]}_{(n+1)} P$$

$$\text{或} \ 2P \overset{}{\big[} CH_2 - CHR' \overset{}{\big]}_n CH_2 - \overset{\cdot}{C}HR' \longrightarrow$$

$$P \overset{}{\big[} CH_2 - CHR' \overset{}{\big]}_{(n+1)} \overset{}{\big[} CHR' - CH_2 \overset{}{\big]}_{(n+1)} P$$

　　交联体系中过氧化物引发剂的用量一般是 0.5～5 份，助交联剂的用量约为 5～40 份。为了防止在交联过程中制品发生分解变色，配方中还要加入热稳定剂、中和剂等。过氧化物引发剂、助交联剂、热稳定剂、增塑剂的种类和浓度、交联时间和交联温度等对交联反应速率、交联产物结构和性能都有影响。

　　由于 PVC 经过交联之后不再具有流动性，因此对于过氧化物引发交联体系，就必须要保证制品的塑化成型与交联反应两个过程的同时进行。

　　交联 PVC 制品的生产可以采用成型与交联同时进行的一步法，如模压法，也可以采用先塑化成型，然后在较高温度下进行交联的二步法，如糊树脂用涂布法制备人造革及铺地材料等。过氧化物引发交联与辐射交联一样，虽可使制品的拉伸强度、耐热变形性提高，但制品的热稳定性通常降低，容易变色。

10.1.2.3 硅烷交联

乙烯基硅烷交联剂现已广泛用于聚乙烯（PE）的交联。在研究硅烷交联 PE 的同时，人们尝试用硅烷交联 PVC。1969 年 Dow Coming 公司将 VC 和乙烯基硅烷进行本体共聚，然后使其水解缩合从而交联，随后该公司研究了使用氨基硅烷交联 PVC。

有机硅烷交联 PVC 分别由接枝和水解缩合两个步骤来完成。与 PE 相比，PE 是使用乙烯基硅烷，加入过氧化物引发剂，通过自由基反应，使硅烷接枝到主链上。而在 PVC 分子中，由于 C—Cl 键具有极性，当使用氨基硅烷和巯基硅烷时，利用亲核性氨基和巯基的攻击，C—Cl 键断裂而发生亲核取代反应，由此将硅烷接枝到主链上。这是一个离子机理的反应，反应活性很高，无需加入接枝引发剂。

影响硅烷交联反应的因素有很多。

（1）硅烷的种类和浓度

常用的硅烷种类如表 10-3 所示。

表 10-3　常用硅烷种类一览表

化学名称	缩写	化学式
N-(2-氨乙基)-3-氨丙基三甲氧基硅烷	ATMS	$NH_2(CH_2)_2NH(CH_2)_3Si(OCH_3)_3$
3-氨丙基三乙氧基硅烷	ATES	$NH_2(CH_2)_3Si(OC_2H_5)_3$
3-巯丙基三甲氧基硅烷	MTMS	$HS(CH_2)_3Si(OCH_3)_3$
3-巯戊基三乙氧基硅烷	MTES	$HS(CH_2)_5Si(OC_2H_5)_3$

研究表明，硅烷交联 PVC 为准一级反应。表 10-4 所示为不同硅烷接枝的 PVC 在 100℃下于水蒸气中交联的速率常数和交联时间。数据表明，氨基硅烷的反应活性比巯基硅烷的要高。

表 10-4　不同硅烷接枝 PVC 在 100℃下于水蒸气中交联的速率常数和交联时间

硅烷	速率常数/min^{-1}		交联时间/h	
	增塑 PVC	未增塑 PVC	增塑 PVC	未增塑 PVC
MTMS	0.0146	0.0125	6	7
MTES	0.0075	0.0036	12	26
ATES	0.0220	——	5	——

硅烷	速率常数/min^{-1}		交联时间/h	
	增塑 PVC	未增塑 PVC	增塑 PVC	未增塑 PVC
ATMS	0.0250	—	4.5	—

注：增塑 PVC 配方为 PVC100 份，DOP 50 份，硅烷适量，三碱式硫酸铅 5 份，二月桂酸二丁基锡 0.05 份；未增塑 PVC 配方为 PVC100 份，硅烷适量，三碱式硫酸铅 6 份，二月桂酸二丁基锡 0.05 份，润滑剂 1 份。

（2）增塑剂的种类和浓度

硅烷交联剂既可用于硬质 PVC 的交联，也可用于增塑 PVC 的交联，常用的增塑剂为邻苯二甲酸二辛酯（DOP）。研究发现，未增塑 PVC 的交联比增塑 PVC 的交联要慢。对 ATMS、ATES 和 MTMS 来说，增塑 PVC 的交联比 PE 的水解交联要快些，而未增塑 PVC 的交联却与 PE 的交联类似。而对 MTES 而言，虽然增塑 PVC 的交联比未增塑的快两倍，但即使是增塑 PVC 的交联也比 PE 的要慢些，对巯基硅烷的研究表明，当增塑剂含有酯基时，接枝反应最为充分，以邻苯二甲酸酯的效果最好，其中凝胶含量随着烷基屏蔽效应的增强而减少。而且，随着增塑剂极性的增加，接枝反应速率增加。

（3）缩合催化剂

常用的催化剂为二月桂酸二丁基锡（DBTDL），表 10-5 给出了 DBTDL 对不同硅烷交联增塑 PVC 时的交联速率常数。

表 10-5　DBTDL 对不同硅烷接枝增塑 PVC 的交联速率常数

温度/℃	介质	硅烷	速率常数/min^{-1}	
			0.05 份 DBTDL	无催化剂
20	空气	MTMS	3.4×10^{-6}	0
80	空气	MTMS	0.0015	7×10^{-5}
100	水蒸气	MTMS	0.0146	0.0005
100	水蒸气	ATES	0.022	0.002
100	水蒸气	ATMS	0.025	0.0026

注：配方为 PVC 100 份，DOP 50 份，硅烷适量，TBLS 5 份，DBTDL0.05 份。

从表 10-5 可见，DBTDL 的加入可使缩合交联速率常数增加 1～2 个数量级。研究发现其他有机锡类稳定剂也可用作非常有效的催化剂。另外，许多有机胺类化合物也被用作缩合催化剂。

（4）加工条件

加工过程也就是有机硅烷的接枝反应过程，硅烷种类与用量、热稳定剂种类和用量都会对接枝反应有所影响。另外，加工温度及时间、混合状态等也是重要影响因素。

（5）水的浓度

接枝 PVC 在水的作用下水解缩合产生交联，水的浓度对交联反应有很大的影响。对样品在水、水蒸气、空气中和干燥器内的交联进行研究[268]，结果表明在水、水蒸气中交联速率最快，远远大于其他两种情况下的交联速率，且其交联程度最高。但样品置于空气中和干燥器内也能产生交联。

（6）交联温度和时间

交联温度是一个重要的影响因素。交联速率和交联程度都随着温度的升高而增大。

（7）交联产品的性能

PVC 经过有机硅烷交联之后，可以改进其力学性能，提高其耐热性、耐溶剂性、耐老化性等。影响性能变化的主要因素是交联程度，也可简单地以凝胶含量表示。

有机硅烷交联 PVC 的过程是分两步进行的。首先物料在较高的温度下成型加工为制品，与此同时也实现了接枝反应。第二步在较低的温度下，进行水解缩合以完成交联反应。由于交联反应温度较低，制品形状不易改变，因此可适用于较多的制品。但这种方法也有一些缺点，由于 PVC 比 PE 的热变形温度低，因此为了保持制品形状不变，PVC 的水解交联温度就不能很高，这样会使交联速度下降，水解缩合交联反应所需的时间要几小时，甚至几十小时。另外，在硅烷接枝反应中会产生 HCl，需要适当地进行中和，否则会降低 PVC 的热稳定性。

10.1.3　共混

共混改性也是提高 PVC 树脂耐热性最常用的方法，在 PVC 中添加耐热性能好的高分子材料或无机填料，通过两种及两种以上材料的共混来改善 PVC 的耐热性能，具有操作简单、可实施性强的优点。

用共混改性来改善耐热性则要求改性剂与 PVC 之间拥有尽可能好的相容性，改性剂自身具有尽可能高的 T_g 以及尽可能低的熔融温度和熔体黏度，从而保证材料具有良好的加工性。目前按照共混改性剂的不同分为三类：高分子耐热改性剂、无机耐热改性剂、特种树脂改性剂。

10.1.3.1　高分子耐热改性剂

一般来说，材料的熔融温度与熔体黏度是一组相互制约的参数，因此适合用于 PVC 耐热改性的聚合物并不多。现在广泛使用的高分子耐热改性剂包括 N-

MI 共聚物、α-甲基苯乙烯共聚物、马来酸酐共聚物及耐热工程塑料。

（1）N-MI 共聚物

马来酰亚胺（MI）及其衍生物是一类刚性耐热单体，均聚物起始热失重温度一般为 220～400℃，是一种耐热性好的高分子材料。各种耐热单体因 N-取代基的不同而有所区别，应用较多的是 N-苯基马来酰亚胺（PhMI）和 N-苯己基马来酰亚胺（ChMI），前者成本相对较低，耐热性好，后者熔点低，在聚合物中溶解性较好，都可作为 PVC 的耐热改性剂。作为一类强的亲二烯体，N-MI 可与 PVC 链上的共轭多烯链发生加成反应，阻断 PVC 降解，同时酰亚胺环是 1 个平面五元环，嵌入 PVC 分子链将完全阻止其侧链绕大分子主链的旋转，使分子链有很好的刚性，进而赋予 PVC 材料较好的耐热性。

马莉娜等[269] 采用悬浮共聚法合成了耐热改性剂三元共聚物 N-苯基马来酰亚胺-苯乙烯-丙烯腈（PhMI-St-AN），并将其与 PVC 共混，通过模压发泡制备 PVC/PhMI-St-AN 泡沫塑料，结果表明当 PhMI-St-AN 含量从 0 增加到 25％时，PVC 泡沫塑料的 T_g 逐渐升高，热稳定性增加，100℃的线性收缩率由 4.5％降到 1.2％。

王茂喜等[270] 制备了三元共聚体 N-环己基马来酰亚胺-甲基丙烯酸甲酯-六氟丙烯（ChMI-MMA-HFPT），并将其作为耐热改性剂共混改性 PVC，结果表明 ChMI-MMA-HFPT 的最佳质量比为 35/62/3，当共混物中 ChMI-MMA-HFPT 的含量为 10％时，共混物的耐热性能最佳，其 T_g 达到了 111.8℃。

Yang 等[271] 采用乳液聚合法合成了三种含有 PhMI 的耐热改性剂，用于改性 PVC，结果表明当改性剂的含量由 5 份增加到 25 份时，共混物的维卡软化温度（T_V）和 T_g 随着体系中 PhMI 含量增加而上升，力学性能随着改性剂含量增加有所增强。

（2）α-甲基苯乙烯（α-MeSt）共聚物

α-MeSt 本身不能自聚，但与丙烯腈（AN）和苯乙烯（St）却有很好的共聚性，将 α-MeSt 共聚物与 PVC 共混可以改善 PVC 的耐热性能。α-MeSt-St-AN 共聚物与 PVC 的共混物的维卡软化温度可以在 90～100℃之间调节，极大提高了 PVC 的使用温度。

熊雷[272] 等选用氰基含量为 30％的 α-甲基苯乙烯-丙烯腈共聚物（α-MSAN）与 PVC 熔融共混，发现当 α-MSAN 的质量分数不超过 60％时，PVC/α-MSAN 共混体系具有良好的相容性，体系的耐热性随着 α-MSAN 含量增加而上升，维卡软化温度由 81.3℃上升到了 108℃。张军[273] 等使用机械共混法制备了 PVC 与不同耐热改性剂的共混物，发现 α-MeSt-AN 共聚物对硬质 PVC 耐热性能的提高优于 ABS 树脂，加入 α-MeSt-AN 共聚物可使硬质 PVC 的弯曲强度、拉伸强度上升，但冲击强度有所下降。Zhang[274] 等制备了 PVC/α-甲基苯乙烯-丙烯腈（α-MSAN）共混物，并向共混物中添加适量增韧改性剂 ACR，结果表明当 α-MSAN 含量为 30 份，ACR 为 0 时，PVC/α-MSAN 的 T_g 达到了 90.9℃，比纯 PVC（84.3℃）提高 6.6℃；当 α-MSAN 含量为 30 份，ACR 的含量为 12 份时，共混物的 T_g 提升到了 97.3℃。

（3）SMA 共聚物

MAH（马来酸酐或顺丁烯二酸酐）与 St 等单体的共聚物（SMA）具有优异的耐热性能，常用作聚合物耐热改性剂。MAH 与 St 共聚会生成交替共聚物（SMAH），这种交替共聚物的添加量小于 10％时，均可溶于 PVC 中，且基于 MAH 中的环状结构，使 SMAH 具有较高的 T_g。

任华[275] 等研究了 PVC 与 SMAH 的共混改性，发现 SMAH 的加入可以显著提高共混物的维卡软化温度，当 SMAH 的含量由 0 增加到 50 份时，共混物的维卡软化温度由 76.5℃升高到 93.3℃，耐热性能得到很大提高。Flippo[276] 采用 SMA 改性 PVC，共混物的维卡软化温度可达到 100℃以上，且 SMA 还可以提高 PVC 的刚性，减缓 PVC 松弛，当 SMA 的质量分数为 30％时，PVC 在 183℃和 193℃时的松弛量减少了 40％～70％，刚性大大提高。

（4）耐热工程塑料

耐热工程塑料具有良好的耐热性能，向 PVC 中添加耐热工程塑料，可以在一定程度上改善 PVC 的耐热性能，虽然该方法的改性效果不如耐热改性剂明显，但其优点是在提高耐热性的同时对 PVC 的其他性能基本不产生影响。常用于改善 PVC 耐热性的工程塑料有尼龙（PA6、PA66）及 ABS 等。

张凯舟[277] 等制备了 PVC/耐热 ABS 合金，结果表明当耐热 ABS 含量由 0 增加到 50 份时，合金的维卡软化温度由 83.5℃提升到 93.8℃；当 ABS 含量超过 50 份时，合金的维卡软化温度基本不再提高。

大部分高分子耐热改性剂与 PVC 树脂有较好的相容性，它们共混制备的共混物，不仅具有较高的维卡软化温度和 T_g，而且加工性能和抗冲击性能优良，是一种简单、有效的改性手段。但由于高分子耐热改性剂的价格相对昂贵，限制了其在工业中的应用。

10.1.3.2 无机耐热改性剂

在耐热改性材料中，除了有机高分子材料外，大部分无机矿物填料都可明显提升塑料的耐热温度。例如碳酸钙、滑石粉、凹凸棒土、黏土、玻璃纤维等无机填料加入到聚合物中后都能提高聚合物制品的热性能。按照其化学组成可分为：碳酸钙类、硅酸盐类和硫酸盐类三种。

（1）碳酸钙类

$CaCO_3$ 因其具有成本低、化学性质稳定及耐热性好等优点而在塑料工业中广泛应用。彭学成等发现碳酸钙填充 PVC 树脂时，在添加量为 20 份之内的条件下，碳酸钙不仅可以明显提高树脂的维卡软化温度，而且不降低抗冲击强度。

王红瑛[278] 等通过挤出共混工艺，将 $CaCO_3$ 加入 PVC/ABS 合金中，发现当 PVC 含量为 100 份（质量份），ABS 含量为 60 份，$CaCO_3$ 含量为 60 份时，PVC/ABS/$CaCO_3$ 合金的维卡软化温度为 97.4℃，与 PVC/ABS 合金相比提高了约 11℃。

（2）硅酸盐类

这类无机填料的种类繁多，包括凹凸棒土、陶土、云母等，它们来源广泛，价格低廉，化学性质稳定，具有较高的熔点，适量添加到物料中可提高 PVC 的刚性，改善 PVC 的尺寸稳定性及防止高温时的蠕变。陈浩[279] 将凹凸棒土和云母添加到共混物 PVC/氯化 PVC（CPVC）中，研究了添加量对共混物耐热性的影响，研究表明当凹凸棒土的添加量为 5％时，改性效果最佳，共混物的热变形温度（HDT）提高了 23.7℃；当云母的添加量为 7％时，改性效果最好，共混物的热变形温度提升了 13℃。

Liu[280] 等对高岭土进行了表面改性，并将改性的高岭土（SFKF）与 PVC 熔融共混制备了复合材料。结果表明，当 SFKF 的含量为 0～5 份时，PVC/SFKF 的 T_g 由 89.3℃上升到 93.6℃，耐热性有所改善。

（3）硫酸盐类

这类无机填料主要包括 $BaSO_4$ 和 $CaSO_4$，其中 $BaSO_4$ 是硫酸盐类填充剂中最重要的一种，沉淀 $BaSO_4$ 的粒度一般在 0.2～5μm 范围内，比重晶石粉的粒径细，而且白度大，pH 值为 6.5～7，是一种化学惰性的填充剂。将纳米 $BaSO_4$ 添加到 CPVC/PVC（50/50）体系中。结果发现，纳米 $BaSO_4$ 能改善 PVC 复合材料的韧性和耐热性，当纳米 $BaSO_4$ 含量为 9％时，改性效果最好，共混物的热变形温度提高了 24.7℃。

10.1.3.3　特种树脂改性剂

CPVC 是 PVC 的氯化产物，主链上含有大量的极性基团，利用它改性 PVC 的最大优点是可以提高制品的耐热性和在一定温度下的化学稳定性。氯含量为 68％的 CPVC，其维卡软化温度为 130℃，利用 CPVC 耐高温的特点，与 PVC 共混后可提高 PVC 的耐热性。马玫[281] 等制备了 PVC/CPVC 共混物，研究了 CPVC 含量对共混物耐热性能的影响。结果表明，当 CPVC 含量低于 40％时，PVC 的耐热性基本没有改善；当 CPVC 含量超过 40％时，PVC 的 T_g 随着

CPVC 含量增加而大幅度提升，CPVC 的含量为 80％时，共混物的 T_g 提升到约 110℃。

10.1.4 氯化

对 PVC 树脂进行氯化，制成 CPVC 树脂，是 PVC 树脂耐热改性的化学方法之一。CPVC 的玻璃化转变温度比通用 PVC 的玻璃化转变温度高 30℃ 左右，软化点也比 PVC 高，可在 100℃ 左右长期使用，随着氯化度的提高，软化点及耐热性也随之上升。将适量 CPVC 与 PVC 共混后，共混物的耐热性提高。但是 CPVC 的凝胶化温度比 PVC 高，这种差异会导致混合时产生脱胶裂痕。再者随着 CPVC 氯化度的提高，分子极性增加，在软化温度高的同时，熔融黏度也增加，所以成型加工困难。另外，较高的含氯量会使 CPVC 对加工设备的腐蚀比 PVC 严重，因此 CPVC 的应用受到一定限制，开发与 CPVC 有相同耐热性，而加工性能与通用 PVC 相近的新型树脂成为今后的研究方向。

10.2 耐热改性 PVC 的应用

PVC 制品由于耐热性低等缺陷，应用受到限制，经过耐热改性后耐温等级明显提高，耐老化性、耐候性、耐磨性、耐化学性也会同步提高，综合性能大大提高，应用领域将进一步扩大，比如交联改性 PVC 可应用于电线电缆、模塑料、建筑材料几个方面。

10.2.1 电线电缆

用作电线、电缆的绝缘与护套材料是交联 PVC 的主要用途。PVC 用作线缆绝缘层、护套层，经辐射交联后，线缆的耐温等级可提高到 105℃ 以上，其强度、柔韧性、耐老化性、耐热变形、耐磨性、耐化学溶剂性、耐候性等性能均有所提高，可应用于彩色电视机、汽车引擎甚至人造卫星、太空飞船等特殊领域，在一些场合甚至可以代替价格昂贵的聚四氟乙烯电线。

10.2.2 模塑料

若 PVC 成型后再接受辐射则对制品的形状与厚度产生限制，日本研制了一种已交联过的可用于模塑加工的 PVC 粒料，该产品以多官能团不饱和单体 DP-CA-20 为交联剂，经 50kGy 电子射线交联，凝胶含量可达 73.1％，材料具有良好的挤出模塑性能，可用来加工一些复杂的制品。

10.2.3　建筑材料

辐射交联 PVC 具有优异的尺寸稳定性、阻燃性、耐磨性及耐化学溶剂性，特别适用于作地板、门窗、墙纸等建筑装潢材料。南非研制了一种新型辐射交联地板砖，该地板砖阻燃、耐化学侵蚀、热变形小、性能明显优于普通橡胶类地板砖，且成本比普通橡胶类地板砖低 30%。另外，PVC 经辐射交联后，强度及表面加工性能得到改善，可用作高档包装材料，同时辐射交联后热变形小、耐磨损，还可用作唱片基材等产品。

交联 PVC 的工业化生产是从 20 世纪 70 年代开始的，作为绝缘材料的交联方式，在电线电缆上的应用已有 20 年的历史了。全世界已有 20 余家生产厂家，比如 Furukawa 电气公司生产的交联聚乙烯（XLPE）和交联 PVC 电线（XLPVC），其系列牌号为"Beamex"；瑞典 Hydoo 公司生产的牌号为 Norrincx2801 和 2900，是硅烷交联 PVC。国内生产单位有晨光化工研究院、机电部上海电缆研究所、上海化工厂等。交联 PVC 已成为最普通的交联绝缘材料，广泛应用于电器、电子器材和设备布线所用的薄绝缘电线，也可应用于比较厚的、绝缘层横截面积大的电力电缆。交联技术不仅用于绝缘材料，还可用于热收缩套、医用高分子材料、涂料和胶黏剂等。

交联 PVC 有许多优异的性能，它的应用还需进一步拓宽，以后在交联 PVC 加工应用方面需进行更深层次的研究，如加工性能、流变性能、应用前景等[282]。

第**11**章 无皮和少皮聚氯乙烯树脂

11.1 无皮、少皮 PVC 树脂概述

在悬浮 PVC（S-PVC）树脂合成过程中加入的聚乙烯醇会在聚合过程中与 VC 单体发生接枝共聚，造成 PVC 表面覆盖一层皮膜。皮膜的存在严重影响了 PVC 树脂残留单体脱除性、增塑剂吸收率、加工塑化时间等。

本体 PVC（M-PVC）聚合过程不加水和分散剂，聚合体系组成与悬浮聚合不同，从而造成两种聚合成粒过程和产品树脂性能的差异。M-PVC 树脂颗粒形态规整，结构疏松且紧密，比表面积大且孔隙率高，无皮膜包覆，粒径小且分布均匀集中，流动性好，增塑剂吸收量大且速度快，树脂容易破碎和熔融，加工温度低，塑化性能和加工性能都十分优异。

PVC 树脂主要应用于制造管材、管件、片材、薄膜等领域。在这些领域中悬浮法有皮膜 PVC 树脂和本体法无皮膜 PVC 树脂都可以使用，但在部分其它领域，无皮膜的 PVC 树脂具有更好的适用性能，如在 CPVC 树脂生产过程中，为了提高 CPVC 树脂加工流动性能及制品性能，除改进氯化工艺，提高氯化技术水平外，选用专用 PVC 树脂也是至关重要的。为了使 PVC 树脂有利于氯化，要求 PVC 树脂疏松多孔，内部孔隙均匀，皮膜尽可能少或无皮，颗粒规整度好，这样氯化反应时氯气容易渗入颗粒内部，氯化均匀度提高。M-PVC 树脂表面无接枝皮膜，S-PVC 树脂通过特殊工艺控制和配方调整等也可减少分散剂和 VC 接枝形成的皮膜，实现 S-PVC 的无皮或少皮化，可作为生产 CPVC 树脂的专用 PVC 树脂。图 11-1 为 M-PVC 和不同皮膜结构的 S-PVC 树脂的 SEM 照片。

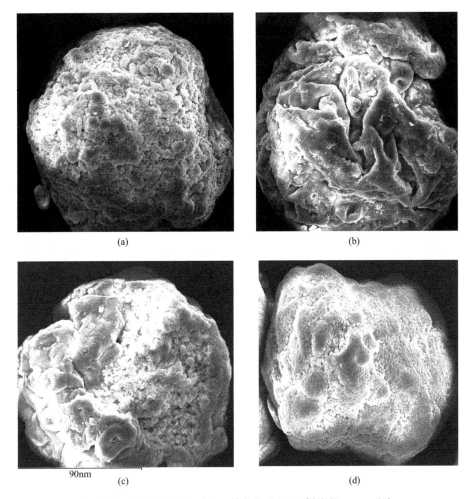

图 11-1　M-PVC 和不同皮膜结构的 S-PVC 树脂的 SEM 照片
（a）为无皮膜的 M-PVC 树脂的颗粒形态；（b）为连续皮膜结构 S-PVC 树脂的颗粒形态；
（c）为部分连续皮膜的 S-PVC 树脂的颗粒形态；（d）为无皮膜的 S-PVC 树脂的颗粒形态

11.2　本体聚合工艺生产无皮 PVC 树脂

　　本体法 PVC 树脂生产发展较晚，受专利技术等的限制，推广较差。本体 PVC 树脂与悬浮 PVC 树脂的应用相同，但是其制品性能优于悬浮 PVC 树脂制品。本体法 PVC 树脂为无毒树脂，VC 残留量在 $1\mu g/g$ 以下，所以广泛用于食品、卫生、医药等行业，制成的制品具有透明度好、质量高等优点。由于其产品流动性好，注塑加工时产品废品率低，从而降低了消耗，更有利于异型材的加工，可以提高异型材的挤出速度，大幅度地提高产量，降低废品率。

11.2.1　国内外氯乙烯本体聚合的发展与状况

本体法是 PVC 树脂发展历程中相对开发较早、但成熟较晚的生产方法，到目前为止尚属于法国阿托公司（ATOHEM）的专利技术，产量较低，约占世界 PVC 产量的 10% 左右。

法国阿托化学公司从 20 世纪 40 年代起就从事本体法 PVC（M-PVC）的工业生产与开发研究，于 1956 年获得成功，称之为"一步法"，并在法国的里昂"圣方斯"建成第一套工业化生产装置。该装置由 18 台 12m³ 的卧式旋转聚合釜组成，聚合反应在一个釜内进行，聚合釜体自身旋转，釜内装有不锈钢球，起搅拌作用，防止 PVC 粉末结块和粘壁。这种生产工艺只使用一个回流冷凝器，传热困难，聚合热难以移除；拆装复杂，难以实现自动化生产操作；得到的 PVC 树脂的粒径分布和分子量分布较宽，表观密度仅为 0.30～0.35g/cm³，产品质量差，不受加工厂的欢迎。该公司经进一步研究改进，于 1960 年成功开发了"二步法"，即聚合反应分两步进行。第一步为预聚合，在预聚合釜内进行，加入单体总量为 1/3～1/2 的 VC 和引发剂，转化率控制在 8%～12%。第二步为后聚合，在聚合釜内进行，将预聚合的全部物料转入聚合釜后，再将剩下的 1/2～2/3 的 VC 单体全部加入，补足引发剂，当转化率达到 70%～80% 时聚合反应结束。由于仍采用卧式旋转聚合釜，因此存在放料不尽、清釜困难、树脂"鱼眼"多、残留单体含量高等缺点。直到 1978 年该公司开发"两段立式聚合釜"本体聚合工艺才成功解决了传热、自控、树脂质量等一系列问题，使本体法生产达到了较成熟的阶段。

本体法 PVC 树脂生产具有工艺流程短、投资少、操作简单容易、产品质量高、原材料和能耗低、基本无三废排放、环境污染少等优点。四川宜宾天原集团股份有限公司于 1992 年 4 月引进了 2 万吨/年聚合装置，于 1997 年 7 月试车投产。宜宾天原在消化、吸收引进技术的基础上，对本体法装置进行改造和扩建，通过多年努力，该公司的生产能力达到 20 万吨/年[283]。2016 年宜宾天原集团将 20 万吨/年本体法 PVC 装置转让给新疆中泰化学托克逊能化有限公司[284]。

内蒙古海吉氯碱化工股份有限公司将川东停建的本体法 PVC 项目移至乌海建设，采用法国阿托公司的专利技术，于 2004 年 8 月建成投产。2008 年内蒙古海吉氯碱化工股份有限公司停产，破产重组后的企业也未生产本体 PVC 树脂。

11.2.2　氯乙烯本体聚合成粒过程及影响因素

VC 悬浮聚合成粒过程研究较多，而 VC 本体聚合成粒过程较为复杂，对其研究较少。按照目前工业上采用的 VC 本体聚合的"两段立式聚合釜"工艺，介绍 VC 本体聚合成粒过程及影响因素。

11.2.2.1　氯乙烯本体聚合的成粒过程

在 VC 本体聚合初期，由引发剂分解形成的自由基通过链增长形成大分子自由基，当其超过一定链长时，大分子自由基就会沉淀絮凝，并在体系中形成微球。这些微球通过捕获大分子自由基而增长成为最初的原始粒子，然后通过聚并形成初级粒子。

初级粒子由于带负电而具有静电稳定作用，但稳定作用是微弱的，因此初级粒子在剪切作用下易发生凝聚。Bertil 和 Jaan[285] 的研究表明，在搅拌反应釜中，随着聚合反应的进行，初级粒子粒径随转化率的增加而急剧增大，到达一定转化率后增加缓慢，趋于定值，达到初级粒子的极限尺寸。此极限转化率大约在 0.2%～1% 之间，初级粒子极限尺寸大约为 0.1～0.3μm。当转化率达到 1%～2% 时，PVC 颗粒已经基本形成，直至聚合终点也没有新的 PVC 颗粒形成。为使 PVC 颗粒具有一定的内聚力，预聚合转化率最好控制在 8%～12% 之间。以上微观成粒过程发生在预聚合阶段，由于初级粒子粒径小，比表面积和表面能大，所以需要采用较高的搅拌转速。

在一定转化率下，搅拌速率极大地影响着初级粒子极限尺寸和初级粒子的总数目，搅拌速率增大，极限转化率降低，也就是说，搅拌速率的增大将使得初级粒子较快凝聚形成 PVC 树脂颗粒。凝聚体形状与大小在搅拌的影响下最终会形成有定型结构且有较高孔隙率的颗粒。当转化率达到 8%～12% 时，含有 PVC 颗粒的 VC 悬浮液被送到后聚合釜中继续进行聚合。随着树状形态的颗粒的逐渐消失，颗粒表面将变得越来越光滑，每个初级粒子被 VC 单体溶胀而且孔隙里也被液体状态的单体填充，因此聚合反应在孔隙内同时进行。在转化率为 30%～40% 的时候，PVC 颗粒与单体的混合物就会转变成为粉末。当转化率超过 50% 以后，颗粒表面变化十分缓慢，这是由于聚合反应大都在颗粒内部进行。颗粒内部的增密是由于初级粒子的缓慢增长造成的，而这些粒子又会融合聚并在一起形成结节，颗粒也会变得越来越紧密。因此，转化率是影响颗粒孔隙的最为关键的因素。转化率超过一定程度时，聚合反应会导致颗粒孔隙率的下降。在正常的状况下，只要控制好聚合条件，尤其是聚合转化率，就可以得到有一定的孔隙率且结构均一的本体 PVC 树脂颗粒[286]。

11.2.2.2　成粒过程的影响因素

由成粒过程可知，本体 PVC 树脂的成粒过程受聚合转化率、搅拌和聚合温度等的影响。

（1）转化率

在聚合的不同阶段，转化率对成粒过程的影响也不一样。转化率直接影响产品的多孔性，要获得高孔隙率的 PVC 树脂，必须控制最终转化率，通常为 80%～85%。在正常的控制条件下，特别是通过转化率的控制，本体 PVC 树脂颗粒将具有较高的孔隙率及较均匀的孔隙分布。

（2）搅拌

在 VC 本体聚合中，搅拌是一个重要的成粒条件，按照本体树脂成粒过程，不可能在同一聚合釜采用同一桨叶对液状、糊状和粉状进行有效的搅拌，因而聚合必须在不同的搅拌反应釜中进行，即整个反应应在预聚合釜和后聚合釜中完成：预聚合釜中生成"种子"，后聚合釜中"种子"进一步聚合生成 PVC 树脂成品颗粒。

（3）温度

在 VC 预聚合阶段，由于 PVC 微粒在较低温度下结合力较低，因此，预聚合的温度一般控制在 60～70℃。同时，后聚合温度对树脂的分子量与多孔性有直接影响，降低聚合温度会使颗粒内部间隙增加，从而增大颗粒孔隙率，因而后聚合的温度一般控制在 45～70℃范围内。

此外，预聚合单体的加入量、引发剂和体系 pH 值对成粒过程也有影响。在预聚合阶段预聚单体的加入量一般约为总单体量的 1/3～1/2，这样一方面可以缩小预聚釜的容积，更主要的是对树脂的密度和粒径分布有一定的控制作用。在预聚合阶段采用高效引发剂有利于树脂的成粒。在 VC 本体聚合中加入定量硝酸，控制聚合体系的 pH 值，可以减轻粘釜和保证 PVC 树脂的粒度和孔隙率。

11.2.3　本体法 PVC 生产工艺

在 PVC 本体法生产工艺中，聚合反应无需加入水和分散剂，VC 单体既作反应物又作分散介质。PVC 树脂颗粒结构和分子结构由聚合条件（转化率、反应温度等）决定，根据生产的树脂质量要求不同，聚合反应通常在 45～75℃下进行。

本体法 PVC 树脂的生产工艺过程简单，无水无分散剂，从而减少了各种助剂配制工序和设备；因无水，所以在分级、均化工序蒸汽消耗就少；在产品质量方面的控制比悬浮聚合法更易操作，能够使不同批次的树脂得到相同的质量，而且可根据用户的需要进行质量调整。本体 PVC 树脂颗粒状态规整，粒度分布集中，增塑剂吸收时间短，制品透明度高于同型号悬浮法 PVC 树脂。

11.2.3.1　工艺特点

本体法 PVC 在聚合生产过程，分两步聚合：第一步在预聚釜中进行，加入一定量的 VC 单体、引发剂和添加剂，经加热后在 120r/min 强搅拌（相对第二步聚合过程）作用下，保持恒定的压力和温度进行预聚合反应；当 VC 转化率达到 8％～12％时，停止反应。将生成的"种子"送入聚合釜内进行第二步反应。第二步聚合反应是在聚合釜接收预聚合的"种子"后，再加入定量的 VC 单体、添加剂和引发剂后进行。在低速（上搅拌转速 25r/min 和下搅拌转速 15r/min）搅拌的作用下，保持恒定的压力进行聚合反应。当反应转化率达到 60％～85％（根据配方而定）时终止反应，并在聚合釜内进行脱气、回收、汽提未反应的单体，进一步脱除残留在 PVC 粉料中的 VC，最后经风送系统将釜内 PVC 粉料送往分级、均化、贮存和包装工序[287]。

要想实现本体法聚合的工业化生产，必须解决如下 3 个问题：

① 通过在液体介质中进行淌流搅拌使粒子形成；

② 在粉状介质中进行适当搅拌使粒子增长；

③ 除去聚合反应热。

对于搅拌来说，立式预聚合釜配有涡轮搅拌器，并有立式叶片和侧壁上的挡板，可以防止涡流的形成；二次聚合釜也是立式的，配有高效的搅拌装置，该搅拌装置由两个搅拌系统组成，包括顶部的螺旋搅拌和底部的错式搅拌系统。

对于反应热撤除来说，将反应置于回流状态下进行，如果颗粒局部过热，这些颗粒吸收的单体将会蒸发，该汽化潜热会使颗粒冷却并回到平衡温度，蒸发的单体会在附近的冷表面上冷凝。冷表面指反应釜的夹套，整个搅拌器和回流冷凝器，它们中都有循环冷却水流动，可以控制反应介质维持在设定的温度。

本体法 PVC 由预聚合、聚合、分级、均化、储存、包装以及脱气、回收等工序组成。

11.2.3.2　工艺流程说明

现将 PVC 本体法树脂生产工艺分别说明如下。

（1）预聚合

用 VC 加料泵将规定量的 VC 从 VC 贮槽中抽出，经 VC 过滤器过滤后打入预聚釜中，VC 的加料量通过调整质量流量计来控制。预聚釜安装在负载传感器上。人工将规定量的引发剂和添加剂分别加入引发剂加料罐和添加剂加料罐中。终止剂是人工加入终止剂储罐中，当紧急事故发生时，终止剂将自动被高压氮气送入预聚釜（或聚合釜）中，以终止反应，确保装置安全。通过预聚釜夹套内的热水循环将 VC 升温（升温所用热水来自热水槽）至规定的温度。这时开始反应，放出热量，夹套内改通冷却水，反应温度由釜顶冷凝器控制。当转化率达到 8％～12％（依据放出的热量来估计）时，停止预聚合，并将物料全部放入聚合釜中。加热预聚釜内的物料直至达到反应压力（约需 40min），加上进料、卸料、冲洗共需约 1.5h。

（2）聚合

引发剂加料过程与预聚合相似，同样用 VC 将其带入釜内。一些添加剂从聚合釜的人孔处加入。聚合釜中 VC 的加料量也是通过质量流量计来控制的。聚合釜安装在负载传感器上。用热水将聚合釜内的物料升温（升温所需热水来自热水槽）至规定温度，当压力达到要求时即停止升温，然后逐步向聚合釜夹套通入冷却水，维持聚合反应温度，使温度波动范围小于±1℃，整个聚合反应时间为 2～4h。根据所生产的树脂牌号决定聚合所需的温度和压力。考虑到需将成品中残留的 VC 含量减少到最低限度，向聚合釜通入蒸汽，使气相中 VC 的分压降低，残留的 VC 即从成品中脱除出来。为了避免腐蚀，在通蒸汽汽提前，要加入一定量的氨水。为了增加产品的流动性，加入一定量的甘油。然后打开釜底阀卸料，通过抽吸式气动输送方式输送聚合物至 PVC 接受槽。最后，按照设计的程序先用压缩空气，再用高压水对釜内不同部位进行吹扫和清洗。清洗物由釜底排出，经过滤器回收 PVC 后排入水池。整个聚合周期为 8h 左右。

（3）VC 的回收

聚合期间，部分 VC 气体不断地从回流冷凝器顶部排出，到回收工序，当达到要求的转化率时，未反应 VC 通过釜上部的回收过滤器到回收工序。

当后聚合反应结束后，首先进行自压回收，未反应的 VC 经 PVC 回收冷凝器、脱气过滤器过滤后，直接进入冷凝器。冷凝器由 2 段组成，1 段用冷却水作冷却介质；2 段用盐水作冷却介质。当釜内压力降至约 0.25MPa 时，回收的 VC 被送入气柜，再用水环压缩机增压后送冷凝器冷凝。当釜压降至大气压时，启动脱气真空泵系统，使釜内的压力降至 0.01MPa（绝对压力），并停止真空泵。将 VC 送入气柜，经水环压缩机增压后送到冷凝器冷凝。经两段冷凝下来的凝液，送至倾斜器中除去少量水分后进入 VC 贮槽与新鲜 VC 单体混合，然后经单体加料泵再经过滤器送至聚合釜或预聚釜中[288]。

（4）分级

后聚合生产出的 PVC 粉料经釜底卸料阀用空气输送系统送至 PVC 接受槽中，经过接受槽顶部出来的空气，再经过 PVC 回收过滤器进一步回收空气中所夹带的 PVC 粉，尾气经过安全过滤器、风机排空。尾气排放粉尘中 PVC 含量小于 1mg/kg、VC 含量小于 5mg/kg。

进入 PVC 接受槽中的 PVC 粉料用流化装置进行流化。PVC 粉料经筛子进料器进入分级筛进行分级：

① 符合规格尺寸的 PVC 进入"A"级品料斗中，然后经输送系统送至均化

仓中。

② 中等大小的 PVC 颗粒则直接进入研磨料斗中，经研磨后送至研磨 PVC 分级筛进行筛分。

③ 大颗粒的 PVC 经粉碎机粉碎后进入研磨料斗中，研磨料斗中的物料经研磨机研磨后，再经研磨 PVC 分级筛再次筛分。过大颗粒的 PVC 则通过研磨料斗循环到研磨机中再次研磨。筛分后的 PVC 粉料称为 "B" 级品，进入到粉碎 PVC 料斗中，然后经输送系统送至均化料仓中。

（5）均化、贮存、包装

PVC 均化料仓底部设有流化装置，PVC 粒子中残留的 VC 在均化过程中被空气最后脱除，使成品树脂中残留的 VC 含量小于 1mg/kg。

"A" 级品 PVC 贮存在均化仓中的一个仓里，另一个仓则处于均化状态。每个均化仓可装 8 釜树脂，均化一次约需要 36h，出料约 10h。从第一釜进入至料出完为止，每次均化占用均化仓的时间约为 48h。流化空气经过空气过滤器过滤后排空。均化好的物料经输送系统送至 PVC 料仓中贮存。

由粉碎 PVC 料斗出来的 "B" 级 PVC 产品被送至均化料仓中均化。在流化和排料过程中，物料被贮存在粉碎 PVC 料斗中，该均化仓中的物料当加工软制品时，可按规定的比例送至 "A" 级品 PVC 均化仓中与 "A" 级品掺混，均化后送至 PVC 料仓中包装外售；当加工硬质品时，则直接排至包装机进行单独包装，作为 "B" 级品外售，"B" 级品的数量一般不超过总产量的 3%。

从均化仓中出来的粉料，被分别送至 PVC 料仓中。空气经过滤器过滤后排空。当一个料仓处于进料状态时，另一个料仓则处于向包装机供料状态。在料仓的底部设有空气管线，以防止搭桥现象。

贮存在 PVC 料仓与研磨 PVC 均化仓中的 PVC 料，由设在各仓下的包装加料器分时轮换向称量包装机给料，经称量包装机称量装袋。称量合格的袋落至充满袋输送机上，再输送至金属检测器检测。无金属异物的合格袋继续输送至计数器计数，经整袋器将合格的袋整形为成品袋，上倾斜袋输送机至全自动码垛机在托盘上码垛。码好垛的成品用叉车送至成品库堆垛贮存。

11.2.4　氯乙烯本体法无皮树脂特性

本体法 PVC（M-PVC）树脂是在无水无分散剂的情况下聚合而成，VC 单体既是反应物又是分散介质。由于在聚合过程中没有任何表面活性剂，本体法 PVC 树脂颗粒表面无皮膜，因而疏松度较高，吸收增塑剂量多，速度快，有利于加工，并可制成高透明制品。

M-PVC 具有如下优良特性。

（1）流动性

本体法 PVC 树脂的流动性比悬浮法 PVC 树脂（S-PVC）好得多；表观密度较大，一般均在 $0.5\sim0.6\mathrm{g/cm^3}$，特别适合生产大口径 PVC 管材、管件、异型材，尤其适合注射制品。

（2）吸收特性

M-PVC 树脂的颗粒表面无皮膜，故而吸收增塑剂量大、速度快；塑化快而不改变自身的流动特性。在软质 PVC 制品加工中，M-PVC 树脂塑化温度可降低 $5\sim10$℃；在硬制品加工中，M-PVC 树脂的塑化时间可缩短 $20\%\sim30\%$，可提高加工速度 $10\%\sim15\%$。

（3）透明性

由于在聚合过程无分散剂，且添加剂的使用种类少于悬浮法，因而得到的 M-PVC 树脂杂质少。M-PVC 树脂的粒子尺寸分布集中，"鱼眼"极少；在软制品挤出加工时，凝胶化较容易、物料温度低，具有较高的堆密度，很好地兼顾了产量和制品的质量。

（4）残留性

M-PVC 树脂在生产过程中，无需特别处理其残留 VC 可达到 $1\mu\mathrm{g/g}$ 以下，水分在 0.06% 以下，所以是卫生级（无毒）PVC 树脂，属绿色 PVC 树脂，非常适合生产卫生的、无毒的 PVC 高级制品，如 PVC 食用油瓶、给排水管材、管件、医药、包装薄片等，完全符合国际卫生级标准。S-PVC 树脂一般情况下，VC 残留量均在 $300\mu\mathrm{g/g}$ 以下，若需生产卫生级 S-PVC 树脂，还需特别处理方可得到在 $10\mu\mathrm{g/g}$ 以下的无毒 PVC 树脂。

（5）电绝缘性

M-PVC 树脂的绝缘性很高，适合生产高绝缘的电缆料及电线套管等。

M-PVC 与 S-PVC 树脂应用领域相同，广泛用于建筑、化工、电子、电缆、农业、食品、包装、医药、卫生等行业。由于 M-PVC 树脂的流动性、塑化性、透明性、高绝缘性、低残留量等多项优良特性，将会提高 PVC 制品的质量和档次，提高制品强度、隔音性及美学性能，并可提高产品产量，降低消耗、成本、降低废品率，为加工行业带来巨大的经济效益。

11.3　悬浮法工艺生产少皮聚氯乙烯树脂

悬浮法生产的 PVC 树脂和本体法生产的 PVC 有相同的颗粒大小。在悬浮聚合过程中，加入改性纤维素醚或聚乙烯醇（PVA）等分散剂，结合搅拌作用使 VC 单体以直径为 $30\sim150\mu\mathrm{m}$ 的液滴悬浮分散在水相，加入引发剂后，在单体液滴内部发生聚合反应。水和单体表面形成一层薄膜，这层薄膜由 PVA 等分散剂组成。薄膜厚 $0.01\sim0.02\mu m$，研究发现这层薄膜是 VC 和分散剂的接枝共聚物。随着分散剂和聚合工艺的不同，皮膜的连续性、厚度和硬度各不相同。皮膜的存在，一方面阻碍未反应 VC 单体从颗粒内部向外扩散，使树脂内单体残留量增多，另一方面，皮膜也影响到树脂颗粒的加工塑化熔融速度。因此，减少或消除皮膜，是提高悬浮法 PVC 树脂质量的一个重要环节，在一定场合可以替代本体 PVC 树脂，得到国内外研究者和生产厂家的广泛关注。

在聚合初期 PVC 粒子表面形成一层膜，这层膜厚 $0.5\sim5.0\mu m$。在单体油滴侧，初级粒子大约 $1\mu m$ 大小，在水相接触一侧，形成约为 $0.1\mu m$ 大小的 PVC 粒子。VC 液滴大小为 $30\sim50\mu m$，聚合过程会聚并形成直径 $100\sim200\mu m$ 的颗粒。液滴为球形，当几个液滴聚并形成颗粒，形状变得不规则，呈疙瘩状，类似爆米花的形状。

悬浮 PVC 树脂颗粒为多孔疏松结构，具有一定的孔隙率。多孔结构是由于液滴（亚颗粒）宏观聚并和液滴内初级粒子聚并形成所得。树脂的孔隙度是一个非常重要的指标，因为它不仅可以促进树脂内残留单体的脱除，也使树脂能够吸收大量的增塑剂。PVC 颗粒形状也很重要，球形粒子易流动、有高的表观密度，而不规则粒子流动性差，表观密度通常较低，但可以快速吸收增塑剂。

11. 3. 1　无皮和少皮 PVC 树脂的合成技术

采用悬浮聚合法生产无皮或少皮的 PVC 树脂的研究单位主要有美国 Dow 化学公司、美国古德里奇公司、浙江大学、上海氯碱化工、杭州电化集团等。

在美国专利 3706722 中，Nelson 等公开了一种早期悬浮聚合生产具有少皮特性的 PVC 树脂过程，树脂粒子有不到 50% 的表面积裸露在外面。该专利采用相转变方法减少树脂表面的皮膜，采用两步聚合，聚合初期以单体为连续相，实际上是本体聚合，当转化率达到 10% 时，再加入水，使聚合体系发生相转变，以水为连续相，含 PVC 的单体为分散相，转换成悬浮聚合，继续聚合至结束。由此得到的 PVC 树脂颗粒表面皮膜只占 28%，呈现不连续状态。

1987 年美国古德里奇公司成功研制无皮 PVC 树脂并投入生产。该工艺的特点是：采用一种粒子敏感型主分散剂（如交联的聚丙烯酸聚合物）和助分散剂（如油溶性 PVA）配合，在聚合初期（转化率约为 $1\%\sim5\%$）将离子物料（如氢氧化钠）加入聚合体系，使主分散剂与 VC 液滴分离，VC 基本不与分散剂发生接枝共聚，所得疏松 PVC 表面均有 32% 的皮膜，皮膜呈不连续状态。

2009 年，上海氯碱化工发明了"一种减少皮膜提高孔隙率的聚氯乙烯树脂的方法"，专利号为 200910198835.1，通过调节分散体系、分批加入分散剂，从而改变聚合过程中的水-油相间的分散-保胶能力，并与搅拌体系相匹配，控制PVC的整个成粒过程，使所制得的PVC树脂颗粒特性、皮膜覆盖率、孔隙率等达到要求[289]。

2014年，杭州电化集团发明了"一种氯化专用聚氯乙烯树脂的生产方法"，专利号201410561467.3。该工艺的特点是：通过密闭进料技术和DCS自动控制技术，在聚合釜内加入去离子水、部分分散剂、缓冲剂、表面活性剂、引发剂等，然后加入VC单体，冷搅拌后升温聚合，在40～70℃的反应温度下，聚合4～10h，并在反应中途向釜内加入调节剂、剩余部分分散剂等；反应终点时加入终止剂，经汽提、干燥后得到氯化专用PVC树脂。该专利在30m³聚合釜系统中生产出一种颗粒结构疏松、孔隙率高、吸油率高、表面皮膜较薄的氯化专用PVC树脂，可以满足CPVC树脂的生产所需[290]。

11.3.2 无皮和少皮PVC树脂的聚合原理及聚合过程

选择使用离子敏感型分散剂作为主分散剂，可以得到无皮和少皮的PVC树脂。离子敏感型分散剂通常是高分子量分散剂或交联分散剂，在水中浓度最好小于0.1%。这类适合的离子敏感型可增稠分散剂包括交联的聚丙烯酸聚合物、交联乙烯苹果酸酐聚合物、高分子量未交联的聚丙烯酸聚合物和乙烯苹果酸酐聚合物等。这些合适的离子敏感增稠剂是一种非中性的、交联法制备的共聚物，这些聚合物含有一个或多个羧酸，是多元不饱和的，有多个可聚合的终端，如交联聚丙烯酸聚合物。这些聚合物极不溶于水。但是，共聚物的结构必须对水有足够的亲和力，在水质中溶胀明显，从而增稠水相，同时能够被快速搅拌。很少或根本没有对水的亲和力、没有一定的溶胀的共聚物，不能作为聚合主分散剂使用。

使用离子敏感型分散剂的同时，最好还使用其他辅助分散剂。完全水溶性分散剂会形成聚合物粒子的表皮，因此应选择单体可溶性，且不完全溶于水的物质作为辅助分散剂。如用PVA作第二分散剂，醇解度越高，分散剂水溶性越好，30%醇解度的PVA是单体可溶、但不溶于水的，55%醇解度的PVA易溶于乙烯基单体和部分溶于水，而72.5%醇解度的PVA完全溶于水，就不适用于少皮PVC树脂的合成。如果选择甲基纤维素和高醇解度（70%以上）PVA，会形成树脂颗粒皮膜结构，应避免选择使用。

辅助分散剂的作用是提高聚合物粒子的孔隙度，增加聚合过程中的胶体稳定性，可以选择油溶性、非聚环氧乙烷等作为辅助分散剂。合适的非聚环氧乙烷是脱水山梨糖醇酯族或内三醇酯或聚甘油酯族的化合物，低醇解度的PVA（最好小于55%），具体如脱水山梨糖醇三油酸酯、去水山梨糖醇三硬脂酸酯、失水山梨醇油酸酯、失水山梨醇棕榈酸酯、甘油油酸酯、单硬脂酸甘油酯、三酸甘油油酸酯、50%醇解度的 PVA 等。辅助分散剂的用量为 0.005～1.0 份，最好控制在 0.1～0.4 份（单体的用量按 100 份计算）。

聚合由自由基引发剂引发，一般选择单体可溶或油溶性引发剂，如过氧化苯甲酰、过氧化双乙酰、乙酰基环己烷磺酰过氧化物、过氧化二丁基碳酸酯、偶氮二（2,4-二甲基戊腈）等。引发剂选择取决于 PVC 的分子量要求和聚合温度等。引发剂使用量约 0.005～1.00 份（单体的用量按 100 份数计算），优先范围约为0.01～0.2 份[291]。

在聚合的早期阶段，主分散剂保护单体液滴。在主分散剂与 VC 接枝聚合之前，添加氢氧化钠到聚合介质中。离子型主分散剂会有一定的膨胀，离开单体液滴。通过这个方式保护液滴，调节主分散剂量来调节单体液滴大小。在聚合早期必须添加氢氧化钠，通常在单体转化率为 0.5%～5.0% 时添加。如果一开始时添加氢氧化钠或在转化率小于 0.5% 时添加，主分散剂会过早脱离液滴，导致聚合失稳。在转化率为 1%～3% 时添加氢氧化钠，由于主分散剂从液滴中解吸出来，聚合继续时，液滴表面无分散剂，产生的树脂基本上无皮。另一些主分散剂已经连接到 PVC 树脂颗粒表面，但是不像常规 PVC 悬浮树脂那样有连续的皮膜存在。通常氢氧化钠的添加量以使 pH 值增加 0.5～1.0 为宜，为 0.0010～0.0100 份（单体重量为 100 份数）。

在生产少皮 PVC 树脂过程中，聚丙烯酸分散剂的使用量取决于 PVA 的加入量，如 PVA 加入 0.3 份时，聚丙烯酸分散剂需要小于 0.04 份，而当 PVA 加入 0.1 份时，聚丙烯酸分散剂可以加入更多，约 0.06 份。为了获得无皮 PVC 树脂，随着 PVA 的加入量增加，聚丙烯酸分散剂的加入量必须减少。

按照上述助剂的要求，结合表 11-1 配方，将原料加进反应器。反应控制在53℃，NaOH 配成 2% 的水溶液，在反应 15min 时（大概转化率 1% 时）加入。在反应 290min 时加入酚醛终止剂终止反应。PVC 树脂从反应器中导出，除去残留单体和干燥成自由流动的粉末。

表 11-1　生产无皮树脂的聚合配方

成分	用量/份
氯乙烯	100
水（软水）	182.1
聚丙烯酸分散剂	0.02
NaOH	0.005
异丙醇	0.570

续表

成分	用量/份
低水解度(55%)PVA	0.300
二仲丁基过氧二碳酸盐	0.030
酚醛终止剂	0.010

聚合加料过程按如下步骤说明：

① 向聚合釜中加入水和可以增稠水的离子型主分散剂（聚丙烯酸分散剂），主分散剂可以直接添加，但最好是添加其浓缩水溶液。水和主分散剂可以在加入聚合器前先混合。

② 搅拌水和主分散剂，直到形成乳浊液。

③ 减少或停止搅拌，形成非湍流状态。

④ 将单体投入到反应器容器中，使单体漂浮在乳化增稠水层的顶部。

⑤ 向反应器里加入混合溶液，包括引发剂、辅助分散剂。如果辅助分散剂不会和引发剂发生反应，那么可以在加入反应器前预混合。

⑥ 使引发剂溶解到单体层里去。

⑦ 增加搅拌使整个聚合介质分散。

⑧ 进行聚合，直到达到 1%～2% 转换率，添加氢氧化钠，使主分散剂解吸到油滴外。

⑨ 继续聚合，直到达到所需的转化率。

11.3.3 无皮和少皮 PVC 树脂的颗粒特性

不管采用何种方法制备无皮和少皮 PVC 树脂，由于都是采用悬浮法工艺生产，其成粒过程与通用疏松型树脂基本相同。所不同的是采用不同的分散体系和工艺操作条件，使水皮膜不连续或者全部无皮。所得树脂有以下特性。

（1）颗粒尺寸

PVC 树脂的平均粒径与疏松型相当，为 $105\mu m$ 左右，粒度分布较集中。

（2）外观形貌

几乎由亚颗粒聚并而成的多细胞颗粒，用扫描电镜可以看见初级粒子或聚集体裸露在外，类似于本体聚合 PVC 树脂。树脂表面皮膜不连续，PVC 表面约占 68% 以上，或者树脂表面完全无皮膜。

（3）内部结构

树脂内部与疏松型树脂相同，由初级粒子或聚集体堆砌而成，孔隙率较大，用汞孔隙度仪测量为 $0.5cm^3/g$ 左右。

（4）表面皮膜不连续

用化学分析电子能谱（ESCA）技术测试分析树脂外表皮有不到 10% 的表皮。表皮主要由 PVC 树脂和辅助分散剂（致孔剂）组成。

11.3.4　无皮和少皮 PVC 树脂的应用

通常，无皮或少皮 PVC 树脂加工具有以下特点。

（1）吸附速率大

无皮和少皮 PVC 是一种高孔隙率树脂，有许多初级粒子裸露出现在树脂表面。这会加速增塑剂吸收，并使粒子易破碎成更小的单位（初级粒子）。使用高速混合器也能很快混合成干混料，用行星混合器测试树脂的增塑剂吸收时间不超过 250s。

（2）加工塑化速率快

运用转矩流变仪测试普通树脂与无皮和少皮 PVC 树脂，无皮和少皮 PVC 树脂具有较短的塑化时间和较低的塑化温度[292]。

无皮和少皮 PVC 树脂除了与通用树脂的应用领域相同外，在 CPVC 树脂生产、粉末涂层和高透明薄膜加工等方面也有良好的应用。用作粉末涂层的 PVC 树脂要求具有增塑剂吸收且均匀、受热塑化均匀等特点，因此，通常采用疏松少（无）皮 PVC 树脂。美国 Polyone 公司开发的牌号为 Geon 140×466、Greon 140×484 和 Geon 140×497 的 PVC 树脂就属于粉末涂层专用的少皮 PVC 树脂，K 值分别为 56、63 和 68，平均粒径都为 105μm。

第**12**章 透明PVC专用树脂

12.1 透明 PVC 专用树脂概述

PVC 具有良好的物理和化学性能，折射率为 $1.52\sim1.55$，可作透明制品的原料。常见高分子透明制品主要有以下材质：PVC、聚对苯二甲酸乙二醇酯（PET）、聚苯乙烯（PS）、聚碳酸酯（PC）、聚甲基丙烯酸甲酯（PMMA）等。由于这些材料的性能不同，应用范围也有所不同。

PVC 透明制品是以 PVC 为主原料生产或加工的，且在可见光区域（$380\sim780nm$）的透光率在 85% 以上的制品。与其他透明高分子材料产品相比，高透明 PVC 制品具有以下特点：机械强度好，生产成本低，硬软度可以根据生产配方进行调控，并且对油墨有良好的吸附性，这是其他树脂没有的性质。因此，采用 PVC 树脂生产透明制品有非常明显的优势，透明制品也成为 PVC 一个重要的应用领域。

目前，随着透明塑料的发展，PVC 的应用优势使其在透明制品市场中的份额也逐年增加，广泛被应用于医疗、电器、汽车、建筑、农业和包装等领域。其中在包装领域，透明 PVC 在食品、服装、日用品、儿童玩具、工艺美术品、体育文化用品等方面的应用上几乎不受限制。因此透明 PVC 专用树脂的研发也越来越受到人们的重视。

PVC 加工黏流温度接近分解温度，给透明制品的加工带来一些困难，尤其是硬质透明制品，因不加或加入很少增塑剂，加工温度高，塑化困难，生产过程中常产生晶点，难以获得透明度高的产品。添加增塑剂，虽然可以克服加工上的困难，但会使制品的透光率和机械强度降低，而且增塑剂易挥发、迁移、析出，影响产品性能和使用寿命。

透明 PVC 专用树脂是针对 PVC 在透明制品领域的应用特性而研制的，适合 PVC 透明制品对原料、配方、成型工艺过程及工艺条件的高要求，能满足制品对透明性和其他性能的双重要求，是一种专用性较强的特殊领域应用的树脂品种。

12.2 国内外透明 PVC 专用树脂的发展及市场情况

12.2.1 国外透明 PVC 专用树脂的发展概况

由于 PVC 树脂易脱氯化氢分解的特性，在加工应用中必须添加热稳定剂、润滑剂等加工助剂，并根据制品的硬度和抗冲击强度要求，添加增塑剂和抗冲改性剂（增韧剂）。各种助剂的加入能改善材料的性能，但同时增大 PVC 材料对光的散射与反射，降低材料透明性。

国外很早就开始研究 PVC 加工添加剂和加工工艺对 PVC 透明性的影响，从 20 世纪 50 年代开始就已大批量生产和应用 PVC 透明硬片，60 年代初期开始大规模生产 PVC 透明粒料[293,294]。美国 Alpha Gary 公司 Dural 系列、Colorite 公司的 Unichem 系列和 Geon 公司 Geon 牌号的 PVC 专用料中就有大量硬质透明 PVC 专用料，许多牌号的产品不仅具有良好的透明性，还具有高流动、抗冲、耐热或耐辐射等特性，不仅可满足通用需要，很多品种还可应用于医疗制品的生产。20 世纪 80 年代苏联利用硅氧烷类单体与 VC 进行共聚而改善 PVC 的性能，得到具有高温热稳定性的透明 PVC 材料，主要用于军用品。由于在 PVC 链上连接了硅氧烷链段，其制品具有低表面能、高滑性和高透氧性，所以也是制作薄膜的良好材料，如制作保鲜袋和贮血袋，用于温室、帐篷和暖房栽培的农膜[295]。自 80 年代开始，日本、法国、美国、德国等发达国家就成功研制了 Ca-Zn 热稳定剂的矿泉水瓶 PVC 粒料，用于生产吹塑瓶。Hüls 公司提出了用光学性能较好的硬单体苯乙烯（St）和可改进抗冲击性能的软单体丙烯酸丁酯（BA）共聚改进 PVC 的透光和抗冲击两方面性能，制备出高透明抗冲击的 PVC 树脂[296]。自此以后，国外对透明高分子材料的研究与开发异常活跃，不断有新品种出现，但主要在共混改性方面，通过调整不同的组分研发特种抗冲改性剂 MBS，来提高材料的透明性和抗冲击性能。当前国外在透明材料的研发和生产方面都走在前列，产品性能较好地满足了市场需求。

12.2.2 国内透明 PVC 专用树脂的发展概况

我国 20 世纪 60 年代后才开始从国外引进 PVC 透明硬片的生产和应用技术，80 年代末 PVC 透明粒料生产开始规模化，厂家主要集中在江浙、广州、深圳一带，加工技术和配方多由国外引进，多停留于后加工配方和工艺的改善。如王文广等[297] 通过共混工艺和工艺控制进行 PVC 透明改性；刘茂先等[298] 通过对 PVC 粒料的原料选择、助剂选择、配方设计及生产工艺的研究开发了 PVC 高抗冲透明瓶粒料。

武清泉[299] 以丙烯酸丁酯、甲基丙烯酸甲酯作为第二、第三单体同 VC 进行共聚合，改善了树脂的加工性能，使 PVC 树脂加工容易，硬、半硬或软制品的强度提高，耐候性、光泽度、透明度与尺寸稳定性明显改善；霍金生[300] 提出乳液聚合制备抗冲改性剂乳液、乳胶粒子聚集，再通过悬浮接枝共聚制备高抗冲透明 PVC 树脂，改善了 PVC 的透光、耐冲击和耐候性；孟宪谭等[301] 利用 MBS 树脂改性 PVC，提高了 PVC 树脂的透明度和抗冲击力。宋晓玲等以有机锡为热稳定剂、核-壳 MBS 粒子为增韧剂制备了透光率大于 85%、抗冲击强度为 34.5kJ/m^2 的高抗冲硬质 PVC 透明材料[302]。贾小波[303] 通过在聚合体系中加入抗鱼眼剂及复合稳定剂的工艺方法，在小试装置上开发出了老化白度高、"鱼眼"少的高透明 PVC 树脂。透明 PVC 专用树脂的开发，从后加工配方和工艺的改善逐渐发展成改变 PVC 分子结构的化学改性。

12.3 透明 PVC 专用树脂的生产方法

透明 PVC 专用树脂是在通用树脂生产的基础上，主要通过提高树脂的质量来生产的，因此通过透明 PVC 专用树脂的研发和生产，对普通 PVC 树脂整体质量的提升也可起到显著的作用。

一般来说，提高普通 PVC 树脂质量有两种方法。一是通过化学合成在聚合过程中改变 PVC 树脂的本质特性。二是通过添加后加工改性剂改善 PVC 树脂的加工性能。所以，透明 PVC 树脂的生产和研发，主要采用化学合成与物理改性两种方式实现。

12.3.1 化学合成法

对于材料的透明性而言，尤其是高分子材料，影响因素有很多，主要影响因素是材料的结晶度以及结晶结构。一般结晶含量较高的聚合物的软化温度和加工温度越高，结晶结构越规整，结晶结构越完善，熔点越高，越难加工，则聚合物球晶及晶片形态的形式将增加。普通 PVC 结晶度较小，加工温度低，加工温度接近分解温度，通用型 PVC 树脂结晶结构规整度和完善性不够良好。所以，想获得较好的 PVC 透明制品，首先要求树脂基材的分子量、颗粒规整度、色泽、塑化性能以及"鱼眼"数、杂质粒子数、VC 残留量、挥发分含量等特征指标的良好性，减少影响制品透明性的因素。

PVC 树脂具有不同于大多数其他聚合物的加工塑化熔融过程，在加工过程中，PVC 颗粒先被压实、紧密化，继而发生粒子破碎、变形、细化和熔合，得到的 PVC 熔体往往呈大分子链与细微粒子复合在一起的多相结构形态。多相结构的存在将影响材料对光的吸收和反射，所以调整 PVC 树脂结构的规整度和完善性，是获取较好的 PVC 透明制品的首要条件。

PVC 树脂平均分子量和分子量分布是影响 PVC 加工特性及制品性能的重要因素。高分子组分需要较高的塑化温度，在通常的加工条件下不易塑化均匀；分子量越小，树脂越容易塑化，颗粒规整度越高。分子量分布窄的树脂，杂质含量越少的树脂塑化熔融更趋于一致，塑化均匀，制品的透明度越高[304]。紧密型树脂具有皮膜包覆、皮膜牢固、增塑剂渗入慢、难塑化的特点，很难用于生产高透明度的材料。疏松型树脂易塑化，热稳定性好，适用于透明 PVC 材料的制备。

化学合成法可以通过配方的优化和工艺的改进实现对 PVC 树脂本质特性（PVC 树脂分子量大小及分布、粒径、颗粒规整度、皮膜结构、"鱼眼"、杂质数等）的改变。

12.3.1.1　配方的优化

透明 PVC 专用树脂对其颗粒规整度、色泽、塑化性能、"鱼眼"数、杂质粒子数、VC 残留量、挥发分含量等的要求高于通用 PVC 树脂。

与电石法 PVC 树脂相比，乙烯法 PVC 树脂具有较好的力学性能、热稳定性，颗粒粒径分布范围更窄。市场上主要以乙烯法 PVC 厂家为主生产透明 PVC 专用树脂，最具代表性的如台湾塑料工业有限公司。传统电石法 PVC 树脂受 VC 质量的限制，在透明市场上占有的份额较小，目前市场上主要以乙烯法 PVC 透明专用料为主。

新疆中泰化学在对比了乙烯法与电石法 VC 单体的质量指标后，找出了电石法单体的不足。其采用固碱干燥法、分子筛脱水法提升单体质量，优化聚合工艺及配方体系，选用无毒环保的聚合助剂，对采用电石法生产悬浮树脂的颗粒形态、粒度分布、分子量分布、热稳定性和白度等方面进行改进提升，生产出了电石法透明 PVC 专用树脂，其性能与乙烯法透明 PVC 专用树脂相当。目前主要应用于软质透明膜、硬质透明膜、透明片用 PVC 树脂等领域。

12.3.1.2　合成工艺的改进

北京化工研究院霍金生等发明了一种高透明耐冲击聚氯乙烯的制备方法，其特点是在制造接枝用乳液时加入适量的电解质溶液以使乳液粒子聚集，来改善 PVC 接枝聚合物的透光、耐冲击和耐候性能。具体过程为：在装有搅拌加料口、氮气进口以及抽排口的 2L 不锈钢聚合釜中，加入 680 份去离子水、0.38 份 A-BIN、1 份 EDTA（乙二胺四乙酸）、30 份 HPMC 和聚乙烯醇（PVA＋LL-02）混合液或 58 份 HPMC＋聚乙烯醇（GH23＋KZ05）溶液，抽氧充氮后加 283.36 份 VC 单体，常温搅拌 15min，然后加入 128 份 St/BA 乳液（相当于 28.1 份固体物），升温至 40℃，维持 1h 再升温至 60℃反应，压降 0.2～0.3MPa 后卸压出料，得到表观密度为 0.3～0.4g/cm³、粒径 60～140 目的接枝共聚树脂[300]。

宋晓玲等发明了一种具有石榴结构的丙烯酸酯-苯乙烯合成的抗冲改性乳液与 VC 原位接枝聚合的树脂。工艺步骤包括：抗冲改性剂乳液的制备；透明抗冲击 PVC 树脂的制备；透明耐冲击 PVC 粒料组合物的制备。该发明产品能兼具提高透明性和抗冲击强度的要求，能充分满足高品质透明抗冲击 PVC 制品的需求[305]。

12.3.2 物理共混改性法

PVC 结晶度很低，透明性较好。但是 PVC 具有脆性，且易受热分解，加工温度接近分解温度，因此需要添加助剂以及第二、第三组分，如增韧剂、增塑剂、稳定剂等。各种助剂的加入能改善材料的性能，但同时能增大 PVC 材料对光的散射与反射，降低材料透明性。

当共混改性时，共混物两相或多相粒子大小小于可见光波长或两相的折射率相近时，共混物为透明材料。因此要取得透明的制品，首先要有合适的原料，其杂质少，熔融后粒子小。其次，加入第二、第三组分或助剂后，如能完全互溶，得到密度和折射率均一、各向同性的产品，才能保证材料仍然是透明的。如果形成了两相，有两种情况可以保持透明性：一是分散相的粒度小于光波的波长；二是连续相和分散相的折射率相等或比较接近。当然，可以利用适当的助剂来改变两相的折射率，以求得两相的匹配。另外，要求制品的表面光洁，以减少光线的漫反射而保持其透光率。

12.3.2.1 透明 PVC 树脂基材的选择

透明制品生产过程中常产生晶点，要得到无晶点、透明度高的产品，原材料的选择是关键的第一步。

根据光在 PVC 制品中的传播机理，材料的多层级结构、加工配方组成和加工条件等是影响材料透明性的主要因素。PVC 材料的多层级结构主要由 PVC 树脂基材特性决定，而 PVC 树脂基材特性决定合成工艺的选择。

PVC 树脂合成方法主要包括本体聚合法、悬浮聚合法和乳液聚合法。采用不同的合成方法可获得不同特性的 PVC 树脂。

　　对于用本体、悬浮、微悬浮、乳液聚合方法生产的 PVC 树脂来说，原始微粒的结构基本相同，初级粒子也相似，最终形成的颗粒却有很大的差别。本体聚合法生产的 M-PVC 树脂的颗粒形态较规整、结构疏松有一定孔隙率、无皮膜包覆、粒径适中（110～130μm）且分布较集中、流动性好、增塑剂吸收量大且速度快，加工性能较为优越。悬浮聚合法生产的 S-PVC 树脂颗粒结构疏松、有皮膜、粒径分布略宽，加工流动性较本体法略差，且分散剂的存在对制品透明度稍有影响。微悬浮和乳液聚合方法得到的 PVC 糊树脂是由乳胶粒子（初级粒子）形成的聚集体（二次粒子），由于聚合所加的助剂量多，又无离心水洗处理，故制品的透明性不及悬浮树脂。为了保证 PVC 制品的透明性，本体法 PVC 树脂是制备透明 PVC 制品的首选，其次为悬浮法 PVC 树脂。

　　以包装材料用硬质透明 PVC 膜的原料选择为例，PVC 树脂占原材料总量的85%左右，对产品的性能和加工工艺起着决定作用。由于加入的增塑剂很少或不加，在捏合混料时多采用干混法，且要求物料在加工中完全熔融而无过热分解，混合均匀易塑化，流动性好，杂质少，力学性能可满足产品要求。所以应选用平均分子量较低、表观密度偏高的悬浮法疏松 PVC 树脂。它具有分子量分布均匀、分子大小适合、颗粒疏松、吸油快、可缩短物料塑化时间、加工的成品光滑致密等优点。生产中物料流动性好，可保证生产连续作业。从树脂的黏数和密度角度考虑，认为以黏数为 85～96mL/g、K 值为 59～61、表观密度为 0.45g/cm³ 以上最适宜。本体法 PVC 树脂无皮膜或皮膜较少，容易塑化，也适用于透明吹塑制品的加工。

12.3.2.2　热稳定剂的选择

　　PVC 的加工温度与其分解温度非常接近，热稳定性较差。PVC 树脂在加工受热后，大分子链吸收能量引起部分分解，脱除氯化氢，从而在大分子链中形成有色多烯结构，透明制品的生产过程多在开放情况下进行，氧气的存在对氯化氢气体的进一步放出有着强烈的催化作用，使树脂从白色＋粉红色、浅黄色＋褐色、红棕色、红黑色、黑色至完全烧焦。

　　PVC 热稳定剂主要包括铅盐类、金属皂类、有机锡类、钙锌类、稀土类热稳定剂。但铅类稳定剂都为固体，熔点较高，在 PVC 基体中以粒子形式存在，不适合用作透明 PVC 的热稳定剂。有机锡类硫醇甲基锡可以结合 HCl 置换不稳定 Cl，并能与双键加成，适用于各种透明高档 PVC 制品，广泛用于包装片材、硬膜和热收缩膜等。钙锌复合稳定剂即皂盐复合物与 PVC 的相容性比相应的固体金属皂要好一些，热稳定化以后生成的脂肪酸与 PVC 的相容性也有较大的改善，如环烷酸、异辛酸与 PVC 树脂相容性远优于硬脂酸。因此，它们一般用于软质透明 PVC 制品，但不能用于过厚的或高透明要求的 PVC 制品。

包装材料硬质透明 PVC 膜为高强度透明的膜材料，选用的热稳定剂也必须与 PVC 的折射率相近、热稳定效率高且无毒。PVC 扭结膜生产选用的热稳定剂品种有钙锌复合稳定剂、有机锡（硫醇类）稳定剂、稀土复合稳定剂等，其中以有机锡稳定效率最高，可单独使用。稀土复合稳定剂可部分代替有机锡，这是近年来国内外开发使用的新型稳定体系，发展很快。在使用有机锡（如二月桂酸二丁基锡等）类稳定剂时，还应注意到它与环氧化合物、亚磷酸酯类的协同效应，这对充分发挥它的热稳定性十分有利，既可以生产出优质的 PVC 扭结膜，又可以大大降低生产成本。热稳定剂的总用量可在 1.5～2.5 份之间选择。

12.3.2.3 增韧改性剂

硬质透明 PVC 片同其他硬质 PVC 材料一样，为了提高其抗冲击强度，也需加入一定量的抗冲改性剂。可用于硬质 PVC 增韧的改性剂品种很多，如 ABS、CPE、EVA、MBS 和 ACR 等。考虑到与 PVC 的相容性和材料的透明度，目前大多数厂家使用 MBS 树脂，如日本的 B521 和国产的 M31。MBS 为丙烯酸甲酯、丁二烯、苯乙烯的共聚物，对实现与 PVC 共混改性效果很好，可缩短物料塑化时间，降低加工温度，拓宽温度范围，对加工性提高有利。从生产实践中得出，在其用量超过 8 份时韧性增加趋缓，但低于 5 份时，增韧效果较差。

12.4 透明 PVC 专用树脂的加工与应用

12.4.1 硬质 PVC 透明膜的加工与应用

PVC 扭结膜是一种硬质 PVC 透明包装材料，也称为 PVC 玻璃纸，是近年来开发生产的一种新型包装用超薄薄膜。这种包装膜具有优异的防潮性、透明性、扭结性、高强度、耐酸碱等特性，可以代替木材纤维素普通玻璃纸用于食品、药品、烟酒、玩具、花炮以及机电五金等商品的包装材料。

12.4.1.1 硬质 PVC 透明膜生产配方

硬质 PVC 透明膜以扭结膜为例，在生产中依照对产品性能和质量的要求可采用不同的配方，如表 12-1 和表 12-2 所示。

表 12-1　吹塑 PVC 透明膜配方　　　　　　　　　　　单位：份

原料	硬质膜		半硬质膜	
	1	2	1	2
PVCXS-6 或 XS-5	100	100	100	100
邻苯二甲酸二辛酯	—	0.5～1	8	5

续表

原料	硬质膜		半硬质膜	
	1	2	1	2
邻苯二甲酸二丁酯	—	—	—	5
环氧大豆油	—	1~3	2	5
双(硫代甘醇酸异辛酯)二正辛基锡	1.5	2	2.5	—
月桂酸二正辛基锡	0.5	—	—	1
马来酸单丁酯二丁基锡	—	—	—	2.5
MBS	6	3~5	5	—
ACR 加工助剂	1~2	—	—	—
硬脂酸钙	—	0.5	1	—
硬脂酸镉	—	—	—	0.6
硬脂酸钡	—	0.5	—	0.4
硬脂酸	0.3	0.2	0.5	—
PE 蜡	—	—	—	—

表 12-2　吹塑硬质 PVC 透明膜配方

原料名称	用量/份	原料名称	用量/份
PVC(K 值 55~58)	100	单硬脂酸甘油酯	0.3
有机醇锡稳定剂	2	低分子聚乙烯(9000)	0.1
改性剂 MBS	5~10	润滑剂	0.5~1.0
ACR 加工助剂	1~3	抗静电剂	0.2~0.5
皂化蒙旦蜡	0.2		

12.4.1.2　硬质 PVC 透明膜的生产工艺

硬质 PVC 透明包装膜是一种不加或加入极少增塑剂的产品,因此要采用较低分子量的 PVC,如 SG6、SG7 或 SG6/SG7 共用。对于透明膜采用悬浮法和本体法生产的 PVC 较好。生产工艺流程如图 12-1 所示。

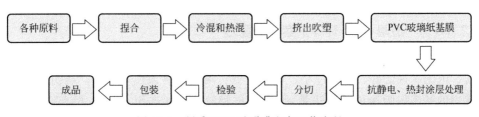

图 12-1　硬质 PVC 透明膜生产工艺流程

硬质 PVC 透明包装材料一般采用挤出吹塑工艺，也有采用挤出片材再经拉伸成型。由于挤出吹塑工艺简单，设备投资少，故多用挤出吹塑法生产。

12.4.1.3 硬质 PVC 透明膜的产品性能

PVC 硬质薄膜用于包装材料时具有如下性能。

① 阻气性（各种气体和水蒸气）与香味渗透性能好；

② 材料的刚度高，平整性好；

③ 表面光滑，亮度高，透明性好，且由于为非结晶高聚物，在使用过程中不会因结晶面影响膜的透明性；

④ 耐化学性好；

⑤ 由于其为极性高分子材料，印刷性和贴商标性好，一般不需表面处理。

PVC 透明膜的厚度不同，其特征也就不同，应用也有所差别，表 12-3 列举了不同厚度的硬质 PVC 透明膜的特征和用途。

表 12-3　PVC 透明膜的特征和用途

产品厚度/mm	特征	用途
0.02～0.04	卫生级硬质膜，高透明性，高强度，热封性好，可印刷，保香，不易燃	食品、药品等成品的中短期包装，中草药包装
0.015～0.03	卫生级，手感好，扭结性好，防潮，保香，回弹小，可印刷，有各种色彩	糖果、酒类、果脯等商品的扭结包装及玩具的整体外包装
0.02～0.035	优良的弹性，防雾性，适于手工或机被包装生产线，可视性好，卫生性符合要求	超级市场的家具，食品药品盒的外包装，可贴紧物体，适于码垛和识别，便于流通中保护美化商品
0.03～0.04	硬质膜，韧性强，挺性好，高透明性，耐温性优，收缩小，可黏封、印刷，卫生性符合要求	各类衣服，高档礼品，玩具盒的外包装材料，适于商品陈列，展销
0.015～0.045	半硬质，卫生性良好，可印刷，透明，承重大，可进行二次涂胶加工，防潮，无味，韧性好，无色或着浅色	各类工业品，花炮、相册、磁带及办公室用品的封装，透明胶带的基材，布匹线材的外包装，也可用于生肉的外包装

12.4.2 透明 PVC 环保护套料应用与加工

12.4.2.1 透明 PVC 环保护套料的配方

目前，PVC 电缆料生产广泛选用悬浮法通用型 PVC 树脂，具有力学性能较高、电绝缘性能好、吸水性小、透气率低、耐化学腐蚀性等特点。透明 PVC 电缆料的基体树脂选用乙烯法悬浮 PVC 树脂较好，如选用 S-1000 型 PVC 树脂。透明 PVC 环保护套料的具体配方如表 12-4 所示。

表 12-4 透明 PVC 环保护套料的配方

材料	用量/份
S-1000 型 PVC 树脂	100
YC-197 稳定剂	3
双酚 A	0.2
DOTP(对苯二甲酸二辛酯)	30
DOP	10
ESO(环氧大豆油)	6
CH-104 润滑剂	1.2
增白剂	0.04
群青粉	0.002

12.4.2.2 透明 PVC 环保护套料的生产工艺

透明 PVC 环保护套料生产工艺（图 12-2）与 PVC 普通电缆料生产工艺相同，主要包括四种生产方式：双辊开炼切粒、单螺杆挤出造粒、双阶挤出造粒、双螺杆挤出造粒，以下主要介绍单螺杆挤出造粒工艺。

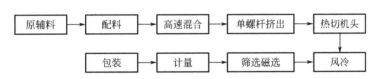

图 12-2 透明 PVC 环保护套料的生产工艺

挤出机选用单螺杆可以减少螺杆对粒料的剪切作用；对设备各段接根地线用来消除静电；可采用人工对机头强制降温；刀口应常清理或更换。

12.4.2.3 透明 PVC 环保护套料产品性能

透明 PVC 环保护套料产品性能如表 12-5 所示。

表 12-5 透明 PVC 环保护套料产品性能

项目	测量值
200℃刚果红时间/min	90
100℃,7 天热老化质量损失/(g/m^2)	11.6
100℃,10 天热老化质量损失/(g/m^2)	19.8
拉伸强度/(N/mm^2)	24.5
伸长率/%	306
密度/(g/cm^3)	1.26

续表

项目	测量值
Pb 含量/(μg/g)	9.5
Hg 含量/(μg/g)	2.1
Cd 含量/(μg/g)	5.2
六价 Cr 含量/(μg/g)	1.1
多溴类含量/(μg/g)	7.4

该透明 PVC 环保护套料能满足视频电线的透明护套使用要求；粒料的环保性能满足 ROHS 标准，加工流动性能满足挤出工艺要求，物理机械性能满足 GB/T 8815—2008 中 H-70 型指标。

12.5 国内透明 PVC 生产企业及产品特性

12.5.1 新疆中泰化学股份有限公司

该公司 PVC 树脂种类包括：型材用 PVC 树脂、管材用 PVC 树脂、管件用 PVC 树脂、软质透明膜用 PVC 树脂、硬质透明膜用 PVC 树脂、透明片用 PVC 树脂。

软质透明膜用 PVC 树脂的特点：具有很高的增塑剂吸收量，树脂的"鱼眼"及杂质较少，制品"晶点"少，透光性优异。具体技术指标如表 12-6 所示。

表 12-6 软质透明膜用 PVC 树脂技术指标

项目	指标
黏数/(mL/g)	125～128
表观密度/(g/cm³)	0.47±0.02
增塑剂吸收量/(g/100g)	≥28
白度(160℃,10min)/%	≥82
热稳定时间/min	≥8
粒径分布(100～140 目)/%	≥85
"鱼眼"数/(个/400cm²)	≤10
挥发分含量/%	≤0.35
杂质粒子数/个	≤10

硬质透明膜用 PVC 树脂的特点：分子量分布窄，塑化性能优异，树脂的"鱼眼"及杂质较少，制品"晶点"少，透光性优异，制品力学性能好，具体技术指标如表 12-7 所示。

表 12-7　硬质透明膜用 PVC 树脂技术指标

项目	指标
黏数/(mL/g)	113～110
表观密度/(g/cm³)	0.52±0.02
增塑剂吸收量/(g/100g)	≥22
白度(160℃,10min)/%	≥82
热稳定时间/min	≥8
粒径分布(100～140 目)/%	≥85
"鱼眼"数/(个/400cm²)	≤10
挥发分含量/%	≤0.35
杂质粒子数/个	≤10

透明片用 PVC 树脂的特点：分子量分布窄，"鱼眼"及杂质少，制品透光率均一，力学性能好。技术指标如表 12-8 所示。

表 12-8　透明片用 PVC 树脂技术指标

项目	指标
黏数/(mL/g)	94～92
表观密度/(g/cm³)	0.57±0.02
增塑剂吸收量/(g/100g)	≥15
白度(160℃,10min)/%	≥82
热稳定时间/min	≥8
粒径分布(100～140 目)/%	≤10
"鱼眼"数/(个/400cm²)	≤0.35
挥发分含量/%	≤10

12.5.2　台湾塑料工业有限公司

台湾塑料工业有限公司（简称台塑）是世界上最大的 PVC 树脂生产厂之一，产品涉及低黏度、低分子、透明、中黏度、中聚合度、氯醋共聚树脂等品种。透明 PVC 树脂型号及特性如表 12-9 所示。

表 12-9　台塑透明 PVC 树脂型号及特性

型号	特性	用途
S-58	有优异的塑化性及极高的透明性以及低加工熔融黏度	适用硬质胶布、硬板、管件、建材、收缩膜、发泡、容器、吹瓶、高透明硬质制品与大面积复杂模具的注射成型制品

型号	特性	用途
S-60	有优异的塑化性及极高的透明性	适用硬质胶布、硬板、管件、建材、电线插头、包装材、地板材、收缩膜、发泡、容器吹瓶、高透明硬质制品
S-60S	有优异的塑化性及极高的透明性	适用硬质胶布、硬板、管件、建材,尤其适用于高透明硬厚硬板制品
S-65S	除具有优异的塑化性能和热稳定性外,还因具有优异的初期着色而特别适用于透明及对色泽要求严谨的产品	适用于透明制品、收缩膜、透明压延加工、软质胶布、胶皮、人造革、电缆(线)、鞋材、软管、管材、硬板、建材、窗框、发泡

第**13**章 低聚合度PVC树脂

13.1 低聚合度 PVC 树脂概述

低聚合度 PVC 树脂是指平均聚合度≤700 的树脂，超低聚合度 PVC 树脂是指平均聚合度（$\overline{P}$）低于 600、黏数低于 72mL/g 的高孔隙率专用树脂[306]。此类树脂具有分子量较小、表观密度高、熔融及凝胶化温度低、熔融黏度低、透明度好、塑化时间短、加工性能优良等优点，加工过程中可以少加或者不加增塑剂，不会出现因增塑剂迁移而加速制品老化的现象。该类 PVC 树脂与其他高分子材料有好的相容性和分子内增塑作用，制品透明度高、表面光洁、热稳定性高、阻燃性能好，是一种用量较大、用途较广的 PVC 树脂。低聚合度 PVC 树脂既可单独使用生产注塑管件和挤出型材、片材，也可在 PVC 糊树脂加工中作掺混树脂使用或与其他树脂共混而制备各种不同性能的专用料，部分替代 ABS、AS 等工程塑料用于电器配件，或替代聚酯生产透明材料，以及替代氯醋共聚树脂用于模塑、电声器材、油墨及高填充地板等。

13.2 低聚合度 PVC 树脂的生产现状

低聚合度 PVC 树脂在美欧开发较早，其后日本多家制造商也推出了此类产品，如美国西方石油公司的 FPC-965，英国 EVC 公司的 Corvic PVC D55/9，美国西方石油公司的 Rucodur-B221，德国赫斯公司的 S5141，日本信越公司的 TK-300、400、500、600 等系列产品，日本钟渊公司 Kanevinyl S-1007、1008，日本窒素公司的 S-450，韩国韩华的 CP400 系列。目前，低聚合度 PVC 树脂在国外已普遍应用。我国低聚合度 PVC 树脂的开发起步较晚，目前只有部分企业生产少量的几种低聚合度 PVC 树脂，如天津渤天化工有限责任公司天津化工厂

（TH-400）、天津大沽化工股份有限公司（SD-450）、上海氯碱化工股份有限公司
（WS-400、WS-600）、中国石油化工齐鲁股份有限公司（S-500）、青海西部化工
有限责任公司（XH-400）、金牛化工股份有限公司（CS-450，CS-550）等。

13.3 低聚合度 PVC 树脂的生产原理和方法

13.3.1 生产方法

低聚合度 PVC 树脂的制备一般采用悬浮聚合工艺生产，聚合温度在 60～
80℃之间，制备过程要比通用型 PVC 树脂困难，而且聚合度越低，制备越困难。
目前低聚合度 PVC 树脂的生产主要采用以下两种方法：高温法；在适当提高聚
合温度的条件下添加链转移剂。第 1 种方法依据公式（13-1），树脂平均聚合度
（$\overline{P}$）受控于反应温度（t），聚合温度越高，聚合度越低[307]。

$$\lg P = \frac{2160}{273+t} - 3.5322 \tag{13-1}$$

式中　P——聚合度；

　　　t——聚合温度，℃。

单纯使用提高聚合温度来生产低聚合度 PVC 树脂会带来一些问题：

① 设备耐压要求增高，且存在安全问题；

② 在较高聚合温度下生产的 PVC 树脂颗粒形态差，甚至会形成玻璃珠粒
子，树脂热稳定和加工性能差。此外，聚合温度愈高，粘釜现象也就愈严重。

为保证生产能安全进行并得到理想产品，需采取一些措施：

① 聚合釜要有较高的耐压等级；

② 要使用高温条件下仍然有效的防粘釜剂；

③ 采用复合分散剂，如增加一些低聚合度、低醇解度的 PVA 等，必要时添
加特殊的表面活性剂以提高孔隙率；

④ 采用复合引发剂以保证聚合期间反应平稳，放热均匀。

采用高温法生产低聚合度 PVC 树脂时，对分散体系、引发体系都有特殊要
求，使操作难度加大，特别是聚合釜内压力有可能超过 1.2MPa，不安全因素增
加。因此，目前制备低聚合度 PVC 树脂一般采用在较低的反应温度下加入链转
移剂的方法来生产。精确控制聚合反应温度，链转移剂的种类、用量、添加时机
及方式，合理匹配复合引发剂、复合分散剂，是制备性能优良的低聚合度 PVC
树脂的关键。

13.3.2 链转移剂法合成低聚合度 PVC 树脂的机理

在增长中的 PVC 大分子自由基与链转移剂分子接触后，两者发生链转移反

应，链转移反应速度常数 $k_{tr,s}$ 远远大于链增长反应速度常数 k_p，并且 k_{tr}，s 远远大于大分子自由基与单体发生链转移反应的速度常数 $k_{tr,m}$ 时，则 PVC 大分子自由基主要通过与链转移剂分子发生链转移反应而终止。以巯基乙醇作链转移剂为例，对于调聚作用的机理分述如下。

首先是大分子自由基与巯基乙醇发生链转移反应，即：

$$\sim CH_2 - \overset{\cdot}{C} - H + HOCH_2CH_2SH \longrightarrow \sim CH_2CH_2Cl + HOCH_2CH_2\overset{\cdot}{S}$$
$$\underset{Cl}{|}$$

然后，由于巯基乙醇自由基不活泼，不能再引发单体，但可能与另一个大分子自由基发生偶合终止反应，即：

$$HO - CH_2 - CH_2 - \overset{\cdot}{S} + \sim CH_2 - \overset{\cdot}{C} - H \longrightarrow HO - CH_2 - CH_2 - S - CH - CH_2 \sim$$
$$\underset{Cl}{|} \qquad\qquad\qquad\qquad \underset{Cl}{|}$$

也有可能两个巯基乙醇自由基发生偶合终止反应，即：

$$2HOCH_2CH_2\overset{\cdot}{S} \longrightarrow HOCH_2CH_2S_2CH_2CH_2OH$$

由此可见，一个巯基乙醇分子通过链转移与链终止反应，能终止一个大分子自由基，最多能终止两个大分子自由基，通常巯基乙醇分子能够起到调聚作用的调聚效率为 0.85 左右[308]，而引发剂的引发效率为 1 或接近于 1[309]。

13.4　配方设计的关键因素

13.4.1　链转移剂

采用悬浮聚合法生产低聚合度 PVC 树脂时，为了降低聚合温度、降低分子量、减轻粘釜程度、改善树脂颗粒特性、提高生产效率，一般在聚合体系中加入链转移剂。链转移剂是调节聚合物平均聚合度的聚合反应用的助剂，它对 PVC 大分子自由基起着链终止作用，也就是通过链转移剂形成部分低聚合度 PVC，由此使 PVC 的平均聚合度获得一定程度的降低，但由于链转移剂能终止活性中心，因而对聚合反应具有一定阻聚作用，因此链转移剂的选择和用量十分重要。

使用链转移常数 C_s 来表示链转移剂的链转移效率，它是向链转移剂链转移速率系数与增长速率系数之比 $C_s = k_{tr,s}/k_p$。链自由基与链转移剂的反应是由于弱键（如 S—H、O—H、C—Cl、C—Br 键）均裂，从链转移剂中所得的氢、卤素或其他原子、原子团，其作用力可通过诱导效应的大小和方向以及所形成的自由基共振稳定程度、自由基位阻大小等来衡量。

（1）链转移剂种类

链转移剂的种类有很多[310]，如含硫化合物、不饱和或饱和卤代烃、醛类、缩醛类、过氧酸、不聚合的甲基取代乙烯、金属盐等，但由于它们的链转移常数不同，导致链转移效果相差极大。PVC 自由基向不同链转移剂的链转移常数见表 13-1。

表 13-1 PVC 自由基向不同链转移剂的链转移常数表

链转移剂	温度/℃	$C_s/\times10^4$	链转移剂	温度/℃	$C_s/\times10^4$
四溴化碳	50	47000		58	795.5
	60	15300	乙烯	60	875.3
一溴三氯甲烷	60	400000		62	961.6
四氯化碳	−15	160		66	1101
	50	390		70	1241
	55	80	乙醛	50	110
	60	280		25	47.3
氯仿	−15	550	四氢呋喃	25	16
	60	290		40	30
2-氯丙烷	−15	100		50	24
氯乙烷	−15	90	N,N-二苯胺	50	2700
二氯甲烷	−15	60	甲苯	60	48
1,2-二氯乙烷	25	4	丁醛	60	751
	25	3.5	十二硫醇	60	11360
1,1,2,2-四氯乙烷	60	60		54	15520
2,4-二氯戊烷	50	5		58	17930
2,4,6-三氯庚烷	50	5	巯基乙醇	60	18930
三氯乙烯	55	180		62	20980
	60	850		66	22940
	54	672.2		70	28200

　　选择链转移剂的原则是：能有效调节 PVC 的平均分子量，尽量减少链转移剂的加入量，因此一般选用链转移常数较大的化合物；能改善 PVC 树脂的颗粒形态，使树脂中的单体容易脱除，减少 VC 残留量；一般选用水溶性较好的化合物，避免与引发剂作用过大。国外有公司使用过氧酸作为链转移剂，包括琥珀酰亚胺基过氧酸、马来酰氨基过氧酸、过氧乙酸、过氧化月桂酸等，它们是油溶性的，与各种引发体系配伍性好，对各种 VC 均聚体系和共聚体系没有阻聚作用，聚合后的 PVC 树脂分子量比较低，产品质量好，对树脂的平均粒径没有影响，并且过氧酸可在较宽的聚合温度条件下使用。使用过氧酸代替常用的链转移剂生产超低分子量 VC 均聚树脂和共聚树脂显示出极大的优越性[311]。国内 VC 聚合

常用的链转移剂有三氯乙烯和巯基乙醇。詹晓力[312] 考察了五种不同链转移剂对 PVC 分子量的影响，得出在同一链转移剂浓度下，降低 PVC 聚合度的能力大小顺序为：巯基乙醇＞四氯化碳＞十二烷基硫醇＞三氯乙烯＞丁醛。添加三氯乙烯时，若相对用量大，则易溶解单体和聚合物，使孔隙率变低；添加巯基乙醇的效果是用量少，减少支链和短链高分子产生，效率高，树脂塑化性能、颗粒特性及微观结构得以改善，有利于残留单体的脱除[313]，且使用链转移剂巯基乙醇制得的 PVC 要比没用该类助剂制得的 PVC 热稳定性能好。巯基乙醇能溶于水，聚合后可被水洗掉，因此是一种比较理想的链转移剂，缺点就是味臭、毒性较大，应用受到限制。另外，许多链转移剂含有硫醇或其他含硫官能团，因此这些链转移剂在使用和储存中可能出现安全和环保问题。

（2）链转移剂用量

以巯基乙醇作为链转移剂为例，根据聚合温度、超低聚合度 PVC 树脂的聚合度要求，链转移剂巯基乙醇用量的估算可使用式（13-2）进行计算。

$$\begin{cases} \lg\eta_0 = \dfrac{1400}{273+t} - 2.18 \\ \lg\eta_0 = 0.17 + 0.618\lg\overline{P}_0 \\ m_{SH} = 78.14 \times \dfrac{m_{VC}}{62.5} \times \left(\dfrac{1}{P_{SH}} - \dfrac{1}{P_0}\right) \end{cases} \tag{13-2}$$

式中　η_0——不加链转移剂巯基乙醇时的 PVC 黏数，mL/g；

　　t——反应温度，℃；

　　$\overline{P}_0$——不加链转移剂巯基乙醇时的 PVC 平均聚合度；

　　$\overline{P}_{SH}$——添加链转移剂巯基乙醇的平均聚合度；

　　m_{SH}——链转移剂巯基乙醇的加入量，kg；

　　m_{VC}——VC 单体的加入量，kg。

结合实际验证，聚合体系中加入式（13-2）计算所得用量的巯基乙醇，生产的低聚合度 PVC 树脂的黏数实际值与预计值较接近[314]。

（3）链转移剂的加入方式

链转移剂巯基乙醇在聚合过程中易与有机过氧化物引发剂发生反应，消耗引发剂，产生阻聚效应，影响反应时间，并且巯基乙醇在聚合反应开始之前加入，会破坏分散体系的分散能力，容易产生粗料。研究表明[315,316]，VC 悬浮聚合在转化率约为 15%～25% 时出现恒粒点，粒径及其分布不再受分散和搅拌特性的影响。因此，为了能有效地发挥链转移剂巯基乙醇的优点，抑制其负面影响，巯基乙醇的加料方式显得尤为重要。关于链转移剂巯基乙醇的添加方式，国内外均有一些文献专利报道。刘松涛[317] 和张利明[318] 研究了链转移剂巯基乙醇的加入方式，包括一次正加入、在切换后或反应一段时间后流加、分两步一次性加入、分两步加入且第二步连续流加等方式。他们发现，巯基乙醇分两步加入，且第二步连续流加及在反应一段时间后流加的方式，可消除过量巯基乙醇的影响，可有效地控制 PVC 粒度，同时不影响链转移的效果，并由此制得了符合要求的低聚合度 PVC 树脂。

13.4.2　引发剂与链转移剂的作用原理及引发剂加入量的计算

引发体系是 VC 悬浮聚合中调节聚合速率的重要助剂，对聚合反应时间、生产周期、生产成本有较大的影响。目前普遍采用有机过氧化物引发剂，由于偶氮类引发剂的毒性和对 PVC 的热稳定性能影响较大，在国内只有极少数 PVC 生产厂家采用。在聚合体系中加入链转移剂生产低聚合度 PVC 树脂时，因链转移剂具有还原性，而过氧化物引发剂又具有氧化性，所以链转移剂可能会与引发剂相互作用，其相互作用的大小与该类引发剂氧化性的强弱有关，导致聚合反应减慢。

（1）过氧化物引发剂与链转移剂巯基乙醇的作用原理

以巯基乙醇为例，在过氧化物引发剂的存在下，巯基乙醇易与活性氧发生氧化反应，一般形成二硫化物，丧失链转移剂功能，即：

$$2HOCH_2CH_2SH + [O] \longrightarrow HOCH_2CH_2S-SCH_2CH_2OH + H_2O$$

当有高效有机过氧化物引发剂存在时，巯基乙醇与活性氧氧化成磺酸，即：

$$HOCH_2CH_2SH + 3[O] \longrightarrow HOCH_2CH_2SO_2OH$$

巯基乙醇通过以上氧化反应，不仅消耗自身，而且也消耗引发剂，使反应速度降低，影响聚合物平均聚合度的调节。因此要采用适宜的工艺条件，适当抑制巯基乙醇与有机过氧化物引发剂的氧化反应，避免链转移剂与引发剂在聚合进料初期直接接触[308]。

（2）引发剂加入量的计算

生产超低聚合度 PVC 树脂时，其反应速度和分子量的分布宽度都较通用型 PVC 树脂要求更为严格。反应温度确定以后，引发剂种类和用量就成为控制反应速度的决定因素。

使用单一引发剂体系生产超低聚合度 PVC 树脂时调聚引发剂浓度计算公式如式（13-3）及式（13-4）。

$$[I_0] = y/k_p \left[t_e + \frac{1}{k_d}(e^{-k_d t_e}-1) \right] \tag{13-3}$$

式中　$[I_0]$——单一引发剂体系常规聚合反应的引发剂浓度，mol/L；

k_p——总聚合反应速率常数，s^{-1}；

k_d——引发剂的分解反应速率常数，s^{-1}；

t_e——聚合反应周期，h；

y——聚合转化率，%。

$$[I_0]_t = J[S]/(1 - e^{-k_d t_e}) \tag{13-4}$$

式中　　$[I_0]_t$——单一调聚引发剂体系的引发剂（VC）浓度，mol/tVC；

$[S]$——链转移剂的浓度，mol/L；

J——调引因数，是巯基乙醇浓度 $[S]$ 的函数。

使用二元复合引发剂体系生产超低聚合度 PVC 树脂时调聚引发剂浓度计算公式如式（13-5）[308]：

$$\begin{cases} [I_0]_{et}^a (1 - e^{-k_d^a t_e}) + [I_0]_{et}^b (1 - e^{-k_d^b t_e}) = J[S] \\ \dfrac{[I_0]_{et}^a e^{-k_d^a t_e} + [I_0]_{et}^a e^{-k_d^b t_e}}{[I_0]_{et}^a + [I_0]_{et}^b} \geqslant R_e \\ [I_0]_{et} = [I_0]_{et}^a + [I_0]_{et}^b \end{cases} \tag{13-5}$$

式中　　$[I_0]_{et}^a$——复合调聚引发剂 A 的浓度，mol/L；

$[I_0]_{et}^b$——复合调聚引发剂 B 的浓度，mol/L；

$[I_0]_{et}$——复合调聚引发剂体系的引发剂浓度，mol/L；

k_d^a——引发剂 A 的分解反应速率常数，s^{-1}；

k_d^b——引发剂的分解反应速率常数，s^{-1}；

R_e——复合调聚引发剂残存浓度比值。

一般采用复合引发剂体系，保持聚合反应平稳进行，聚合速度趋于一致，后期容易降压，同时可提高树脂质量，减少晶点，降低产品成本。

13.4.3　分散剂种类的选择及加入量的确定

链转移剂在降低 PVC 聚合度的同时也会对 PVC 树脂的颗粒特性产生影响。在 VC 悬浮聚合生产过程中，要求分散剂既具有降低界面张力，有利于液滴分散，又具有保胶能力，减弱液滴和颗粒聚并的作用[319]。为满足此要求宜采用分散力较强的 HPMC 和保胶能力好的 PVA 复合分散剂，使聚合体系既能维持合适的分散剂浓度，又使颗粒表层有一层保护膜，减少凝聚，确保树脂质量稳定，从而制得颗粒形态规整，粒径分布集中，疏松多孔的超低聚合度 PVC 树脂。生产低聚合度 PVC 树脂时，由于反应体系中加入了链转移剂巯基乙醇，会使 VC-分散剂水溶液的界面张力下降，分散剂保胶能力减弱。当分散剂用量少时，分散体系处于部分稳定，粒径受合并控制——粒子合并稳定性主要取决于分散剂的保胶能力，巯基乙醇削弱分散剂的保胶能力，从而增加了聚合前期液滴或胶粒的合并程度，致使颗粒变粗甚至结块。分散剂用量高时，接近或达到分散剂完全覆盖表面时的临界浓度，合并受到抑制，分散体系处于完全稳定状态，粒径受分散控制——粒径主要与反应前分散体系的韦伯数（We）有关，巯基乙醇使界面张力变化，导致颗粒大小及分布产生相应的变化。因此，考虑到链转移剂对聚合分散体系产生的不利影响，分散剂的用量要比无链转移剂时多。

张素卿[320]研究了分别加入巯基乙醇、三氯乙烯和不加链转移剂三种情况下制备的PVC对增塑剂的吸收率，比较发现加链转移剂后制得的PVC树脂吸油率提高，且巯基乙醇的影响更大。为减少玻璃珠粒子的产生，提高树脂的孔隙率，达到疏松结构，减少"鱼眼"数量，在二元复合分散体系的基础上，加入低醇解度、低聚合度的油溶性PVA（如LL-02等）作为辅助分散剂。由于低醇解度、低聚合度的油溶性PVA具有亲水亲油性，因此一是易覆盖VC液滴表面，形成内层保护膜，表膜变薄，颗粒形态规整，消除了毛刺和皮状物；二是其分子键上的羟基将部分水分子带入VC油滴内部，聚合体积收缩时，占据位置的PVA分子或含水处发生开裂，树脂孔隙率增加，塑化性能提高，残留单体易脱除，制品透明度得到改善[321]。

13.4.4 热稳定剂及终止剂的选择

低聚合度PVC树脂聚合度低，熔融流动性好，具有良好的加工性能，但必须克服其自身热稳定性差、加工时受热易分解放出氯化氢、锈蚀模具的缺点[322]。为此，在聚合时需后添加热稳定剂和耐热终止剂来提高PVC树脂的热稳定性。

13.5 低聚合度树脂主要规格型号及技术指标

国外低聚合度PVC树脂规格型号及用途见表13-2。信越公司低聚合度PVC树脂牌号见表13-3。

表 13-2 国外低聚合度 PVC 树脂规格型号及用途

生产厂家	牌号	用途
日本窒素	S-450，K 值 51，聚合度 500	流动性高，可用于低温超薄模型制造，凝胶快速，注塑机扭矩低，可用于生产胶合板膜、室内装修、厨房用案板、共混树脂与 ABS 等
日本钟渊	S-1007、S-1008	吹塑制品、硬板、薄膜

续表

生产厂家	牌号	用途
日本信越	均聚：TK-300、TK-400L、TK-400E、TK-500、TK-600； 共聚：SC-400G、SC-400R、SC-500T、SR-500	吹塑制品、硬板、薄膜
美国西方石油化学	FPC-965、Rucodur-B221	高透明压延膜、瓶、片材
英国 EVC 公司	Corvic PVC D55/9	硬质薄膜
韩国韩华公司	CP400	
德国赫斯公司（联邦德国）	S5141	

表 13-3　信越公司低聚合度 PVC 树脂牌号

聚合类型	牌号	平均聚合度	表观密度/(g/cm³)	K 值	VAc 质量分数/%	用途
均聚	TK300	300	0.60	46	—	注塑制品、片材、共混材料
	TK400	400	0.62	49	—	玩具
	TK500	500	0.60	52	—	真空成型用片材、吹塑瓶、注射成型品、共混材料
	TK600	600	0.56	55	—	真空成型用片材、吹塑瓶、注射成型品、共混材料
共聚	SC-400G	400	0.63	49	13	唱片、薄膜、注塑制品、黏合剂
	SC-400R	450	0.63	50	13	注塑制品、黏合剂、唱片、薄膜
	SC-500T	500	0.63	52	13	注塑制品、黏合剂、唱片、薄膜
	SR-500	460	0.65	52	10	地板砖、硬片、薄膜

　　国内低聚合度树脂生产厂家和牌号见表 13-4。四川省金路树脂有限公司低聚合度 PVC 树脂技术指标见表 13-5。

表 13-4　国内低聚合度树脂生产厂家和牌号

生产厂家	牌号	聚合度	备注
天津大沽化工股份有限公司	SD-450（TH-450）	500	量产
中国石油化工股份有限公司齐鲁分公司	S-500	500	量产
沧州聚隆化工有限公司（原河北金牛）	CS-450、CS-550	500、600	量产
云南博骏化工有限公司	B-450	400	量产
四川省金路树脂有限公司	JLTS-1	400	量产
中泰化学	P400（中试）	400	

生产厂家	牌号	聚合度	备注
青海西部化工有限责任公司	XH-400	400	
昊华宇航化工有限责任公司	YH600	<650	
天津渤天化工股份有限公司	TH-400	450	量产,已停产
上海氯碱化工股份有限公司	中试产品 WS-400、WS-500、WS-550、WS-600	400,600	中试,已停产
浙江巨化股份有限公司	400、SG9	400,600	量产,已停产

表 13-5　四川省金路树脂有限公司低聚合度 PVC 树脂技术指标

型号	黏数/(mL/g)	表观密度/(g/cm³)	挥发分(包括水)含量/% ≤	杂质粒子数/个 ≤	筛余物质量分数/% 250μm 筛孔 ≤	筛余物质量分数/% 63μm 筛孔 ≥	100g 树脂增塑剂吸收量/g ≥	白度(160℃,10min)/% ≥	残留氯乙烯单体/(μg/g) ≤
JLTS-1	57~61	0.50	0.50	30	0.2	95.0	10	75	10

13.6　低聚合度 PVC 树脂的加工与应用

13.6.1　低聚合度 PVC 树脂的加工性能和流变性能

由于低聚合度 PVC 树脂分子链短,因此可以作为聚合物型增塑剂掺入通用型 PVC 树脂中,提高其塑化速度和熔体流动性能。由于这种聚合物型增塑剂自身就是 PVC,所以几乎不存在小分子增塑剂的迁移污染和降低制品维卡软化温度的问题。

PVC 的凝胶化是指在加工过程中,树脂被逐步熔融塑化,然后再结晶形成三维空间网络结构的过程[323]。PVC 树脂的凝胶化温度对其加工性能的影响至关重要,凝胶化温度越低,相同条件下所制得的塑料制品凝胶化度越高,试验证明 PVC 制品的凝胶化度在 50%~70% 时,其抗冲击强度和断裂韧性最大,而其屈服强度则随着凝胶化度的提高而提高[323]。同时,凝胶化温度越低,PVC 树脂的熔体流动性能越好。PVC 树脂的凝胶化温度(T_{am})与其平均聚合度($\overline{P}$)之间的关系如下:

$$T_{am} = 118 \lg \overline{P} - 149$$

$$100 \leqslant \overline{P} \leqslant 2000$$

表 13-6 为低聚合度 PVC 与普通 PVC 树脂的流变性能对比,由表可知,随

聚合度的逐渐降低物料的熔融温度降低，熔融时间缩短，平衡扭矩减小，有利于物料的成型加工。

表 13-6 低聚合度 PVC 树脂与普通 PVC 树脂熔体流变性能比较

树脂型号	聚合度	凝胶化温度/℃	熔融时间/min	熔融温度/℃	平衡扭矩/(N·m)	熔融因素(F)/(N·m/min)
SG4	1050	208	0.95	168	49	100
SG5	930	201	0.80	165	48	113
SG6	780	192	0.65	164	39	151
SG7	660	184	0.60	163	37	161
TH-400	450	164	0.25	162	33	418
TK400E	400	158	0.25	160	32	425

13.6.2 低聚合度 PVC 树脂的力学性能和热稳定性

TH-400 树脂力学性能和热稳定性见表 13-7。

表 13-7 TH-400 树脂力学性能和热稳定性

树脂型号 SG4	静态稳定性		动态稳定性/min	透明度/%	简支梁缺口冲击强度/(kJ/m²)	拉伸强度/MPa	断裂伸长率/%	维卡软化温度/℃
	分解温度/℃	稳定时间/min						
TH-400	140	4.4	16.2	85.0	9.4	48.5	40.8	88
TK-400L(日)	118	1.2	15.8	83.4	11.2	50.0	19.0	88
TK-400E(日)	119	1.2	15.9	83.5	10.1	50.6	20.0	88
S-1007(日)	139	3.2	14.1	85.1	12.4	48.5	32.0	90
S-1008(日)	138	2.0	12.5	84.6	10.5	48.0	40.0	91.5

13.6.3 低聚合度 PVC 树脂的应用

低聚合度 PVC 树脂的特点是分子量小、表观密度高、熔体流动性好、加工性能优异等，其在加工过程中熔融塑化速度快，熔体黏度小，加工温度低，塑化时间短，熔融指数高，因此具有很广阔的用途，可用于注塑制品、搪塑制品、地板及粉末涂料，替代氯醋共聚树脂用于油墨等，可作为掺混树脂用作不同性能的专用料或塑料合金的添加组分，制造大型的复杂塑料铸件，替代部分 ABS 等工程塑料，其用量较大，价值较高。

13.6.3.1 合金材料及注塑制品

由于低聚合度 PVC 树脂的分子链段短，所以其分子缠结度低，从而具有极佳的熔体流动性和塑化性能。其中，平均聚合度低于 600 的超低聚合度 PVC 树脂的凝胶化温度低，熔体流动性极佳，非常适宜于注塑成型加工，可直接注射成型薄壁、结构复杂的制品或大型注塑件；制品无增塑剂迁移，表面光洁度高，透明度、热稳定性及阻燃效果好；还可以与 ABS、AS、MBS 等聚合物共混形成高强度、高韧性、高熔体流动性工程化合金注塑料，应用于家电、数码产品外壳的注塑，替代聚酯生产透明瓶，替代氯醋共聚树脂用于模塑[324]。据报道，美国已采用 PVC 合金来制造有阻燃性要求的电视机和电话机外壳，国外已开发出数十种牌号的 PVC/ABS 合金，美国 ABTEC 公司、日本电气化学公司等均有生产，主要用于以下领域：电子产品，如电表外壳；电脑外壳，目前国内主要用阻燃 ABS 制作电脑外壳，该料价格较贵，生产成本高，而超低聚合度 PVC 流动性好、阻燃性好，用它与其他工程塑料制成的合金可替代阻燃 ABS 用于电脑外壳的注塑，能够满足使用要求且具有价格优势；电源插座和其他电器配件等。

13.6.3.2 塑料添加剂

超低聚合度 PVC 树脂的另一重要特性是"分子内增塑"作用。即在高分子 PVC 树脂加工配方中，作为塑料添加剂掺混少量超低聚合度 PVC，此时，低分子树脂嵌入高分子链节中起增塑、润滑作用，并改善物料塑化性能，提高塑化速率和熔化效率，熔融流变性能变好，塑化温度下降，不会出现增塑剂迁移和析出现象。试验表明：生产透明制品，在 SG7 型 PVC 树脂中加入 20% 的 TH-400 型 ($P=400$) PVC 树脂后，在其他条件不变情况下，可使制品的透明度和生产效率明显提高。四川大学高分子研究所郭少云等[325]通过振磨降解的物理方法制得了超细、塑化性能好、熔体黏度小、分子量较低的 PVC，试验证明将其加入高聚合度 PVC 中明显起到了"分子内增塑"作用，塑化时间大大缩短，体系黏度降低，同时还提高了高聚合度 PVC 的力学性能。表 13-8 为振磨降解后的低聚合度 PVC 对高聚合度 PVC 树脂的增塑作用[325]。

表 13-8　振磨降解低聚合度 PVC 对高聚合度 PVC 树脂的增塑作用

试样	塑化时间/s	最大扭矩/(N·m)	塑化速度/(N·m/s)	平衡扭矩/(N·m)	塑化能/kJ
原 PVC 树脂	284	47.2	0.18	39.80	14.25
加 5% 低聚合度 PVC	104	48.8	1.03	36.09	9.08
加 20% 低聚合度 PVC	76	51.7	1.37	34.47	5.15

从表 13-8 中数据可以看出，由于低聚合度 PVC（由振磨降解而得）的加入，体系的塑化时间明显缩短，平衡扭矩和塑化能降低，塑化速度增加，明显起到了"分子内增塑"的作用。

据国外报道，将相关的高聚合度 PVC 树脂与低聚合度 PVC 树脂（以巯基乙醇作链转移剂悬浮法制得）共混，通过测定热稳定性和熔融时间，发现混合后的 PVC 树脂因低分子量 PVC 的存在，热稳定性有所提高，当低分子量 PVC 的质量分数在 5%～30% 时，热稳定性提高更为明显，且变色时间大大改善，混合 PVC 的熔融时间及热稳定性受低分子量 PVC 的聚合度和其质量分数的影响，可见添加低分子量 PVC 在此起到了"分子内增塑"的作用。

13.6.3.3　用于涂料和油墨

采用 PVC 树脂作为成膜物质，加入颜料、填料、增塑剂、稳定剂等配制的粉末状涂料称为 PVC 粉末涂料[326]。它具有性能好、价格低等特点，有着良好的发展前景。超低聚合度 PVC 树脂由于流动性好，其共聚系列本身也可直接用于粉末涂料，涂覆于各种金属、陶瓷制品和仪器仪表的表面。另外，低聚合度 PVC 树脂氯化后生产的低聚合度氯化 PVC 树脂的极性强，易溶于有机溶剂，具有良好的耐候性和着色性，可广泛用于涂料、油墨等产品，超低聚合度 PVC 树脂还可代替氯醋共聚树脂用于印刷油墨。

13.6.3.4　用作掺混树脂

低聚合度树脂作为掺混树脂用于 PVC 增塑糊中，代替部分糊树脂，生产地毯、人造革、壁纸、涂料以及搪塑制品。

参考文献

[1] 2021版中国聚氯乙烯产业深度研究报告 [R]. 中国氯碱网, 2021 (2): 4-33.

[2] 薛之化. 国外典型特种PVC树脂的性能、用途和制备方法 [J]. 聚氯乙烯, 2013, 41 (2): 1-10.

[3] 沈小宁, 王会昌. 特种PVC树脂的发展概况及市场前景 [J]. 聚氯乙烯, 2015, 43 (3): 1-4.

[4] 周玉生, 刘建辉, 刘珊. PVC专用树脂的现状与研究进展 [J]. 合成树脂及塑料, 2013, 30 (2): 80-84.

[5] 轩卫华, 靖志国, 熊新阳. 国内特种PVC树脂的开发及市场需求 [J]. 聚氯乙烯, 2014, 42 (12): 1-6.

[6] 谢濠江, 吴翠红, 颜华. PVC企业发展特种树脂的建议 [J]. 聚氯乙烯, 2014, 42 (8): 1-4.

[7] 马学莲, 任伟明. 悬浮法氯乙烯-醋酸乙烯酯共聚树脂生产技术及进展 [J]. 聚氯乙烯, 2012, 40 (4): 6-8. T Alfrey, G Goldfinger. The Mechanism of Copolymerization [J]. Journal of Chemical physics. 1944, 12 (6): 205-209.

[8] 刘岭梅. 氯醋共聚树脂发展概况 [J]. 发展论坛, 2000 (7): 14-15.

[9] 李军. 氯乙烯－醋酸乙烯酯共聚树脂的研究 [D]. 成都: 四川大学, 2002.

[10] Alfrey T, Goldfinger G. The Mechanism of Copolymerization [J]. Journal of Chemical physics. 1944, 12 (6): 205-209.

[11] Mayo F R, Lewis F M, Copolymerization I. A Basis for Comparing the Behavior of Monomers in Copolymerization; The Copolymerization of Styrene and Methyl Methacrylate [J]. Journal of the American Chemical Society, 1944, 66 (9): 1594-1601.

[12] Wall, Frederick T. Osmotic Pressures for Mixed Solvents1 [J]. JOURNAL OF THE AMERICAN CHEMICAL SOCIETY, 1944, 66 (3): 446-449.

[13] Skeist I. Copolymerization: the Composition Distribution Curve [J]. Journal of the American Chemical Society, 1946, 68 (9): 1781-1784.

[14] 童衍传. 重量组成共聚方程式 [J]. 化学通报, 1964, 9: 13-25.

[15] 纳斯. 聚氯乙烯大全 [M]. 北京: 化学工业出版社, 1983.

[16] 段友芦, 陈镜泓. 共聚合理论进展 [J]. 化学通报, 1978: 32-39.

[17] 贺盛喜, 马学莲. 连续加料工艺对氯乙烯-醋酸乙烯酯共聚树脂性能的影响 [J]. 聚氯乙烯, 2010, 38 (2): 14-16.

[18] 宋晓玲, 魏东, 黄东, 等. 氯乙烯-醋酸乙烯悬浮共聚树脂的开发与研究 [J]. 聚氯乙烯, 2008, 36 (4): 10-14.

[19] 孙玉军, 马学莲. 氯醋树脂中残留单体脱析工艺改进 [J]. 2008, 36 (12): 10-12.

[20] 李川. 金融危机以来氯醋共聚树脂的市场动态 [C]. 昆明: 第32届全国聚氯乙烯行业技术年会论文专辑, 2010: 95-96.

[21] 马竞, 黄海涛, 朱静秋, 等. 氯乙烯-醋酸乙烯酯共聚糊树脂的开发 [J]. 聚氯乙烯, 2004, 3: 9-11.

[22] 司业光, 韩光信, 吴国贞. 聚氯乙烯糊树脂及其加工应用 [M]. 北京: 化学工业出版社, 1993: 2-6.

[23] 冯新德. 高分子合成化学 (上册) [M]. 北京: 科学出版社, 1981.

［24］ 白俊千 . 氯乙烯-醋酸乙烯共聚树脂生产现状及发展前景［J］. 天津化工，2011，25（4）：4-5.

［25］ 严福英主编 . 聚氯乙烯工艺学［M］. 北京：化学工业出版社，1990.

［26］ 陈汉佳 . 氯醋共聚树脂的方能团化［J］. 高分子材料科学与工程，2003：98-101.

［27］ Benedict D B, Rife H M, Walther R A. Process for making terpolymers of vinyl chloride, vinyl ace-tate, and vinyl alcohol：US2852499［P］. 1958-09-16.

［28］ Gerhard F D. Verfahren zur Herstellung hydroxylgruppenhaltiger Mischpoly-merisate mit ueberwieg-endem Anteil an Vinylchlorid（to Deutsche Solvay Werke G. M. B.）：DE1087353［P］. 1960-08-18.

［29］ Harry N. Metal strip such as that used in roll-up awnings：US3012318［P］. 1962-02-13.

［30］ 李万捷，耿露，刘绍波，等 . 羟基氯醋树脂微粉的特征及应用研究［J］. 太原理工大学学报，2009，40（2）：109-112.

［31］ 俞军，叶晓 . 氯醋树脂醇解反应的初步研究［J］. 北京联合大学学报（自然科学版），2004，18（2）：71-72.

［32］ 魏晓安，徐建清，陈亦斌，等 . 氯醋树脂的改性及性能表征［J］. 化工时刊，2006，20（5）：11-14.

［33］ 彭兵 . 一步法合成羟基改性氯乙烯-醋酸乙烯酯三元共聚树脂的研究［J］. 石河子科技，2015（3）：54-56，59.

［34］ 吴建东，于建国 . 低粘度、疏松型氯醋共聚树脂的生产［J］. 聚氯乙烯，1992（6）：10-15.

［35］ 薛之化 . 国外典型特种 PVC 树脂的性能、用途及制备方法［J］. 聚氯乙烯，2013，41（3）：1-10.

［36］ B. F Goodrich Co.. 日本公开特许公报：89167.301［R］. 1989.

［37］ 宋晓玲，黄东，贺盛喜 . 氯醋树脂在 PVC 硬制品中的应用［J］. 聚氯乙烯，2015，43（7）：20-22.

［38］ 杨庆，沈新元，郏志清，等 . 低温热塑性改性氯醋树脂的研究［J］. 现代塑料加工应用，2006，18（6）：8-10.

［39］ 吴自强 . 氯-醋共聚树脂类涂料［J］. 适用技术市场，1991（10）：12-13.

［40］ 刘国杰，耿耀宗 . 涂料应用科学与工艺学［M］. 北京：中国轻工业出版社，1994：379.

［41］ 张有谟 . 发展 PVC 共聚、共混物的前景［J］. 聚氯乙烯，1991（3）：46.

［42］ 姜术丹 . 氯乙烯/丙烯酸-2-乙基己酯共聚物的合成与表征［D］. 杭州：浙江大学，2008.

［43］ 张为明，朱云新 . 氯乙烯-丙烯酸甲酯共聚乳液的研制［J］. 中国氯碱，1999（1）：12-14.

［44］ Kurz D, Kandler H. Copolymers of vinyl chloride and 2-hydroxypropyl acrylate：US3886129［P］. 1975-05-27.

［45］ 张焱 . 高粘接性氯乙烯共聚树脂的合成与表征［D］. 杭州：浙江大学，2005.

［46］ 温绍国 . ACR-g-VC 合成技术原理与性能［D］. 杭州：浙江大学，1999.

［47］ Thunig D, Terwonne R W. Process for the production of a pourable polyvinyl chloride with high pro-portions of acrylate elastomers：US4719265［P］. 1988-01-12.

［48］ Mitsuyoshi K, Toshihito K. Method for producing vinyl chloride-based copolymer resin：JP2007262351［P］. 2007-10-11.

［49］ 王文俊，董宇平 . 通过原子转移自由基聚合对聚氯乙烯进行化学改性［J］. 材料工程，2002（4）：6-8.

［50］ Reinecke H，Mijangos C. Synthesis and characterization of poly（vinyl chloride）-containing amino groups［J］. Polymer，1997，38（9）：2291-2294.

［51］ 潘明旺，张留成 . P（BA-EHA）/PVC 复合胶乳的制备及表征［J］. 高分子学报，2003，8（4）：513-518.

［52］ Percec V，Ernesto R C，Popov A V，et al. Ultrafast single-electron-transfer/degenerative- chain-transfer mediated living radical polymerization of acrylates initiated with iodoform in water at room temperature and catalyzed by sodium dithionite［J］. Journal of Polymer Science Part A：Polymer Chemistry，2004，43（10）：2178-2184.

［53］ Percec V，Popov A V，Ernesto R C，et al. Acceleration of the single electron transfer-degenerative chain transfer mediated living radical polymerization（SET-DTLRP）of vinyl chloride in water at 25℃［J］. J. Polym. Sci.：Polym. Chem.，2004，43（2）：6364-6374.

［54］ Coelho J J，Silva A M F P，Popov A V，et al. Single electron transfer-degenerative chain transfer living radical polymerization of n-Butyl acrylate catalyzed by Na2S2O4 in water media［J］. J. Polym. Sci.：Polym. Chem.，2006，43（4）：2809-2824.

［55］ 武清泉，赵清香，王玉东，等 . 氯乙烯-丙烯酸丁酯-甲基丙烯酸甲酯三元共聚物的研究［J］. 现代化工，2000，20（11）：45-49.

［56］ Lee Y H，Han J S，Son H J. Acrylic copolymer composition，method for preparing acrylic copolymer，and vinyl chloride resin composition containing the acrylic copolymer：US20060194926［P］. 2006-08-31.

［57］ Greenlee W S，Vyvoda J C，Wolf F R. Thermoplastic elastomer blends of a poly vinyl chloride-acrylate copolymer and crosslinked elastomers：US0358180［P］. 1989-06-09.

［58］ Simth G W，Forks G，Dak N. Inherently processable interpolymers of vinyl chloride higher alkyl acrylate，and vinylidene chloride：US2563079［P］. 1951-08-07.

［59］ 王强，王会昌，郭亚男 . ACR 接枝 VC 共聚树脂的研究［J］. 聚氯乙烯，2010，38（3）：9-11.

［60］ Noguchi K，Kawauchi T，Kuwahata M. Flexible vinyl chloride copolymers with macromonomerc and their manufacture：JP20072623531［P］. 2007-10-11.

［61］ 凯那 . 聚氯乙烯及氯乙烯共聚物［M］. 中国工业出版社，1964：426-430.

［62］ Percec V，Popov A V，Ernesto R C，et al. Falcon H Synthesis of poly（vinyl chloride）-b poly（2-ethylhexylacrylate）-b poly（vinyl chloride）by the competitive single-electron transfer/degenerative-chain-transfer mediated living radical polymerization of vinyl chloride initiated from di（iodo）poly（2-ethylhexyl acrylate）and catalyzed with sodium dithionite in water［J］. J. Polym. Sci.：Polym. Chem.，2004，43（7）：2276-2280.

［63］ Greenlee W S，Vyvoda J C. Thermoplastic elastomer blends of a poly vinyl chloride-acrylate copolymer and a cured acrylate elastomer：US4935468［P］. 1990-08-09.

［64］ Greenlee W S. An oil resistant thermoplastic elastomer composed of a poly vinyl chloride-acrylate copolymer：US0358182［P］. 1989-06-09.

［65］ Greenlee W S，Vyvoda J C. Thermoplastic elastomer blends of a poly vinyl chloride-acrylate copolymer and crosslinked nitrite elastomer：US4937291［P］. 1990-01-26.

［66］ 赵清香，温少国，景秀琴，等 . VC-BA 共聚物在 PVC 电线电缆中的应用［J］. 塑料，1988（6）：12-15.

［67］ 王士财，李宝霞，楼涛，等 . VC-BA/纳米 $CaCO_3$ 复合母粒增韧 PVC［J］. 合成树脂及塑料，2007，24（4）：40-42.

[68] Kraft P. 聚氯乙烯加工助剂：US3928500 [P]. 1975-12-23.

[69] 缪晖. 高抗冲建材制品专用聚氯乙烯树脂的生产方法：CN 1640902A [P]. 2005-07-20.

[70] 牧保文，赵宏强. 高聚合度PVC树脂的加工与改性探讨 [C] //全国聚氯乙烯信息站. 全国PVC塑料加工工业技术年会. 2005.

[71] 刘容德，王晶，李长春. 高聚合度PVC的生产及应用 [J]. 聚氯乙烯（加工与应用），2005 (4)：23-24.

[72] 邴娟林，黄志明. 聚氯乙烯工艺技术 [M] 北京：化学工业出版社，2007.

[73] 宋建民. 我国高聚合度聚氯乙烯生产及应用的进展 [J]. 聚氯乙烯，1995，(5)：41-46.

[74] 刘方，张军. 高聚合度聚氯乙烯弹性体的性能及其应用 [J]. 特种橡胶制品，2000 (3)：11-14.

[75] 张国锋，肖娜. 高聚合度聚氯乙烯树脂的生产及应用研究进展 [J]. 广州化工，2012 (1)：22-24.

[76] 刘岭梅. 高聚合度聚氯乙烯的研制 [J]. 中国氯碱，2002 (7)：24-25.

[77] 黄绪棚，解孝林，曾繁涤，等. 高聚合度聚氯乙烯共混改性电缆料的研究 [J]. 湖北化工，2002 (1)：29-30.

[78] 沈志刚. 汽车用环保PVC电缆料的研制之一——PVC聚合度的选择 [C] //第32届全国聚氯乙烯行业技术年会暨第2届"佳华杯"论文交流会. 2010.

[79] 刘玉强. 汽车密封条用高聚合度聚氯乙烯热塑性弹性体 [J]. 弹性体，2000，10 (2)：48-51.

[80] 任金华. 高聚合度PVC树脂在门窗密封条中的应用 [J]. 聚氯乙烯，1997 (6)：26-27.

[81] 张军. 橡胶制鞋材料 [M]. 北京：中国轻工业出版社，1999：156-170.

[82] 袁勇. PVC消光树脂的生产现状及技术 [J]. 聚氯乙烯，2013，07 (41)：4-7.

[83] 孙熊杰. 消光PVC树脂在70m³聚合釜系统上的研发及工业化试验 [J]. 中国氯碱，2013 (04)：18-22.

[84] 邴娟林，赵劲松，包永忠. 聚氯乙烯树脂及其应用 [M]. 北京：化学工业出版社，2012 (8)：203-205.

[85] 高云方，杨彬，贺盛喜. 前景较好的特种PVC树脂 [J]. 聚氯乙烯，2015，05 (43)：5-6.

[86] Huang J，Wu X，Zha H，et al. A hypercrosslinked poly (styrene-co-divinylbenzene) PS resin as a specific polymeric adsorbent for adsorption of 2-aphthol from aqueous solutions [J]. Chemical Engineering Journal，2013，218 (2)：267-275.

[87] 梁诚. 特种聚氯乙烯树脂生产现状与市场分析 [C] //江汉油田分公司. 江汉油田盐化工发展研讨会论文集. 2009.

[88] 李胜，黄志明，翁志学. 含凝胶消光PVC树脂的消光性能研究 [J]. 化工生产与技术，2003，04 (10)：7-10.

[89] 尹建平，郭成军，张红英. 消光PVC树脂性能的影响因素 [J]. 聚氯乙烯，2008，45 (11)：9-11.

[90] 史彦勇，任志荣，熊磊. 交联PVC树脂的研究进展 [J]. 聚氯乙烯，2018，03 (46)：8-10.

[91] 刘中海，尹建平，汪海位. 消光PVC树脂聚合及加工性能研究 [J]. 聚氯乙烯，2015，10 (10)：23-24.

[92] 包永忠，翁志学. 化学交联聚氯乙烯树脂的合成和结构 [J]. 高等学校化学学报，1999 (8)：1312-1316.

[93] 陈俊杰，吕颖琦. 消光PVC树脂合成与加工成型的研究 [J]. 聚氯乙烯，2011，39 (12)：25-27.

[94] 黄志明，李胜. 消光聚氯乙烯专用树脂 [J]. 聚氯乙烯，1996 (1)：34-38.

[95] 刘金刚，田爱娟. 糊树脂和悬浮法聚氯乙烯特种树脂现状及发展建议 [J]. 中国氯碱，2016，01：

16-18.

[96] 郭欣欣. 气固相紫外光法氯化聚氯乙烯树脂的制备 [D]. 河北：河北科技大学，2011.

[97] 李玉芳，李明. 氯化聚氯乙烯的生产及应用前景 [J]. 橡塑助剂与干燥、防腐杀菌剂，2009：56-61.

[98] 陈国文. 水相悬浮法制备氯化聚氯乙烯工艺研究 [D]. 浙江：浙江大学，2013.

[99] 熊新阳，孟月东，宋晓玲，等. 低温等离子体气相法制备氯化聚氯乙烯 [J]. 聚氯乙烯，2006（7）：7-14.

[100] 薛之化，朱睿杰. 全球 PVC 专利技术新进展（续写）[J]. 聚氯乙烯，2020（4）：1-9.

[101] 方瑞. 气固相法制备氯化聚氯乙烯的研究 [D]. 浙江：浙江大学，2009.

[102] 刘浩，张学明. 氯化聚氯乙烯树脂综述 [J]. 聚氯乙烯，2008（11）：9-44.

[103] 刘丙学. 氯化聚氯乙烯结构-组成-加工性能关系研究 [D]. 北京：北京化工大学，2006.

[104] 王原. CPVC 稳定、流动、增韧、增强方面的研究 [D]. 北京：北京化工大学，2018.

[105] Sun S，Li C，Zhang L. Effects of surface modification of fumed silica on interfacial structures and mechanical properties of poly（vinyl chloride）composites [J]. European Polymer Journal，2006，42（7）：1643-1652.

[106] Ying X，Chen G，Guo S. The preparation of core-shell $CaCO_3$ particles and its effect on mechanical property of PVC composites [J]. Joural of Applied Polymer Science [J]. 2006，102（2）：1084-1091.

[107] Gilbert M，Haghighat S，Chua S K，et al. Development of PVC/Silica Hybrids Using PVC Plastisols [J]. Macromolecular Symposia，2006，233：198-202.

[108] 韩和良. 纳米 $CaCO_3$ 微乳化聚氯乙烯原位合成方法：CN00132864.6 [P]. 2002-6-12.

[109] Li J，Zhao H，Sun R. Effect of hyperbranehed poly（amine-ester）grafted nano-SiO_2 on reinforcement and Toughness of PVC [J]. Journal of Beijing Institute of Technology，2008，17（1）：104-108.

[110] 王帆，李宏涛，吴广峰，等. 无机纳米粒子 SiO_2 增韧增强 PVC 的性能 [J]. 长春理工大学学报，2003，24（3）：19-20

[111] 胡海彦，潘明旺，李秀错，等. 聚氯乙烯/粘土纳米复合材料的制备及性能 [J]. 高分子材料科学与工程，2004，20（5）：162-165.

[112] 郭汉洋，徐卫兵，周正发，等. 聚氯乙烯/极性单体改性蒙脱土纳米复合材料的制备及性能 [J]. 高分子材料科学与工程，2005，21（6）：254-257.

[113] 王海娇. 有机酸镧基蒙脱土的制备及其在 PVC 热稳定性中的应用研究 [D]. 石河子：石河子大学，2014.

[114] 宋燕梅. PVC/有机羧酸镧基蒙脱土纳米复合材料的制备及其力学性能研究 [D]. 石河子：石河子大学，2014.

[115] 包永忠，黄志明，翁治学. 一种聚氯乙烯/水滑石纳米复合树脂的制备方法：200410017944.6 [P]. 2005-01-12.

[116] 新型抗菌 PVC 塑料 [R]. 塑料工业，2004，32（4）：55.

[117] 尚文宇，谢大荣，刘庆峰，等. 晶须状碳酸钙填充聚合物材料性能的研究 [J]. 中国塑料，2000，14（3）：24-32.

[118] 宋洪祥. 纳米复合技术在 PVC 增韧改性中的应用 [J]. 化工文摘，2001（8）：33.

[119] Kuratchi T，Ohta T. Energy absorption in blends of polycarbonate with ABS and SAN [J]. Journal of Materials Science，1984，19（5）：1699-1709.

[120] Sue H J，Huang J，Yee A F. Interfacial adhesion and toughening mechanisms in an alloy of polycarbonate/polyethylene [J]. Polymer，1992，33（22）：4868-4871.

[121] Chan C M，Wu J，Li J X，et al. Polypropylene/calcium carbonate nanocomposites [J]. Polymer，2002，43（10）：2981-2992.

[122] Johnsen B B，Kinloch A J，Mohammed R D，et al. Study on rheological behavior of PP/nano-CaCO₃ composite [J]. Polymer，2004，45（19）：6665-6673.

[123] 赵磊，梁国正，秦华宇，等. 我国聚氯乙烯增韧改性研究的最新进展 [J]. 中国塑料，2000，14（1）：8-17.

[124] 张龙彬，朱光明. 无机刚性粒子增韧聚合物研究进展 [J]. 化工新型材料，2005，33（7）：25-28.

[125] Bernd W，Patrick R，Frank H，et al. Epoxy nanocomposites-fracture and toughening mechanisms [J]. Engineering Fracture Mechanics，2006，73（16）：2375-2398.

[126] Fu S Y，Feng X Q，Lauke B，et al. Effects of particle size particle/matrix interface adhesion and particle loading on mechanical properties of particulate polymer composites [J]. Composites Part B：Engineering，2008，39（6）：933-961.

[127] Johnsen B B，Kinloch A J，Mohammed R D，et al. Toughening mechanisms of nanoparticlemodified epoxy polymers [J]. Polymer，2007，48（2）：530-541.

[128] Kemal I，Whittle A. Toughening of unmodified polyvinylchloride through the addition of nano- particulate calcium carbonate [J]. Polymer，2009，50（16）：4066-4079.

[129]   Lange F F. Transformation toughening [J]. Journal of Materials Science，1982，17（1）：255-263.

[130] Zhang H，Zhang Z，Klaus F，et al. Property improvements of in situ epoxy nanocomposites with reduced interparticle distance at high nanosilica content [J]. Acta Materialia，2006，54（7）：1833-1842.

[131] 汪晖，汪国云，帅颖松，等. 我国超微细粉体应用市场分析 [J]. 化工进展，1993（2）：48-50.

[132] 颜鑫，刘跃进，王佩良. 我国超细碳酸钙生产技术现状、应用前景与发展趋势 [J]. 化学工程师，2002（4）：42-44.

[133] Ling Y，Yuan H，Hong G，et al. Toughening and Reinforcement of Rigid PVC with Silicone Rubber/Nano-CaCO₃ Shell-Core Structured Fillers [J]. Journal of Applied Polymer Science，2006，102（3）：2560-2561

[134] Zhou X，Xie X，Yu Z，et al. Intercalated structure of polypropylene/in situ polymerization-modified talc composites via melt compounding [J]. Polymer，2007，48（12）：3555-3564.

[135] Yang J，Zhang Z，Zhang H. The essential work of fracture of polyamide 66 filled with TiO₂ nanoparticles [J]. Composites Science and Technology，2005，65（15）：2374-2379.

[136]   Chan C，Wu J，Li J，et al. Polypropylene/calcium carbonate nanocomposites [J]. Polymer，2002，43（10）：2981-2992.

[137] Zhang L，Luo M F，Sun S S，et al. Effect of Surface Structure of Nano-CaCO₃ Particles on Mechanical and Rheological Properties of PVC Composites [J]. Journal of Macro-molecular Science，2010，49：970-982.

[138] 胡圣飞. 纳米级 CaCO₃ 对 PVC 增韧增强研究 [J]. 中国塑料，1999，13（6）：25-28.

[139] 胡圣飞，严海标，王燕舞，等. 纳米级 CaCO₃ 填充 PVC/CPE 复合材料研究 [J]. 塑料工业，2000，28（1）：14-15.

[140] 胡圣飞，徐声钧，李纯清. 纳米级无机粒子对塑料增韧增强研究进展 [J]. 塑料，1998，27（4）：13-16.

[141] 刘晓明，刘吉贵，张军，等. 纳米 CaCO₃ 粒子填充 UPVC 的性能与影响因素研究 [J]. 塑料科技，2002，2：4-8.

[142] 王志东，侯克伟，田爱娟等. 纳米 CaCO₃ 在 PVC 中应用的研究 [J]. 中国氯碱，2003，11：20-23.

[143] Xiong Y，Chen G，Guo S. The Preparation of Core-Shell CaCO₃ Particles and Its Effect on Mechanical Property of PVC Composites [J]. Journal of Applied Polymer Science，2006，102：1084-1091.

[144] Zhang L，Luo M，Sun S，et al. Effect of Surface Structure of Nano-CaCO₃ Particles on Mechanical and Rheological Properties of PVC Composites [J]. Journal of Macromolecular Science，2010，49：970-982.

[145] 曾晓飞，陈建峰，赵红英. 纳米 CaCO₃-PVC 复合材料微观结构和力学性能研究 [J]. 北京化工大学学报，2001，28（4）：1-3.

[146] 曾晓飞，陈建锋，王国全. 纳米级 CaCO₃ 粒子与弹性体 CPE 微粒同时增韧 PVC 的研究 [J]. 高分子学报，2002，6：738-741.

[147] 邹海魁，陈建峰，刘润静，等. 纳米碳酸钙的制备表面改性及表征 [J]. 中国粉体技术，2001，10（7）：15-19.

[148] Ma X K，Zhou B，Ye S，et al. Preparation of Calcium Carbonate/Poly（methyl methacrylate）Composite Microspheres by Soapless Emulsion Polymerization [J]. Applied Polymer Science，2007，105：2925-2927.

[149] Tuen B S，Hassan A，Bakar A A. Mcchanical Propertics of Talc- and（Calcium carbonate）Filled Poly（vinyl chloride）Hybrid Composites [J]. Journal of Vinyl & Additive Technology，2012，18：76-86.

[150] Ding H，Lu S. Mechano-activated surface modification of calcium carbonate in wet stirred mill and its properties [J]. Transactions of Nonferrous Metals Society of China，2007，17：1100-1104.

[151] Zhang H，Chen J E，Zhou H K，et al. Preparation of nano-sized precipitated calcium Carbonate for PVC plastisol rheology modification [J]. Journal of Materials Science Letters，2002，21（16）：1305-1306.

[152] Xie X，Liu Q，Robert K L，et al. Rheological and mechanical properties of PVC/CaCO₃ nanocomposites prepared by in situ polymerization [J]. Polymer，2004，45：6665-6673.

[153] 马进，邓先和，潘朝群. 纳米碳酸钙的表面改性研究进展 [J]. 橡胶工业，2006，53（6）：377-381.

[154] Sun S，Li C，Zhang L，et al. Interfacial structures and mechanical properties of PVC composites reinforced by CaCO₃ with different particle sizes and surface treatments [J]. Polymer International. 2006，55：158-164.

[155] 余海峰，张玲，包华，等. 钛酸酯偶联剂改性纳米 PVC/CaCO₃ 的结构和性能 [J]. 华东理工大学学报（自然科学版），2005，31（1）：119-120.

[156] 吴仁金，张于驰，吴俊超．硬脂酸对碳酸钙表面改性的研究 [J]．河南化工，2010，27：41-43.

[157] 韩跃新．纳米 $CaCO_3$ 表面改性研究 [J]．矿冶，2003，12（1）：48-51.

[158] 史春薇，仲崇民，尹少华，等．双生磷酸酯钠盐对碳酸钙粉体的表面改性 [J]．石化技术与应用，2012，30（3）：211-213.

[159] 陈雪花，李春忠，邵玮，等．纳米碳酸钙表面原位聚合聚甲基丙烯酸甲酯微结构及性能 [J]．华东理工大学学报（自然科学版），2006，36（2）：212-216.

[160] 柯昌美，胡永，汤宁，等．纳米乳液改性纳米 $PVC/CaCO_3$ 复合材料的结构和性能研究 [J]．武汉科技大学学报，2009，32（5）：510-513.

[161] 包永忠，史建明，黄志明，等．聚合物包覆对纳米 $CaCO_3$ 在聚氯乙烯中分散的影响 [J]．2005 年全国 PVC 塑料加工工业技术年会论文专辑，2006：76-78.

[162] Ma X，Zhou B，Deng Y，et al. Study on $CaCO_3$/PMMA nanocompositemicrospheres by soapless e-mulsion polymerization [J]．Colloids and Surfaces A：Physicochemical and Engineering Aspects，2008，312：190-194.

[163] Kojima Y，Usuki A，Kawasumi M，et al. Synthesis of nylon 6-clay hybrid by montmorillonite in-tercalated with ε-caprolactam [J]．Journal of Polymer Science P art A：Polymer Chemistry，1993，31（4）：983-986.

[164] Wang D，Parlow D，Yao Q，et al. Melt blending preparation of PVC-sodium clay nano composites [J]．Journal of Vinyl and Additive Tcc hnology，2002，8（2）：139-150.

[165] Awad W H，Beyer G，Benderly D，et al. M aterial properties of nanoclay PVC composites [J]．Polymer，2009，50（8）：1857-1867.

[166] Gong E L，Feng M，Zhao C G，et al. Thermal Properties of Poly（Vinyl Chloride）/Montmoril-lonite Nanocomposites [J]．Polymer Degradation Stability，2004，84：289-294.

[167] Xie W，Gao Z，Pan W P，et al. Thermal degradation chemistry of alkyl quaternary ammonium montmorillonite [J]．Chemistry of Materials，2001，13（9）：2979-2990.

[168] Zhu J，Morgan A B，Lamclas FJ，et al. Fire propertics of polystyrenc-clay nanocomposites [J]．Chemistry of Matcrials，2001，13（10）：3774-3780.

[169] Sarier N，Onder E，Ersoy S. The modification of Na-montmorillonite by salts of fatty acids：An easy intercalation process [J]．Colloids and Surfaces A：Physic ochemical and Engineering Aspects，2010，371（1）：40-49.

[170] Wang D，Parlow D，Yao Q，et al. Melt blending prepration of PVC-sodium clay nanocomposites [J]．Journal of Vinyl and Additive Technology，2002，8（2）：139-150.

[171] Wan C Y，Zhang Y，Zhang Y X，et al. Morphology and fracture bchavior of toug hening-modified poly（vinyl chloride）/organophilic montmorillonitc composites [J]．Journal of Polymer Science Part B：Polymer Physics，2004，42（2）：286-295.

[172] Du X H，Yu H O，Wang Z，et al. Effect of anionic organoclay with special aggregate structure on the flame retardancy of acrylonitrile-butadiene -styrene/c lay composites [J]．Polymer Degradation and Stability，2010，95：587-592.

[173] Zhang Z，Liao L，Xia Z. Ultrasound-assisted preparation and characterization of anionic surfactant modified montmorillonites [J]．Applied Clay Science，2010，50（4）：576-581.

[174] Pan C，Shen Y H. Estimation of cation exchange capacity of montmorillonite by cationic surfactant

adsorption [J]. Communications in soil science and plant analysis，2003，34（3-4）：497-504.

[175] 李钟，李强．聚合物/层状硅酸盐纳米复合材料制备原理 [J]．中国塑料，2001，15（6）：29-34.

[176] 郭瓦力，张德金．有机膨润土的制备 [J]．辽宁化工，1999，28（3）：157-159.

[177] 陈光明，李强．聚合物/层状硅酸盐纳米复合材料研究进展 [J]．高分子通报，1999（4）：1-10.

[178] Hjertberg T，Martinsson E，Sorvik E. Influence of the dehydrochlorination rate on the degradation-mechanism of poly（vinyl chloride）[J]. Macromolecules，1988，21（3）：603-609.

[179] 胡海彦．原位插层法聚氯乙烯/黏土纳米复合材料的制备及性能研究 [D]．石家庄：河北工业大学，2003.

[180] 刘春喜，周兴平，解孝林等．原位插层聚合制备 PVC/蒙脱土纳米复合材料 [J]．聚氯乙烯，2002，2：11-13.

[181] Richard A V，Ho P I. Synthesis and Properties of Two dimensional Nanostructures by Direct Inter calation of Polymer Melts in Layered Silicates [J]. Chemistry of Materials，1993，5（12）：1694-1696.

[182] Yang D Y，Liu Q X，Xie X L，et al. Structure and thermal properties of exfoliated PVC/layered silicate nanocomposites via in situ polymerization [J]. Journal of thermal analysis and calorimetry，2006，84（2）：355-359.

[183] Ren Jie，Huang Yanxia，Yan Li，et al. Preparation characterization andproperties of poly（vinylchloride）/compatibilizer/organophilic-montmorillonite nanocomposites by melt intercalation [J]. Polymer testing，2005（24）：316-323.

[184] Wang D Y，Parlow D，Yao O. PVC-clay nanocomposites：preparation thermal and mechanical properities [J]. Journal of Vinyl and Additive Technology，2001，7（4）：203-213.

[185] 闫平科，马正先，高玉娟．PVC/蒙脱土纳米复合材料的力学性能研究 [J]．中国非金属矿工业导刊，2008，3：22-25.

[186] Wang D，Wilkie C A. In-situ reactive blending to prepare polystyrene-clay andpolypropylene-clay nanocomposites [J]. Polymer Degradation and Stability，2003，80（1）：171-181.

[187] 戈明亮，姚日生，徐卫兵．聚氯乙烯/蒙脱土纳米复合材料的制备与性能 [J]．现代塑料加工应用，2001，13（1）：11-14.

[188] 张惠敏，杨建宁．聚氯乙烯/蒙脱土插层复合材料的制备与性能 [J]．河北工业科技，2007，24（1）：24-27.

[189] Wan C，Qiao X，Zhang Y，et al. Effect of different clay treatment on morphology and mechanical properties of PVC-clay nanocomposites [J]. Polymer Testing，2003，22（4）：453-461.

[190] Gong F L，Zhao C G，Feng M，et al. Synthesis and characteization of PVC/montmori-llonite nanocomposite [J]. Journal of Materials Science，2004（39）：293-294.

[191] 闵惠铃，张毅，于俊荣，等．P（MMA-MAA）/有机蒙脱土纳米复合材料的研究 [J]．非金属矿，2008，31（5）：6-9.

[192] Lepoittevin B，Devalckenaere M，Pantoustier N，et al. Poly（1-caprolactone）/clay nanocomposites prepared by melt intercalation：mechanical，thermal and rheologica properties [J]. Polymer，2002，43：4017-4023.

[193] 欧育湘，赵毅，李向梅．聚合物/蒙脱土纳米复合材料阻燃机理的研究进展 [J]．高分子材料科学与工程，2009，25（3）：166-170.

[194] 韩宏伟，盖东杰，朱丙清，等 . 纳米 SiO_2 改性聚合物研究进展 [J]. 现代塑料加工应用，2015，27（6）：42-44.

[195] 张超灿，张惠敏，吴力立 . PVC/超细 SiO_2 复合材料的制备及其性能研究 [J]. 化学与生物工程，2004（4）：27 -28.

[196] 崔文广，高岩磊，刘会茹 . PVC/Nano-SiO_2 复合材料性能研究 [J]. 塑料科技，2013（10）：31-33.

[197] 陈凯玲，赵蕴慧，袁晓燕 . SiO_2 粒子的表面修饰-方法、原理及应 [J]. 化学进展，2013，25（1）：95-103.

[198] Hedayati M，Salehi M，Bagheri R，et al. Ball milling preparation and characterization of poly（ether ether ketone）/surface modified silica nanocomposite [J]. Powder Technology，2011，207（1）：296-304.

[199] 毋伟，陈建峰，屈一新 . 硅烷偶联剂的种类与结构对 SiO_2 表面聚合物接枝改性的影响 [J]. 硅酸盐学报，2004，32（5）：570-575.

[200] Jesionowski T，Krystafkiewicz A. Influence of silane coupling agents on surface properties of precipitated silicas [J]. Applied Surface Science，2001，172：18-24.

[201] 杜鸿雁 . 纳米二氧化硅/PVC复合材料的结构与性能研究 [D]. 武汉：武汉理工大学，2004.

[202] 赵辉，罗运军，李杰 . 超支化聚（胺-酯）接枝改性纳米二氧化硅增韧增强 PVC 的研究 [J]. 高分子材料科学与工程，2005，21（5）：258-261.

[203] 束华东 . 原位聚合表面修饰纳米 SiO_2/聚氯乙烯杂化材料的研究 [D]. 开封：河南大学，2006.

[204] Sun S，Li C，Zhang L. Effects of surface modification of fumed silica on interfacial structures and mechanical properties of poly（vinyl chloride）composites [J]. European Polymer Journal，2006，42（7）：1643-1652.

[205] Abdel-Gawad N M K，EI Dein A Z，Mansour D E A，et al. Multiple enhancement of PVC cable insulation using functionalized SiO_2 nanoparticles based nanocomposites [J]. Electric Power Systems Research，2017，163：612-625.

[206] Yu Z，Liu X，Zhao F. Fabrication of a low cost nano-SiO_2/PVC composite ultrafiltration membrane and its antifouling performance [J]. Joumal of Applied Polymer Science，2015，132（2）：41267-41399.

[207] 郑康奇 . 导热阻燃软质 PVC 的制备及其性能研究 [D]. 广州：华南理工大学，2016.

[208] 朱春雨，王惠玲，徐世增，等 . 二氧化硅消光剂研究进展 [J]. 无机盐工业，2005，37（6）：14-17.

[209] 林晓峰 . 谈谈消光剂的选择 [J]. 涂料工业，1998，38（3）：38-40.

[210] Urbanicand A J，Maurer F J. Rigid polymerized halide composition：BR773530 [P]. 1957-04-24.

[211] Parks C E. Rigid shock-resistant vinyl halide polymer compositions and method of making same：US2808387 [P]. 1957-10-01.

[212] Borg-warner. Blend of polymeric products：US841889 [P]. 1959-03-09.

[213] Okubo M，Lu Y. Production of core—shell composite polymer particles utilizing the stepwise heterocoagulation method [J]. Colloids and Surfaces A：Physicochemical and Engineering Aspects，1996，109：49-53.

[214] 魏青松，王志东，崔玉霞 . 高抗冲 PVC 树脂的研制 [J]. 聚氯乙烯，2004，5：15-19.

[215] 袁金凤.聚丙烯酸酯类纳米微粒与乙烯基单体接枝共聚复合及其对 PVC 改性的研究 [D].河北：河北工业大学，2006.

[216] Wu G，Zhao J，Shi H，et al. The influence of core shell structured modifiers on the toughness of poly（vinyl chloride）[J]. European Polymer Joumal，2004，40（11）：2451-2456.

[217] 王涛，刘丹，熊传溪.综述 PVC 材料耐热性的研究 [J].聚氯乙烯，2004，2：6-10.

[218] 霍金生.聚丙烯酸酯-氯乙烯接枝共聚树脂的合成 [J].石油化工，1993，22（4）：230-235.

[219] Pan M W，Zhang L C. Preparation and characterization of poly（butyl acrylate-co-2 ethylhexyl acrylate）grafting of vinyl chloride resin with good impact resistance [J]. Joumal of Applied Polymer Science，2003，90（3）：643-649.

[220] Yousif E，Hasan A. Photostabilization of poly（vinyl chloride）-Still on the run [J]. Journal of Taibah University for Science，2014，9（4）：421-448.

[221] 万里鹏.PVC 复合材料的制备及紫外光老化性能研究 [D].武汉：武汉理工大学，2011.

[222] 杨林，姚巧玲，徐向前，等.接枝技术在塑料改性中的应用及其研究进展 [J].工程塑料应用，2005，33（12）：58-61.

[223] 朱友良，许锡均.接枝共聚法增韧改性聚氯乙烯树脂 [J].应用化工，2005，34（4）：199-208.

[224] 郭冬梅.EVA 树脂在 PVC 树脂改性中的应用 [J].上海氯碱化工，2003（6）：25-29.

[225] 王宏岗.我国 EVA 市场分析及展望 [J].石油化工技术经济，2001，17（2）：17-22.

[226] 刘继东.氯乙烯-EVA 接枝共聚物的生产和应用 [J].中国氯碱，2001（12）：15-21.

[227] 邴娟林，黄志明.聚氯乙烯工艺技术 [M].北京：化学工业出版社，2007，565-568.

[228] 薛至华.国外典型特种 PVC 树脂的性能、用途和制备方法 [J].聚氯乙烯，2013（3）：1-10.

[229] 日本ゼオン株式会社.グラフトマー [J].塩ビとポリマー，1984，24（3）：25-32.

[230] ポリマー工業研究所.塩化ビニルレジン総覧 [M].东京：ポリマー工業研究所，1979.

[231] 鈴木，光明.（エチレン-酢酸ビニル）塩化ビニル共重合体の金属線条との複合による構造材料としての応用 [J].プラフチシクス，1983，34（5）：100-106.

[232] 高俊刚，杨丽庭，李燕芳.改性聚氯乙烯新材料 [M].北京：化学工业出版社，2002：131-146.

[233] 李志英.CPE-g-VC 接枝共聚树脂性能与加工应用研究 [J].聚氯乙烯，1991（3）：23-33.

[234] 康启有，邱文豹.聚氯乙烯国家科技攻关成果与"九五"设想 [J].塑料工业，1997（4）：59-64.

[235] 杨可嘉，吴大华，童军，等.氯化聚乙烯与氯乙烯接枝共聚树脂 [J].天津科技，1996（2）：39-40.

[236] 包永忠，修永浩，等.氯化聚乙烯/氯乙烯悬浮溶胀接枝共聚聚合温度-压力-转化率模型 [J].高校化学工程学报，2003（2）：60-64.

[237] 杨丽庭.聚氯乙烯改性及配方 [M].北京：化学工业出版社，2011：51-52.

[238] 刘益斌.增韧改性聚氯乙烯合金的制备和性能 [D].浙江：浙江大学，2016.

[239] 许建雄.聚氯乙烯和氯化聚乙烯加工与应用 [M].北京：化学工业出版社，2016：294-322.

[240] Pan M，Zhang L，Zhang J，et al. Preparation and Structure&Properties of ACR-VC Resin [J]. Petrochemical Technology，2002，31（12）：983-987.

[241] Shen X，Wu G. Polyvinyl chloride toughened by impact modifier of ACR [J]. Shanghai Plastics，2003（3）：9-11.

[242] Zhang N，Ren J，Bao Y，et al. Effect of acrylate toughening agent on the impact and fusion charac-

teristics of PVC [J]. China Plastics Industry，2010，38（3）：75-77.

[243] Ren J，Han D. A pilot experimental study on the synthesis of ACR-g-VC resin [J]. Polyvinyl Chloride，2011，39（7）：10-12.

[244] Marie B J，Richard R S. Impact-modified poly（viiiyl chloride）exhibting improved low-temperature fusio and fusion process therefre：EP927616 [P]. 1999-06-30.

[245] 马军营，李庆华，李小红，等 . 聚氯乙烯纳米复合材料研究进展 [J]. 聚氯乙烯 2007（08）：14-26.

[246] Muroi S，Hashimoto H，Hosoi K. Wolymsei，1984. 22：1365

[247] 曹同玉，刘庆普，胡金生，等 . 聚合物乳液合成原理性能及应用 [M]. 北京：化学工业出版社，1997.

[248] Edwards S S，Gebhard M S，Marks A P，et al. Impact-modifiedpoly（vinyI chloride）exhibiting improved low-temperature fusion：US7101921B2 [P]. 2006-09-05.

[249] 陈孜远，林润雄，王基伟 . 核/壳结构 ACR 合成与结构表征研究 [J]. 弹性体，2001，11（6）：23：26.

[250] 张邦华，张启华，宋谋道，等 . 聚氯乙烯与丙烯酸酯弹性体共混体系的研究 [J]. 高分子材料科与工程，1990（3）：82-88.

[251] Gene S. Acrylic impact modification of PVC to deliver impact efficienc with high speed extrusion，Vinyl Challenges：Process，Formulation，Our Responsib [J]. Tech Conf Soc Plast Eng，1999，5（3）：59-62.

[252] 陈善琴，林宝春 . 自行开发 5000t/a 掺混树脂及生产装置 [J]. 中国氯碱，1998（3）：11-16.

[253] 司光业，韩光信，吴国贞 . 聚氯乙烯糊树脂及其加工应用 [M]. 北京：化学工业出版社，1993.

[254] 邴涓林，黄志明 . 聚氯乙烯工艺技术 [M]. 北京：化学工业出版社，2007.

[255] 鲁晓玲 . 掺混树脂国内外近况 [J]. 化工设计，1997（5）：56-61.

[256] 郭崇怀 . 掺混树脂加工应用 [D]. 天津：天津大学，2013.

[257] 孙熊杰 . 聚氯乙烯掺混树脂及其开发生产概论 [J]. 江苏氯碱，2002（04）：10-19.

[258] 李志云，林春宝 . 掺混树脂的研究与开发 [J]. 化学世界，1994（5）：562-565.

[259] 司光业 . 特殊聚氯乙烯糊用树脂-PVC 掺混树脂 [J]. 聚氯乙烯，1991（1）：32-39.

[260] 霍燕，王健，田爱娟 . 聚氯乙烯糊用掺混树脂对增塑糊加工性能的影响 [J]，广东化工，2012（11）：49-50.

[261] 崔玉霞，郭崇怀 . 掺混树脂对 PVC 增塑糊性能的影响 [J]. 聚氯乙烯，2013（9）：21-24.

[262] 郑昌龙，翁志学，方仕江，等 . N-取代马来酰亚胺改性的耐热 PVC 树脂 [J]. 浙江化工，1995（2）：7-10.

[263] 赵小玲，齐暑华，张剑，等 . PVC 树脂耐热改性最新进展 [J]. 合成树脂及塑料，2003，20（6）：47.

[264] 周凯梁，张美珍 . 交联剂 DB 对聚氯乙烯的交联改性 [J]. 化学新型材料，2000，28（2）：27-30.

[265] Miler A A. Radiation-Cross Linking of Plasticized Poly（vinyl Chloride）[J]. Industrial & Engineering Chemistry，1959，51（10）：1271-1274.

[266] 朱志勇，张勇，张隐西，等 . 聚氯乙烯的辐射交联 [J]. 上海交通大学学报，1999，33（2）：233-236.

[267] Tai H. Processing and Properties of High-Temperature Creep-Resistant PVC Plastisols [J]. Poly-

mer Engineering & Science，1999，39（7）：1320-1327.

[268] Rodriguez Fernandez O S，Gilbert M. Properties of aminosilane grafted moisture curable poly（vinyl chloride）formulations [J]．Polymer Engineering & Science，1999，39（7）：1199-1206.

[269] 马莉娜，齐暑华，程博，等．PhMI-St-AN耐热改性剂的合成及与PVC的共混发泡 [J]．工程塑料应用，2012，40（3）：86-88.

[270] 王茂喜，夏立峰，张玲．ChMI/MMA/HFPT共聚物提高PVC耐热性能的研究 [J]．塑料助剂，2014（3）：45-49.

[271] Yang L T，Liu G D，Sun D H，et al. Mechanical Properties and Rheological Behavior of PVC Blended with Terpolymers Containing N-Phenylmaleimide [J]．Journal of Vinyl & Additive Technology，2002，8（2）：151-158.

[272] 熊雷，邓志伟，陈光顺，等，聚氯乙烯/α-甲基苯乙烯-丙烯腈共混体系的相容性和性能研究 [J]．高分子通报，2009（6）：54-58.

[273] 张军．耐热改性剂对硬质聚氯乙烯结构与性能的影响 [C]．苏州：第8届全国PVC塑料与树脂技术年会，2009.

[274] Zhang Z，Li B，Chen S J，et al. Poly（vinyl chloride）/poly [J]．Polymers for Advanced Technologies，2012，23（3）：336-342.

[275] 任华，张勇，张隐西，等．PVC/SMAH共混物的研究 [J]．工程塑料应用，2001，29（6）：4.

[276] Flippo P. SMA improves thermal and polarity properties [J]．Plastics Additives & Compounding，2008，10（2）：36-37.

[277] 张凯舟，郑祥，郭建兵，等．PVC/ABS合金耐热机理 [J]．塑料，2012，41（5）：33.

[278] 王红瑛，程攀，何力，等．高无机填料含量下PVC/ABS合金性能 [J]．塑料，2013，42（5）：40-44.

[279] 陈浩．PVC木塑复合材料的耐热增强改性研究 [D]．北京：北京化工大学，2012.

[280] Hai L，Dong L，Xie H，et al. Novel-modified kaolin for enhancing the mechanical and thermal properties of poly（vinyl chloride）[J]．Polymer Engineering & Science，2012，52（10）：2071-2077.

[281] 马玫，胡行俊，雷祖碧，等．氯化聚氯乙烯与聚氯乙烯共混物性能的研究 [J]．合成材料老化与应用，2007，36（2）：16-18.

[282] 高俊刚，杨丽庭，李燕芳．改性聚氯乙烯新材料 [M]．北京：化学工业出版社，2002.10.

[283] 邴涓林，黄志明．聚氯乙烯工艺技术 [M]．．北京：化学工业出版社，2007.12.

[284] 天原集团拟出售天亿公司本体装置盘活存量资产 [J]．中国氯碱，2016（10）：47.

[285] Tornell B，Uustalu J. Formation of primary paricles in vinyl chloride polymerization [J]．Journal of Applied Polymer Science，1988，35（1）：63-74.

[286] 阚浩．氯乙烯本体预聚合成粒过程研究 [D]．浙江：浙江大学材料与化学工程学院，2008.

[287] 芦玉来，胡宝成，陈建康，等．浅谈本体法聚氯乙烯的生产工艺特点 [J]．内蒙古石油化工，2003（29）：79.

[288] 杨学远，郝红霞，芦玉来．聚氯乙烯本体法生产工艺简介 [J]．聚氯乙烯，2003（3）.

[289] 廖晖．一种氯化专用聚氯乙烯的生产方法：200910198835.1 [P]．2009-11-17.

[290] 孙熊杰．一种减少皮膜提高孔隙率的聚氯乙烯树脂的方法：201410561467.3 [P]．2014-10-21.

[291] 美国专利06/846，163

［292］ 吴彬，唐红建，秦明月．悬浮法薄皮聚氯乙烯树脂生产技术的研究［J］．广东化工，2013，40（16）：25-26.

［293］ 刘奇祥．PVC透明粒料生产及配方研究［J］．塑料，2000，29（4）：26-30.

［294］ 沈青，刘松涛．PVC透明树脂的技术和市场进展［J］．上海氯碱化工，2005（1）：27-31.

［295］ 蓝凤祥．硅氧烷改性高分子材料品种介绍［J］．化工新型材料，2011，29（1）：53-58.

［296］ Sturm Harald D R，Rolf-Walter，Thunig Walter D R．Preparation of thermoplastic blends：EP0222127［P］．1987-05-20.

［297］ 王文广，李军，高雯．塑料的透明改性［J］．塑料科技，1999（1）：21-26.

［298］ 刘茂先，孙利明．PVC高抗冲透明瓶粒料的开发［J］．中国塑料，2001，l5（5）：71-74.

［299］ 武清泉，赵清香，王玉东，等．氯乙烯-丙烯酸丁酯-甲基丙烯酸甲酯三元共聚物的研究［J］．现代化工，2000，20（11）：45-48.

［300］ 霍金生．高透明耐冲击聚氯乙烯接枝聚合研究［J］．石油化工，1998，27（4）：253-258.

［301］ 孟宪谭，朱卫东，韩晶东．MBS树脂改性PVC的研究［J］．2002，31（8）：626-628.

［302］ 宋晓玲，黄东，潘鹏举，等．高韧性硬质聚氯乙烯透明材料的制备与性能［J］．塑料工业，2015，43（8）：129-132.

［303］ 贾小波，车万里，孔秀丽．高透明聚氯乙烯树脂的小试开发［J］．工业技术，2016，28（2）：41-44.

［304］ 魏永涛，刘建文，王建兵．悬浮法PVC树脂塑化的影响因素［J］．中国氯碱，2007（12）：7-8.

［305］ 宋晓玲，周军，包永忠，等．一种透明耐冲击聚氯乙烯粒料组合物的制备方法：2016101720583［P］．2017-10-03.

［306］ 蓝凤祥．聚氯乙烯专用树脂品种及发展趋势［J］．中国氯碱，2003（4）：2-5.

［307］ 刘容德，王晶，李长春．超低聚合度PVC树脂的生产状况及应用［J］．聚氯乙烯，2005（11）：4-6，28.

［308］ 史悠彰．聚氯乙烯高分子化学的理论与实践［M］．杭州：浙江科学技术出版社，1988：347-352.

［309］ Fiory P J．Principles of Polymer Chemistry［M］．New York：Cornell University press，1953.

［310］ 潘祖仁，邱文豹，王贵恒．塑料工业手册聚氯乙烯［M］．北京：化学工业出版社，1999：141-142.

［311］ Alferink P J T，Westmijze H，Meijer J．Use of peroxyacids as molecular weight regulators：EP，US9530697［P］．1995-11-16.

［312］ 詹晓力．悬浮法低聚合度聚氯乙烯聚合基本规律及开发［D］．杭州：浙江大学，1988.

［313］ 詹晓力，翁志学，黄志明，等．链转移剂对悬浮法PVC树脂颗粒特性的影响［J］．合成树脂及塑料，1991（3）：33-41.

［314］ 杨卫国．链转移剂NG用量与产品PVC的粘数的关系［J］．甘肃化工，1998，4（4）：19-23.

［315］ Máriási B．On the particle formation mechanism of poly（vinyl chloride）（PVC）powder produced by suspension polymerization—development of external morphology of particles［J］．Journal of Vinyl Technology，2010，8（1）：20-26.

［316］ Cheng J T，Langsam M．Effect of Cellulose Suspension Agent Structure on the Particle Morphology of PVC．Part II．Interfacial Properties［J］．Journal of Macromolecular Science-Chemistry，1984，A21（4）：395-409.

［317］ 刘松涛．超低聚合度PVC配方的优化［J］．聚氯乙烯，2008，36（10）：6-8，31.

［318］ 张利明．超低聚合度 PVC 树脂研制过程中巯基乙醇添加方式探讨［J］．聚氯乙烯，2011，39
（8）：28-31.

［319］ 张铁男，厉喜军，高国军，等．影响聚氯乙烯树脂质量的因素及分析［J］．聚氯乙烯，2003（2）：
18-20.

［320］ 张素卿．悬浮聚氯乙烯颗粒结构对增塑剂吸收的影响［J］．东南大学学报，1996（26）：123-127.

［321］ 张永滨，邱文豹．氯乙烯悬浮聚合配方与工艺研究［J］．聚氯乙烯，1985（1）：8-10.

［322］ 袁捷才．优化配方提高 PVC 树脂热稳定性［J］．聚氯乙烯，2005（4）：46.

［323］ 浦群，包永忠，黄志明．PVC 凝胶化及其对制品力学性能的影响［J］．聚氯乙烯，2009，37（2）：
14-18，24.

［324］ 李秉人．超低聚合度 PVC 树脂制备及特性探讨［J］．聚氯乙烯，1993（12）：1-5.

［325］ 郭少云．振磨降解制得的低分子量 PVC 对 PVC 增塑作用的研究［J］．高分子材料科学与工程，
1995，11（2）：81-85.

［326］ 金雅娜．聚氯乙烯粉末涂料［J］．聚氯乙烯，1998（3）：42-43.